课书房 新/形/态/教/材 | 高等职业教育**智能建造专业**系列教材

虚拟建造技术

XUNI JIANZAO JISHU

主　编◎边凌涛　樊夏玮
副主编◎薛　凯　吴　雪　蔡兰峰
主　审◎廖小烽

重庆大学出版社

内容提要

本书是"高等职业教育智能建造专业系列教材"之一,结合高等职业教育教学改革实践经验并融入土木建筑类职业技能标准编写而成的。本书共5个模块17项任务:模块1:概述,主要介绍虚拟建造技术概念、应用案例及发展历程;模块2:Fuzor基础功能,主要介绍Fuzor项目准备、界面、视图操作、加载项目文件等;模块3:设计功能,主要介绍材质编辑、构件属性编辑、环境设计、成果输出等;模块4:分析协同,主要介绍冲突分析、安全分析、净高分析等;模块5:4D施工模拟,主要介绍创建进度计划、关联构件、编辑动画、成果交付等。

本书适用于高等职业教育及职业本科院校智能建造技术、装配式建筑工程技术等专业的课程教学,也可作为课程设计、实训的辅导资料,还可用作工程建设行业从事设计、施工及运维技术工作的相关人员的参考用书。

图书在版编目(CIP)数据

虚拟建造技术 / 边凌涛,樊夏玮主编. --重庆:
重庆大学出版社,2023.10
高等职业教育智能建造专业系列教材
ISBN 978-7-5689-3979-9

Ⅰ.①虚… Ⅱ.①边…②樊… Ⅲ.①建筑设计—计
算机辅助设计—应用软件—高等职业教育—教材 Ⅳ.
①TU201.4

中国国家版本馆 CIP 数据核字(2023)第 104337 号

高等职业教育智能建造专业系列教材
虚拟建造技术
主编 边凌涛 樊夏玮
副主编 薛 凯 吴 雪 蔡兰峰
主审 廖小烽
策划编辑:林青山
责任编辑:夏 雪 版式设计:夏 雪
责任校对:谢 芳 责任印制:赵 晟
*
重庆大学出版社出版发行
出版人:陈晓阳
社址:重庆市沙坪坝区大学城西路 21 号
邮编:401331
电话:(023) 88617190 88617185(中小学)
传真:(023) 88617186 88617166
网址:http://www.cqup.com.cn
邮箱:fxk@ cqup.com.cn(营销中心)
全国新华书店经销
重庆愚人科技有限公司印刷
*
开本:787mm×1092mm 1/16 印张:15 字数:348千
2023 年 10 月第 1 版 2023 年 10 月第 1 次印刷
ISBN 978-7-5689-3979-9 定价:49.00 元

前言
FOREWORD

党的二十大报告提出,坚持把发展经济的着力点放在实体经济上,推进新型工业化,加快建设制造强国、质量强国、航天强国、交通强国、网络强国、数字中国。建筑业是国民经济支柱性产业之一,当前"中国建造"高质量发展更为迫切,虚拟建造赋能转型发展,为"中国建造"提供重要途径。虚拟建造是在虚拟制造概念基础上发展起来的,其本质是对实际建造施工过程的计算机模拟和预演,从而实现施工中的事前控制和动态管理。虚拟建造技术是融合 BIM 建模技术、仿真技术、优化技术和虚拟现实为一体的知识体系,是一项技术性、实践性很强的工作,在工程进度计划、资源利用、成本分析等具有巨大的优势。本书具有以下特色:

(1)挖掘了知识点对应的育人元素,提供了课程思政育人主题,融入了思想政治教育、职业素养教育元素和知识能力培养内容,达到了"润物细无声"的效果。

(2)采用项目驱动教学法,遵循"以学生为中心、教师为主导"的原则,循序渐进地介绍了工程项目在设计、协同及施工方面所需的 Fuzor 技术,"典型技能项目"贯穿实践教学,实现教学目标"岗位化"、教学内容"任务化"、教学过程"职业化"、能力考核"工程化"。

(3)广泛吸纳行业专家参与教材编写。贯彻以"实践为主、理论为辅"的原则,在内容安排上适当淡化理论,体现新技术、新工艺、新规范,有助于学生对知识的掌握以及实际操作能力的培养,具有实用性、针对性和通俗性。

(4)配有视频、Revit 模型、电子课件、习题库等数字资源,供任课教师参考。

(5)教学过程中融入虚拟建造技术对工程实体的工艺流程进行可视化操作,使理论知识与实践操作随堂结合,激发学生的学习兴趣,促进学生对专业知识的深度理解。

本书由重庆电子工程职业学院边凌涛、樊夏玮担任主编,薛凯(重庆电子工程职业学院)、吴雪(重庆市筑云科技有限责任公司)、蔡兰峰(甘肃建筑职业技术学院)担任副主编。本书的编写分工安排为:前言、模块1和模块2由边凌涛、樊夏玮编写;模块3由边凌涛、樊夏玮、刘清菊(重庆市筑云科技有限责任公司)、蔡兰峰编写;模块4由边凌涛、樊夏玮、薛凯、王云娜(重庆市筑云科技有限责任公司)、李晓倩(重庆建工集团股份有限公司)编写;模块5以及题库、仿真视频、电子课件和习题库等的收集整理由边凌涛、樊夏玮、薛凯、吴雪、李宝红(重庆建筑科技职业学院)编写。广联达科技股份有限公司王全杰为本书的编写提供了诸多指导、资料及案例。全书由重庆科技学院廖小烽主审,在此表示衷心感谢。

在本书编写过程中参考了公开出版的大量书籍和资料,在此谨向有关作者表示由衷的感谢。由于编者水平有限,书中难免有不妥及疏漏,敬请读者批评指正。

编　者

2023 年 4 月

目录
CONTENTS

模块 1　概述 ·· 001

  任务 1.1　虚拟建造技术体系 ································ 001

  任务 1.2　综合实训楼虚拟建造技术应用 ············ 008

  任务 1.3　虚拟建造发展趋势与展望 ···················· 017

模块 2　Fuzor 基础功能 ··· 020

  任务 2.1　项目准备 ·· 020

  任务 2.2　界面介绍 ·· 027

  任务 2.3　视图基本操作 ······································ 029

  任务 2.4　加载项目文件 ······································ 030

模块 3　设计功能 ·· 039

  任务 3.1　材质编辑 ·· 039

  任务 3.2　构件属性编辑 ······································ 072

  任务 3.3　环境设计 ·· 085

  任务 3.4　成果输出 ·· 090

模块 4　分析协同 ·· 103

　　任务 4.1　冲突分析 ·· 103

　　任务 4.2　安全分析 ·· 114

　　任务 4.3　净高分析 ·· 120

模块 5　4D 施工模拟 ·· 128

　　任务 5.1　创建进度计划 ·· 128

　　任务 5.2　关联构件 ·· 142

　　任务 5.3　编辑动画 ·· 177

　　任务 5.4　成果交付 ·· 220

参考文献 ·· 230

模块 1 概 述

育人主题	学时	素质目标	知识目标	能力目标
推广信息化、产业化建造方式，实现可持续的绿色低碳发展	4	虚拟技术在经济、科技、文化等领域具有革命性的技术应用，培养学生的创新意识；虚拟建造技术已经深入到生活的方方面面，培养学生精益求精的职业道德	虚拟建造技术概念、应用场景和虚拟建造技术在建筑领域的应用效果；虚拟建造技术的发展历程、实现方法及未来趋势	熟悉虚拟建造技术在建筑领域带来的理念创新及应用；掌握建筑设计、施工管理及项目协作中虚拟建造技术的应用

任务 1.1 虚拟建造技术体系

21 世纪以来，信息技术的发展在所有技术的发展中独占鳌头，与此同时，在各个行业的前沿领域背后，都不难发现信息技术的身影，由此产生的一系列变革也深深影响和改变了建筑行业。伴随着信息技术在三维建模、虚拟现实等领域取得突飞猛进的发展，虚拟建造技术在建筑领域中的应用拓展了更广阔的空间，这不仅仅为建筑技术带来了变革，也为建筑思想带来了突破。

1.1.1 任务要求

了解虚拟建造技术的概念及其发展历程，设计建设项目的虚拟建造技术体系。

1.1.2 任务分析

1) 概念

虚拟建造（Virtual Construction，VC）是指利用计算机对建设工程的建造过程进行数字化仿真模拟，即项目实际施工建造中的实施过程和方法采用虚拟技术在计算机上进行模拟实现。虚拟建造可以利用在设计阶段建筑信息模型（Building Information Modeling，BIM）深化设计的结果,将计算机仿真技术与虚拟现实(Virtual Reality,VR)技术相结合,对实际建造过程中的设计协调、工艺与工序进程及资源配置、设备与人员流动以及管理活动进行全方位的模拟仿真,在实际项目实施之前就能对施工活动中可能出现的问题及时做好更好、更全面的应急预案,达到项目一次性建造成功的目的,从而实现降低建造成本,节约施工材料资源以及缩短开发施工周期的管理目标。虚拟建造技术在建设过程实际应用中,可以在设计新型建筑物时,在动工之前用虚拟现实技术显示建筑物,为安全生产和管理工程奠定基础。在施工阶段,通过虚拟仿真在施工前对施工全过程或关键过程进行模拟施工,以验证施工方案的可行性或优化施工方案;对重要结构进行计算机模拟试验以分析影响项目的安全因素,达到控制质量和施工安全的目的;它还能使施工计划进度和实际形象进度等可视化。虚拟建造技术同时也可以延展到运维阶段,在运行维护时展示建筑的综合信息载体,助力实现城市精细化管理、智能化决策和高效率公共服务功能。

虚拟建造技术体系主要包含模型创建技术、虚拟场景创建技术及场景应用与交互技术三个方面,应用到的软、硬件技术主要有 BIM、XR(Extended Reality,扩展现实)等技术。总的来说,虚拟建造技术深度融合了 BIM 与 XR 技术,并将其应用于工程建设。

(1)建筑信息模型(BIM)

建筑信息模型以建筑工程项目的各项相关信息数据作为模型的基础,进而建立建筑模型,通过数字信息仿真模拟建筑物所具有的真实信息。它具有可视化、协调性、模拟性、优化性和可出图性五大特点。

(2)扩展现实(XR)

扩展现实是指通过计算机将真实与虚拟相结合,打造一个可人机交互的虚拟环境,给体验者带来虚拟世界与现实世界之间无缝转换的"沉浸感",是 VR、AR(Augmented Reality)、MR(Mixed Reality)等多种技术的统称。

①VR 技术即虚拟现实技术,它是指利用计算机等现代科技对现实世界进行虚拟化再造,用户可以即时、没有限制地与三维空间内的事物进行交互,仿佛身临其境(图 1-1-1)。VR 强调了人在虚拟系统中的主导作用,从过去人只能从电脑系统的外部去观测处理的结果,到人能够沉浸到电脑系统所创建的环境中;从过去人只能通过键盘、鼠标与计算环境中的单维数字信息发生作用,到人能够用多种传感器与多维信息的环境发生交互作用。

②AR 技术即增强现实技术,是一种融合了真实场景和虚拟场景的信息的技术。AR 眼镜(图 1-1-2)集合了显示技术、交互技术、传感技术、多媒体技术等,基于第一视角的交互方式,通过镜片将虚拟信息内容展示在用户的视场中,为用户提供增强现实的感官体验。

图 1-1-1　VR 头盔

图 1-1-2　AR 眼镜

③MR 技术即混合现实技术,它是指合并现实和虚拟世界而产生的新的可视化环境。在新的可视化环境里,物理和数字对象共存,并实时互动。它是 VR 与 AR 的进一步结合发展,这一技术通过在虚拟环境中引入现实场景信息,在虚拟世界、现实世界和用户之间搭起一个交互反馈的信息回路,进一步增强用户体验的真实感。MR 的出现突破了完全虚拟的 VR 技术局限,进一步拓展了人机交互的模式,也相应地拓展了更广泛意义上的商业运用空间。

图 1-1-3 MR 头盔

虽然虚拟建造技术是 BIM 与 XR 技术的融合,但从交互层面上来讲,虚拟建造技术主要还是以虚拟现实技术(VR)技术为核心,VR 技术是虚拟建造的关键技术支撑。

2)**虚拟现实的发展历程**

虚拟现实技术的发展历程可以追溯到 20 世纪 60 年代,随着计算机硬件和软件技术的不断更新,虚拟建造技术也得到了快速发展。总体来说,虚拟现实技术经历了图 1-1-4 所示的 4 个阶段。

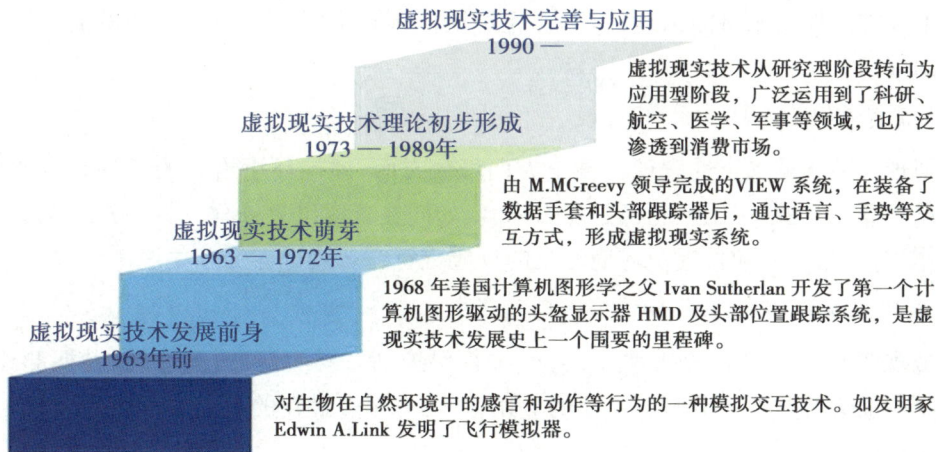

虚拟现实的发展历程

虚拟现实技术完善与应用
1990 —

虚拟现实技术从研究型阶段转向为应用型阶段,广泛运用到了科研、航空、医学、军事等领域,也广泛渗透到消费市场。

虚拟现实技术理论初步形成
1973 — 1989年

由 M.MGreevy 领导完成的VIEW 系统,在装备了数据手套和头部跟踪器后,通过语言、手势等交互方式,形成虚拟现实系统。

虚拟现实技术萌芽
1963 — 1972年

1968 年美国计算机图形学之父 Ivan Sutherlan 开发了第一个计算机图形驱动的头盔显示器 HMD 及头部位置跟踪系统,是虚拟现实技术发展史上一个重要的里程碑。

虚拟现实技术发展前身
1963年前

对生物在自然环境中的感官和动作等行为的一种模拟交互技术。如发明家 Edwin A.Link 发明了飞行模拟器。

图 1-1-4 虚拟现实技术发展历程

我国的虚拟现实技术研究起步较晚,在 20 世纪 90 年代 VR 迎来第一次热潮时,世界著名科学家、"两弹一星"功勋奖章获得者钱学森先生对 VR 的概念有一番深刻的洞见,给 VR 起了一个中文名"灵境",并对该项技术的作用以及对其未来发展的提出了诸多思考。我国政府高度重视虚拟现实、增强现实的技术产业发展,在产业布局、顶层设计、应用发展和核心技术攻关等阶段,通过一系列相关政策,不断支持鼓励虚拟现实赋能各产业和重点场景。

"九五"规划、国家自然科学基金会、国家高技术研究发展计划将虚拟现实技术的研究列为重点研究项目。2016 年发布的"十三五"规划纲要提出重点支持的新产业技术当中,VR 位列其中。2021 年初,中国"十四五"规划纲要发布,虚拟现实和增强现实被列入了"建设数字中国"数字经济重点产业。在国家和相关部门对虚拟现实产业发展的支持和推动作用下,国内科技公司对虚拟现实的投入和研发上了一个新的台阶,当下已经有诸如 PICO、爱奇艺、Nolo、大朋等公司的 VR(XR)在市场上特别是国内市场中占据了主流地位。

"十四五"
建筑业
发展规划

3) 虚拟现实技术的特征

(1) 沉浸性(Immersion)

在虚拟现实系统中,使用者可获得视觉、听觉、嗅觉、触觉、运动感觉等多种感知,从而获得身临其境的感觉。

(2) 交互性(Interaction)

在虚拟现实系统中,不仅环境能够作用于人,人也可以对环境进行控制,而且人是以近乎自然的行为(自身的语言、肢体的动作等)进行控制的,虚拟环境还能够对人的操作予以实时的反应。例如,当飞行员按动导弹发射按钮时,会看见虚拟的导弹发射出去并跟踪虚拟的目标,当导弹碰到目标时会发生爆炸,飞行员能够看到爆炸的碎片和火光。

(3) 虚幻性(Imagination)

虚幻性即系统中的环境是虚幻的,是由人利用计算机等工具模拟出来的。虚拟现实系统既可以模拟客观世界中以前存在过的或者现在真实存在的环境,也可模拟出客观世界中当前并不存在的但将来可能出现的环境,还可模拟客观世界中并不会存在的而仅仅属于人们幻想的环境。

(4) 逼真性(Reality)

虚拟现实系统的逼真性表现在两个方面。一方面,虚拟环境给人的各种感觉与所模拟的客观世界非常相像,一切感觉都是那么逼真,如同在真实世界一样;另一方面,当人以自然的行为作用于虚拟环境时,虚拟环境作出的反应也符合客观世界的有关规律。

4) 虚拟现实技术应用场景

虚拟现实技术在城市规划、教育培训、文物保护、医疗、房地产、因特网、勘探测绘、生产制造和军事航天等重要行业具有广泛的应用,且还有很多潜在的可能性和发展空间,其应用前景非常广阔。

1.1.3 任务实施

虚拟建造技术体系主要包含模型创建技术、虚拟场景创建技术及场景应用与交互技术三个方面。其技术路径一般为:模型创建→虚拟场景创建→场景应用与交互。

1）模型创建技术

模型创建的工具体系主要分为三大类：BIM 类软件、美术类软件、逆向建模类软件。

BIM 类常用软件有 Revit、ArchiCAD、Civil 3D、Rhino 等，如图 1-1-5 所示。其创建的模型带有详细的模型信息，常用于工程建设方向。

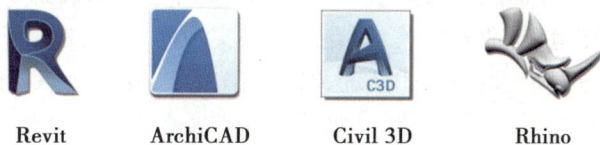

图 1-1-5 BIM 类软件

美术类常用软件有 3dmax、Blender、Maya、SketchUp 等，如图 1-1-6 所示。此类建模软件侧重于模型展示面的美学表达，多用于创建形体复杂的模型，常用于建筑美学、人物表现等方向。

图 1-1-6 美术类软件

逆向建模类软件有 ContextCapture（CC）、Bentley Descartes 等，此类软件通过简单的照片或点云自动生成详细三维实景模型，如图 1-1-7 所示。CC 的高兼容性能对各种对象及各种数据源进行精确无缝地重建，常用于实景还原。

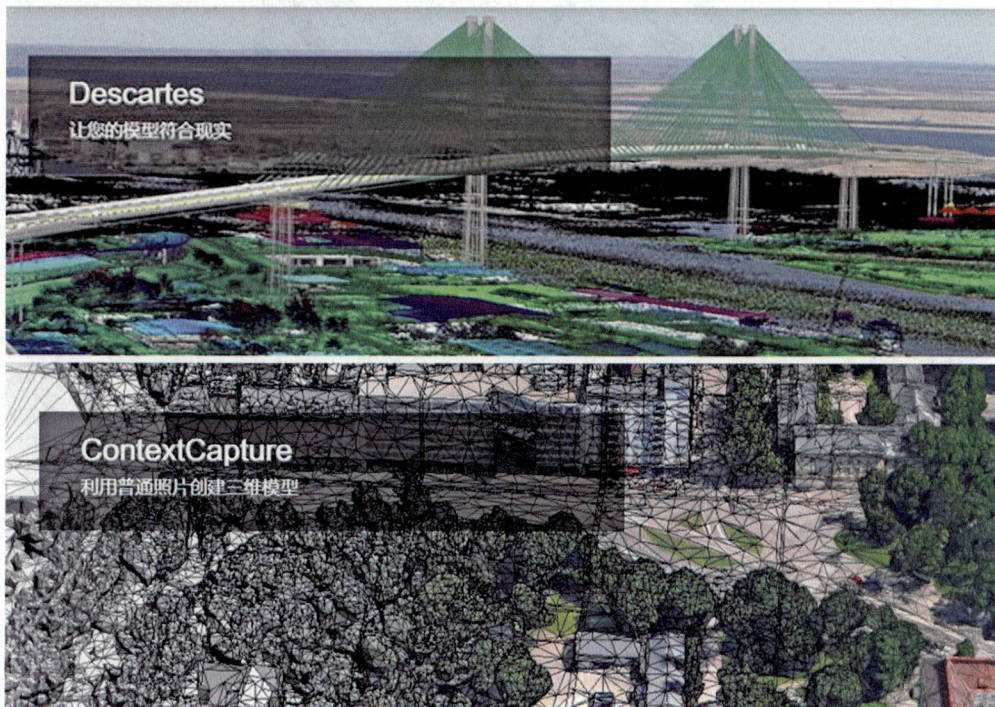

图 1-1-7 逆向建模类软件

2）虚拟场景创建技术

虚拟场景创建流程一般归纳为：场景策划→场景制作→场景应用与交付。

（1）场景策划

场景策划首先需要对最终想要达到的效果进行策划进而明确团队工作目标，这个目标一定要明确、具体、可衡量、与业务相关，而且是可以实现的；其次是基于团队的工作目标，经过团队成员的共同参与讨论，梳理出团队的关键工作项目；最后搜集、查阅并掌握相关知识，完成界面展示内容、相关工艺模拟效果、动画或场景涉及模型需求等。

（2）场景制作

常用的虚拟场景创建技术主要有次世代引擎技术和专用技术。

次世代引擎特指一种具备下一个时代、未来的时代特征的游戏引擎。次世代引擎是一个相对当前时间的概念，其具体目录也在不断地更新换代，在不同的时间均有符合当时环境的次世代引擎。虚拟场景创建常用的次世代引擎技术有 UE（Unreal Engine，虚幻引擎）、Unity 3D 等技术，如图 1-1-8 所示，在制作虚拟场景过程中需要配合部分编程语言或可视化编程从而确保功能的实现。UE 是由游戏公司 EPIC 开发的虚幻引擎，是一个完整的游戏开发平台，它提供了游戏开发者需要的大量的核心技术、数据生成工具和基础支持；Unity 3D 是实时 3D 互动内容创作和运营平台，包括游戏开发、美术、建筑、汽车设计、影视在内的所有创作者，借助 Unity 3D 将创意变成现实，其支持平台包括手机、平板电脑、PC、游戏主机、增强现实和虚拟现实设备。

图 1-1-8　次世代引擎技术

专用技术是专门为特定行业、专业人员开发的专用软件，建筑行业常用场景制作软件有 Fuzor、Navisworks、Lumion、Twinmotion、Vray 等，如图 1-1-9 所示。Fuzor 是一款将 BIM、VR 技术与 4D 施工模拟技术深度结合的综合性平台级软件，它能够将 BIM 模型瞬间转化成包含丰富的数据且生动的虚拟现实级场景，让所有项目参与方都能在此场景中进行深度的信息互动。

以 Fuzor 软件作为核心的 BIM 可视化优势有：专业性强，能够继承 BIM 模型的全部属性，完全由专业工程师自主完成全流程的可视化成果，沟通零障碍；联动性强，对模型可进行再编辑，能实现双向实时同步；可视化程度高，效果突出，功能全面，图片、视频、交互场景、3D、VR、MR 全部一气呵成；使用成本低，软件操作简单，BIM 工程师可以快速上手掌握，一模多用，节约时间和成本。

图 1-1-9　专用类软件

（3）场景应用

场景渲染技术按照渲染的算力来源可分为本地渲染和云渲染。本地渲染是指在本地计算机上，借助如 Maya、3dmax、Blender 等专业软件完成图形渲染过程，常应用在影视制作、广告制作、产品设计等领域；云渲染是指将渲染任务上传到云端服务器上进行渲染，借助云端第三方的服务器平台和算力完成渲染的过程，常应用在影视制作、游戏开发、建筑设计、产品展示等领域。

虚拟现实技术应用场景

（4）场景交付

按交互的方式分类，可将虚拟场景交互分为面向屏幕的交互、通过 XR 设备的交互、VR 设备加动作捕捉系统的交互等。

面向屏幕的交互是不需要佩戴任何设备，裸眼查看虚拟场景交互成果的方式。对于普通显示设备呈现的虚拟场景，用户不需要佩戴任何设备即可查看交互场景，如图 1-1-10 所示。CAVE 是一种基于投影的沉浸式虚拟现实显示系统，其特点是分辨率高、沉浸感强、交互性好，相比普通显示设备而言，能给用户更好的身临其境的感觉，如图 1-1-11 所示。

图 1-1-10　普通显示设备

图 1-1-11　CAVE 系统

XR 业务形态丰富，产业潜力大、社会效益好，以虚拟现实为代表的新一轮科技和产业革命蓄势待发，虚拟经济与实体经济的结合，将给人们的生产方式和生活方式带来革命性变化。常用的 XR 设备有 VR 头盔、MR 头盔、3D 展示系统等，如图 1-1-12—图 1-1-14 所示。

VR 设备加动作捕捉系统的交互是通过利用深度摄像头、投影仪等感知设备，实时采集现场的 3D 信息，进而获取人体动作的信息，从而实现动作捕捉的功能（图 1-1-15）。这种技术具有更高的精度、更快的处理速度，同时受环境影响较小，能够满足对动作捕捉精度要求较高的应用需求，它正在成为 VR 技术的新兴方向。

图 1-1-12　VR 头盔　　　　图 1-1-13　MR 头盔　　　　图 1-1-14　3D 展示系统

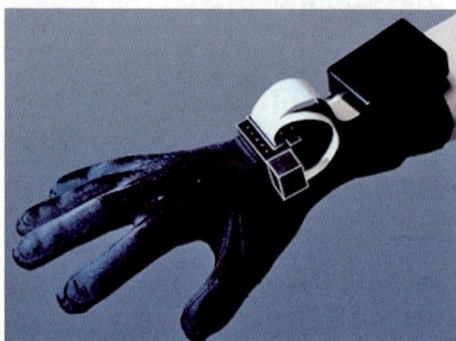

图 1-1-15　交互设备——数据手套

1.1.4　任务总结

　　虚拟建造技术的广泛应用将从根本上改变现行的建造模式,对相关行业也将产生巨大影响。它运用软件对建造系统中的五大要素(人、组织管理、物流、信息流、能量流)进行全面仿真,使之达到前所未有的集成高度,为先进技术的进一步发展提供了更广大的空间,同时也推动了相关技术的不断发展和进步。虚拟建造技术能加深人们对施工生产过程的认识和理解,从而更好地指导实际生产,即对生产过程整体进行优化配置,推动生产力的巨大飞跃。同时,该技术还可以全面改进企业和项目的组织管理工作,真正实现信息化管理。

　　虚拟建造技术的核心是采用可视化的方式向现场管理和施工人员展示任务所包含的信息、按计划执行的保障措施、影响因素、预案及突发情况下的调整措施。

　　虚拟建造技术通过虚拟施工验证施工方案的可行性、经济性、合理性;发现方案和计划在实际执行中所需要的必要条件;验证影响因素对项目造成的影响及后果,并依据分析的结果制订处理方案,杜绝影响因素的出现或降低影响因素出现的概率;做到防患于未然,制订相应的保障方案和应急预案。虚拟建造技术的最终目标是依照计划施工,提高项目可控性,从而在整个项目中实现经济可控、进度可控、质量可控。

任务 1.2　综合实训楼虚拟建造技术应用

　　某综合实训楼项目位于重庆市沙坪坝区大学城东路区域,建设用地 24 357.81 m²,总建筑面积 38 496.82 m²(地下建筑面积 568.75 m²)，建筑总高度 20.6 m，地下 1 层，地上 4 层。主要功能为学生双创实训基地、全流程管理实训基地、多媒体教室实训基地等。本项目包括建筑、结构、给排水、电气、暖通、景观绿化及室外管网等工程。

1.2.1　任务要求

针对某综合实训楼项目，打造集 BIM 项目管理、教学科研、智慧运维三位一体的虚拟建造技术方案。

1.2.2　任务分析

为了提升精细管理和各专业协调融合的效率，结合项目特点，将综合实训楼虚拟建造全流程的工作分为 4 个专项应用：土建专项应用、机电专项应用、施工管理专项应用、BIM 一体化教学产品。具体工作内容包括 BIM 模型搭建、整合协调冲突检测与分析、施工场地布置与分析、施工进度模拟、预留预埋深化、施工工艺模拟、细部节点深化、BIM 项目管理平台搭建等。

1.2.3　任务实施

为建立完善的虚拟建造流程，需要将模型搭建、过程管控、现场管理进行细化分工，建立权责清、分工明的组织架构，组织架构设置如图 1-2-1 所示。

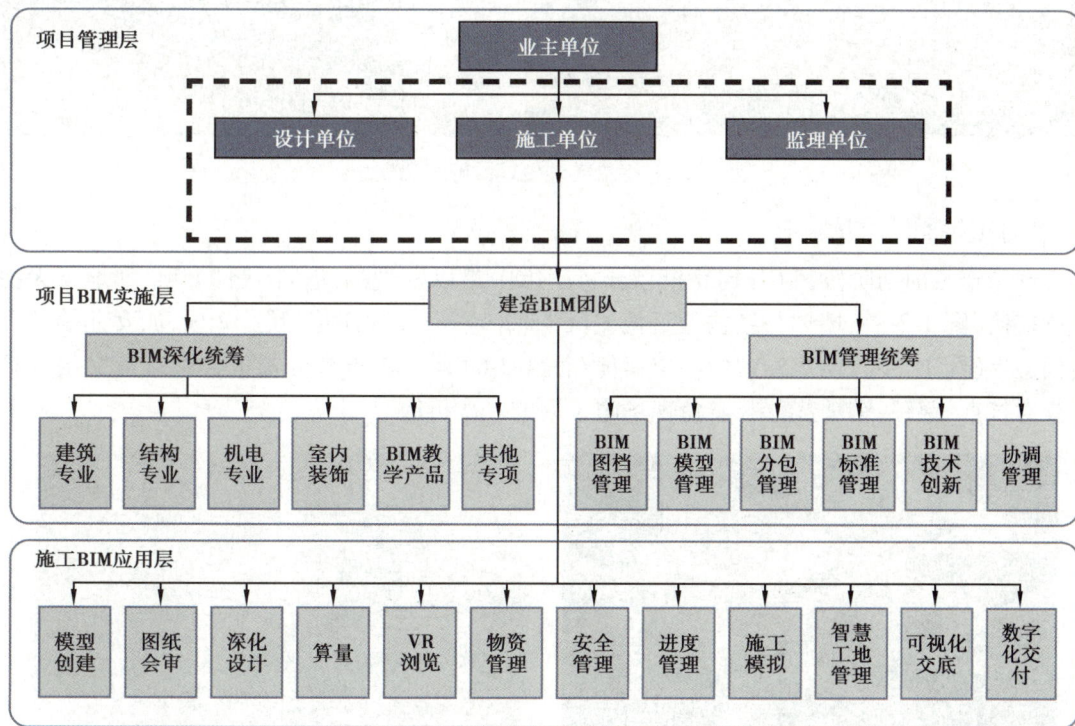

图 1-2-1　虚拟建造组织架构

在施工准备阶段,根据统一的坐标定位体系,依据建模规范搭建建筑、结构、机电和总图景观等全专业深度达到LOD350级的BIM模型。

1)土建专项应用

虚拟建造技术在土建专项中的应用包括施工总平面规划、工程图纸质量控制、辅助方案优化。

(1)施工总平面规划

现场施工不同阶段的材料运输、施工界面需求不同,需要针对性地进行施工场地空间布局的规划。根据施工部位的材料运输特征以及材料堆场、运输路线、加工区的布置情况建立垂直运输系统(塔吊、施工升降机等),并进行群塔防碰撞规划,建立场地布置模型,解决施工现场面积庞大、地形不平整、材料运输量大等问题,以便有效提升施工效率,保证流水作业,满足各专业工作需要。

利用无人机航拍倾斜摄影技术,辅助BIM施工场地布置设计,分析场地标高、场地土方和场地周边道路车流人流情况,实现精细化场地布置设计;进行BIM施工场地布置设计,并基于BIM模型完成场部动态分析及整合模拟。综合实训楼项目总规划如图1-2-2所示。

图1-2-2　综合实训楼项目施工总规划

(2)工程图纸质量控制

现场施工前期阶段,利用BIM模型分析图纸中难以发现的结构问题11项,如地梁无法进行搭接(图1-2-3)、墙体与结构位置偏差(图1-2-4)等;发现建筑问题12项,如女儿墙超出结构边界(图1-2-5)、防火卷帘门与梁碰撞(图1-2-6)等。将模型分析报告整理提交给设计院校对核查、跟踪、销项、落图,避免现场施工后的二次拆改。

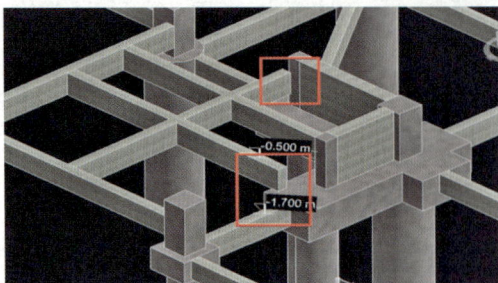

图1-2-3　地梁无法进行搭接　　　　图1-2-4　墙体与结构位置偏差

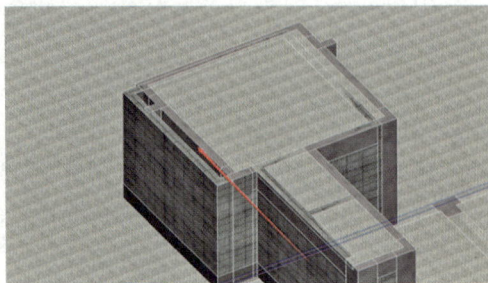

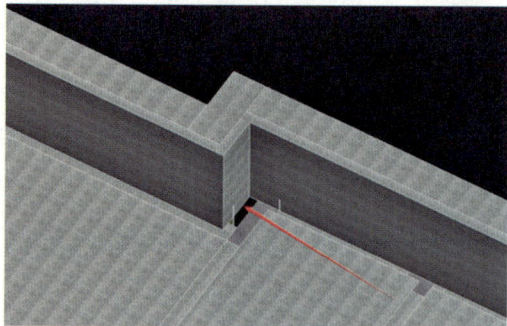

图 1-2-5 女儿墙超出结构边界

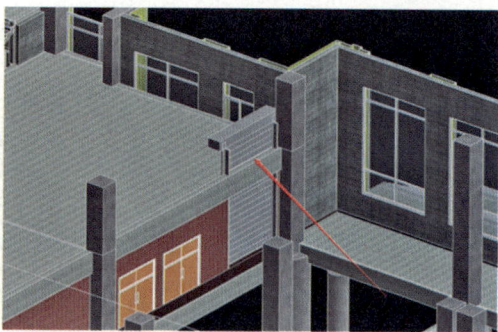

图 1-2-6 防火卷帘门与梁碰撞

（3）辅助方案优化

利用 BIM 可视化的特点，完成结构钢筋 BIM 深化，解决钢筋排布与碰撞问题。通过 BIM 数据在系统中的传递、处理，将复杂的钢筋施工信息直观传递到现场人员手中，最终实现钢筋无图化加工技术。基于 BIM 技术进行钢筋工程在施工过程中的管理，从深化设计、材料采购、集中加工、施工绑扎、检查验收等方面，进行全过程管控，降低钢筋的损耗率，减少材料的浪费，提高工程质量。结构钢筋深化与施工如图 1-2-7 所示。

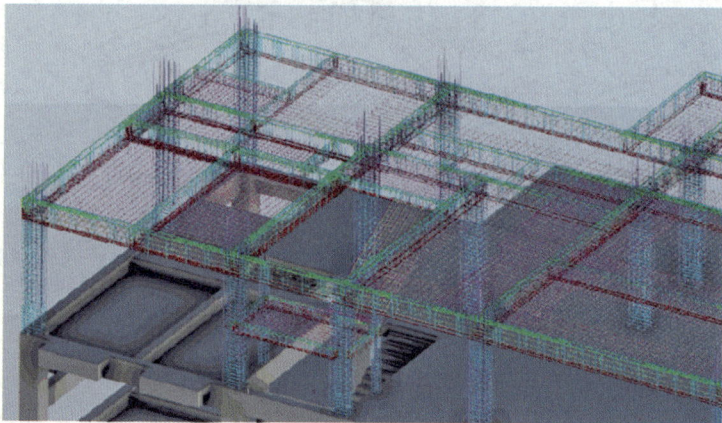

图 1-2-7 结构钢筋深化与施工

2）机电专项应用

虚拟建造技术在机电专项方面的应用包括管线综合、预留洞口深化、机房深化设计等。

（1）管线综合

现场施工前期阶段，利用 BIM 模型分析图纸中难以发现的碰撞问题 19 项，如立管与结构梁碰撞（图 1-2-8）。基于 BIM 模型制订 BIM 管线综合流程，统筹排布土建、机电、水、暖、电管线之间的空间位置，综合协调管线之间以及各专业之间的矛盾，并进行规划，从而完成管线综合工作并出具管线综合图纸、单专业机电图纸、结构预留洞图纸等，合理规划施工次序，提升施工品质。管线综合如图 1-2-9 所示。

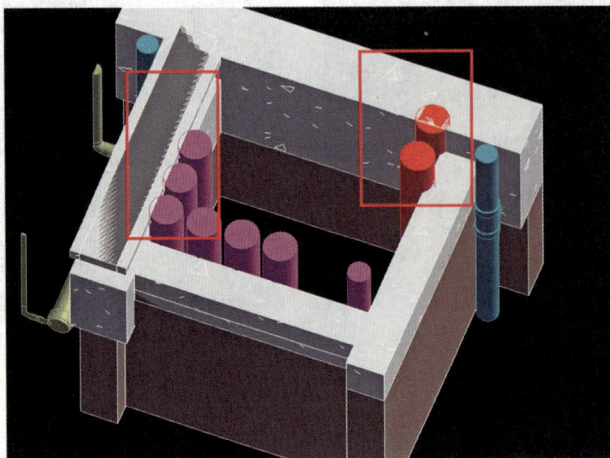

图 1-2-8　立管与结构梁碰撞

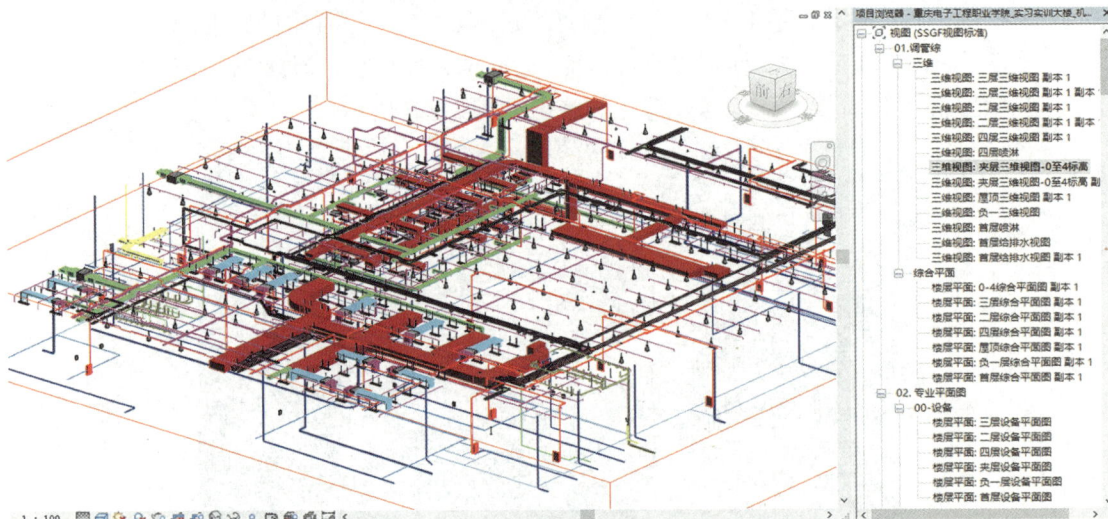

图 1-2-9　管线综合

（2）预留洞口深化

在管线综合深化后，整合专业预留预埋图，如图 1-2-10 所示，精确到洞口尺寸、位置及标高，导出预留预埋深化图纸，协助现场施工，避免返工拆改，节约成本。

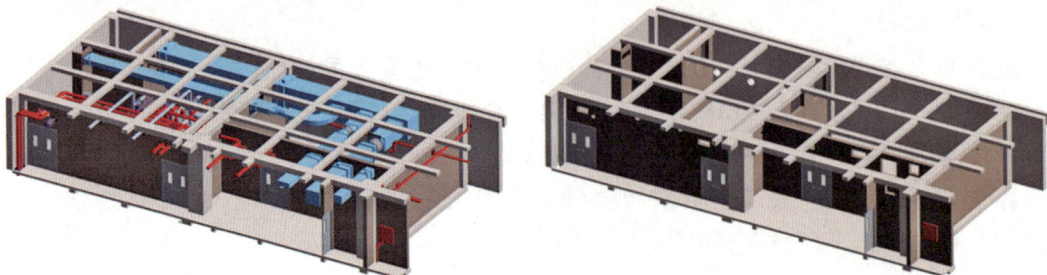

图 1-2-10　预留预埋

（3）机房深化设计

根据建筑专项图纸和相关厂商提供的设备数据建立机房三维模型，进行设备基础深化、管综排布、地面墙面做法深化排版、设备净宽核查等施工前准备工作，并依据审查结果对机房深化进行修改优化，经各单位确认后导出机房深化图纸，用于设备材料下单与现场施工。机房深化如图 1-2-11 所示。

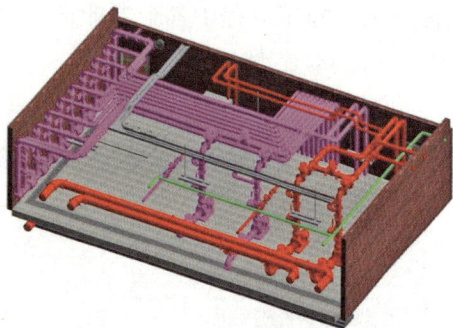

图 1-2-11　机房深化

3）施工管理专项应用

虚拟建造技术在施工管理方面的应用包括智慧管理平台、全周期"虚拟建造"管理、XR交互等。

（1）智慧管理平台

以"BIM+物联网"为基础，采用 WEBGL+BIMVR+BIMGIS 三引擎技术，将各类施工现场传感器数据整合至轻量化的 BIM 模型中，实现了 BIM 模型数据与工程项目管理业务流程的交互，如图 1-2-12 所示。接入实名制管理、塔机监控、视频监控、环境监测、危大专项管理等系统，实现了智慧工地数据信息集成、数据信息分析的作用，有效提升了项目质量，达到了 BIM 智慧工地智慧管理、智慧决策的目的，最终实现"BIM+智慧工地"一体化集成管控。

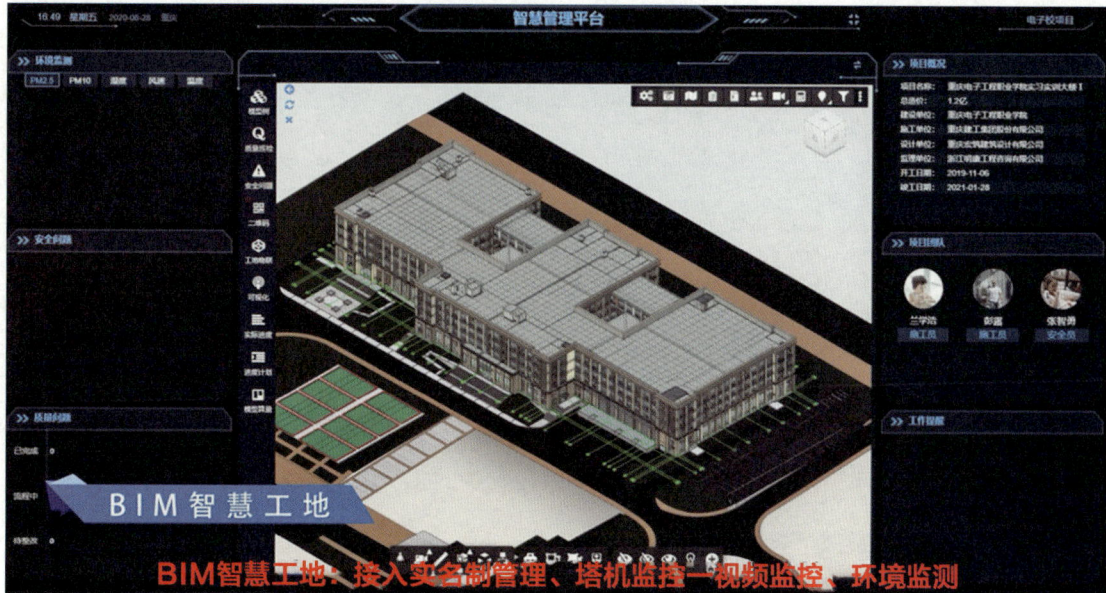

图 1-2-12　智慧管理平台

（2）全周期"虚拟建造"管理

依托于"BIM+智慧工地"一体化集成管控平台所建立的项目全生命周期施工管理平台，包括质量管理系统（图 1-2-13）、安全环保管理系统（图 1-2-14）、进度管理系统（图 1-2-15）

等,体现项目施工流程中各个专业的质量、安全、进度情况,与线下业务流程接轨,实现施工管理数字化,构建虚拟建造项目。

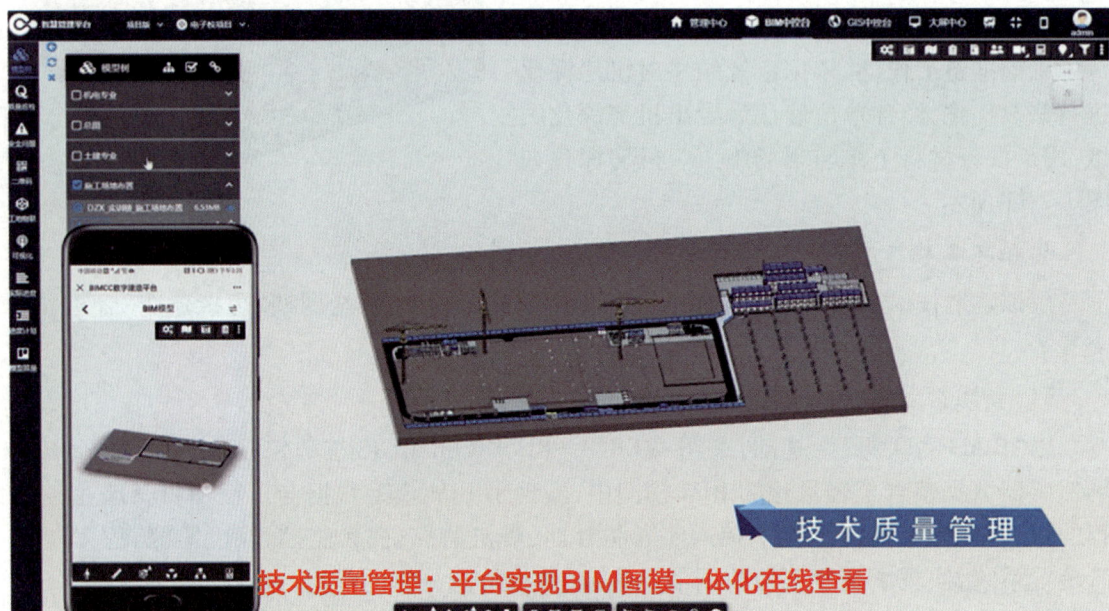

图 1-2-13 质量管理系统

图 1-2-14 安全管理系统

图 1-2-15　进度管理系统

（3）XR 交互

深化模型后，通过 XR 交互向参建方预演整个施工过程的施工进度、工艺流程、现场施工机械布置、每个施工阶段的劳动力投入等，使平面的施工方案立体化，创造了极大的经济价值，开创了全新的"虚拟建造"新时代。

参建方通过佩戴 VR 眼镜与三维模型场景连接，可进入虚拟场景进行沉浸式体验，如图 1-2-16 所示。

图 1-2-16　VR 沉浸式体验

参建方通过手机或者平板设备等扫描图纸（AR 交互式图集）或者实景，可查看其对应的三维模型，并通过手势与其进行实时互动交底，如图 1-2-17 所示。

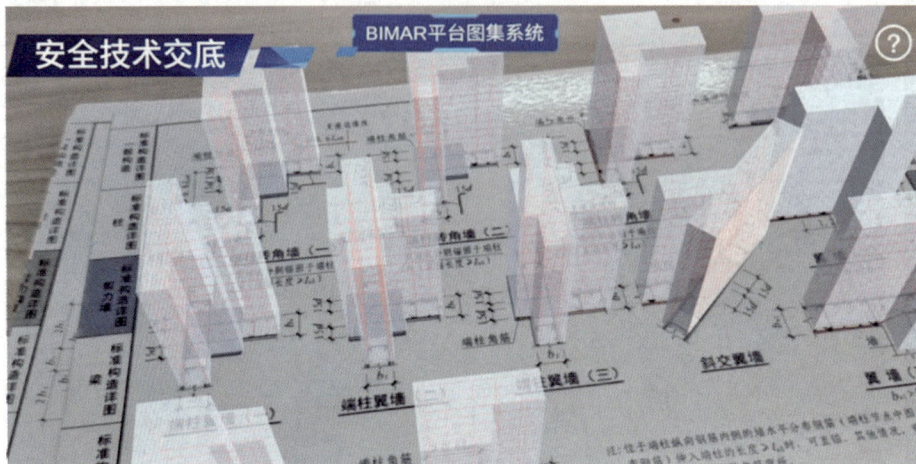

图 1-2-17　可视化交底

各参建方可戴上 MR 眼镜，身临其境地在现实场景中看到虚拟的三维模型，自由查看管线排布、管线碰撞等情况，实时协同进行方案讨论并快速修改方案，最终形成最优管综方案，如图 1-2-18 所示。

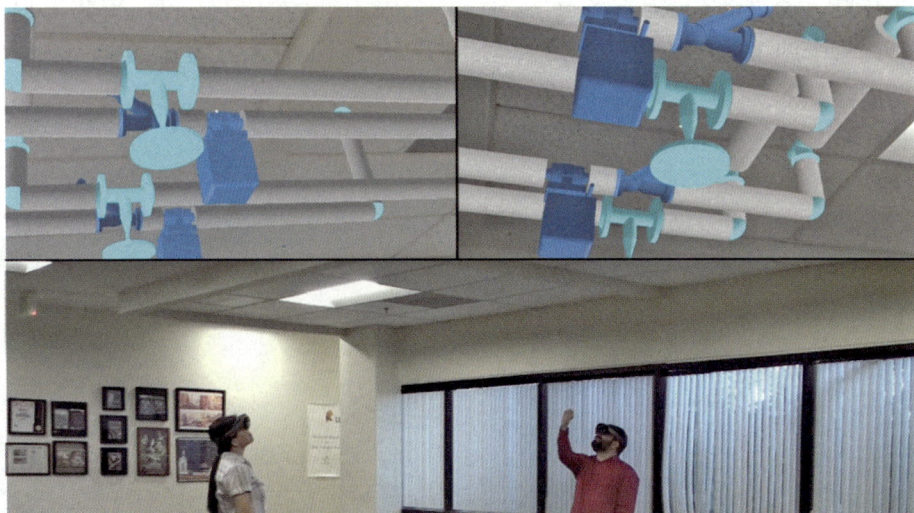

图 1-2-18　多人协同

4）BIM 一体化教学产品

基于综合实训楼虚拟建造项目的实施，竣工 BIM 模型集成相关运维信息，辅助建筑智慧运维管理，实现虚拟实验实训基地建设。本项目智慧建筑运维融入智慧校园建设中，实施全方位数字资产集成管理，提升信息共享度，避免出现信息孤岛，实现基于 BIM 的智慧校园管理。

1.2.4　任务总结

在综合实训楼全流程虚拟建造技术实施案例中，通过虚拟仿真技术对项目的建造过程、建造施工工艺进行虚拟仿真模拟,集成教学课程资源到 BIM 模型中,形成了 BIM 工程教学案例的示范楼。专业教师及学生全程参与实施综合实训楼虚拟建造实施,实现教师队伍培养、学生实践能力培养、BIM 教育体系搭建、虚拟仿真等多方面教学研综合收益。同时基于虚拟建造的理念进行相关研究,将研究成果应用到项目中,达到工程虚拟建造技术应用与工程建设教育体系双价值体现的目标。

任务 1.3 　虚拟建造发展趋势与展望

习近平总书记指出,世界正在进入以信息产业为主导的经济发展时期。我们要把握数字化、网络化、智能化融合发展的契机,以信息化、智能化为杠杆培育新动能。要推进互联网、大数据、人工智能同实体经济深度融合,做大做强数字经济。为贯彻落实习近平总书记重要指示精神、推动建筑业转型升级、促进建筑业高质量发展,2020 年 7 月,我国住房和城乡建设部等十三部门联合印发了《关于推动智能建造与建筑工业化协同发展的指导意见》,明确提出了加大智能建造在工程建设各环节中的应用,助力实现"中国建造"。

1.3.1　任务要求

推动建筑工业化升级,推进建筑业数字化转型,促进建筑业提质增效,提升智能建造与建筑工业化协同发展整体水平,探究虚拟建造发展趋势。

1.3.2　任务分析

虚拟建造技术的关键支撑是虚拟现实技术,虚拟现实技术的研究将延续"低成本、高性能"原则,从软件、硬件两方面展开。动态环境建模技术的目的是获取实际环境的三维数据,并根据需要建立相应的虚拟环境模型。建立虚拟环境是虚拟现实技术的核心内容。三维图形的生成技术已比较成熟,其关键是如何在不降低图形的质量和复杂程度的基础上"实时生成"。虚拟现实技术可以实现人自由地与虚拟世界对象进行交互,犹如身临其境,其借助的新型、便宜、鲁棒性优良的数据手套和数据服等输入输出设备将成为未来研究的重要方向。将 VR 技术与智能技术、语音识别技术结合起来实现智能语音虚拟现实建模值得期待。分布式虚拟现实技术是不同物理环境位置的多个用户或多个虚拟环境通过网络相连接,或者多个用户同时进入一个虚拟现实环境,通过计算机与其他用户进行交互并共享信息。分布式虚拟现实是今后虚拟现实技术发展的重要方向。

虚拟现实主要依靠人机交互的发展,目前在技术上已初步解决人脑数据的读取。在不久的将来,开发者将完全解决通过神经系统自动进入虚拟现实环境的"人脑—计算机"接口问题,通过对人脑提取和反馈神经信号,使人完全融入虚拟现实世界。从技术角度出发,我们应该对基于多用户虚拟环境进行必要的技术研究。

同时随着光感定位技术、影像技术的发展,扩展现实中 AR 与 MR 将会有更多的突破及普及,将 AR 与 MR 技术应用于虚拟建造体系中,将推动无图化施工、远程管理、虚拟验收与监管进一步地发展。

1.3.3　任务实施

随着 MR 设备的发展,在相关研究中,工程人员借助 MR 设备将 BIM 模型输入 MR 设备后,将拟施工虚拟单元与现场空间进行高精度叠合,实现无图化施工(图 1-3-1)。同时,结合 BIM、虚拟现实技术、物联网技术,可以将施工现场的摄像头、机械设备、人员信息以虚拟化的方式融入虚拟建造场景中,真正实现万物互联、全面感知,生动复制工程实体空间,将物理建设映射到数字空间构建数字孪生体,实现虚拟与现实之间的互操作、互联动等。

图 1-3-1　根据 MR 头盔中的定位进行施工

党的二十大报告提出,坚持把发展经济的着力点放在实体经济上,推进新型工业化,加快建设制造强国、质量强国、航天强国、交通强国、网络强国、数字中国。建筑业是国民经济支柱性产业之一,当前"中国建造"高质量发展更为迫切,智能建造赋能转型发展,为"中国建造"提供重要途径。目前,我国智能建造领域存在着以下几个问题:

①基础理论、标准、体系不完善;

②以单点应用为主,缺乏技术的集成化应用;

③虽然建筑工程信息化水平有所提高,但是数字空间与真实空间相互独立,缺乏实时反馈调节机制。

数字孪生作为实现智能建造的关键前提,能很好地解决上述问题,它能够提供数字化模型、实时的管理信息、覆盖全面的智能感知网络,更重要的是,它能够实现虚拟空间与物理空间实时信息融合与交互反馈。

数字孪生是充分利用物理模型、传感器更新、运行历史等数据,集成多学科、多物理量、多尺度、多概率的仿真过程,在虚拟空间中完成映射,从而反映相对应的实体装备的全生命周期过程。数字孪生是一种超越现实的概念,将现实世界的物理系统以及流程等复制到数字空间,构建虚拟世界的"数字克隆体",在虚实之间形成双向映射/动态交换和有机联系的

"数字孪生体"。数字孪生在国内应用最深入的是工程建设领域,关注度最高、研究最热的是智能制造领域。

1.3.4　任务总结

建筑业是我国国民经济的重要支柱产业。近年来,我国建筑业持续快速发展,产业规模不断扩大,建造能力不断增强。2022 年,我国全社会建筑业实现增长 6.5%,有力支撑了国民经济持续健康发展。《"十四五"建筑业发展规划》明确指出,到 2035 年,建筑业发展质量和效益大幅提升,建筑工业化全面实现,建筑品质显著提升,企业创新能力大幅提高,高素质人才队伍全面建立,产业整体优势明显增强,"中国建造"核心竞争力世界领先,迈入智能建造世界强国行列,全面服务社会主义现代化强国建设。

虚拟现实技术不仅支撑了智能建造,促进了建筑行业的发展,也为传统建筑理念带来了巨大的变革。以虚拟现实技术深度赋能的建筑业应用已处于爆发前夕,虚拟建造技术将会带领建筑业走进更加精彩的新时代。

模块 2 Fuzor 基础功能

育人主题	学时	素质目标	知识目标	能力目标
以企业真实工程为载体,利用现代化信息技术,实现混合式育人	8	通过虚拟技术前沿软件 Fuzor,培养学生吃苦耐劳、精益求精的大国工匠精神,激发学生科技报国的家国情怀和使命担当	了解案例文件的基本信息,掌握 Fuzor 软件的用户界面	能熟练运用 Fuzor 软件模型同步功能导入模型;熟悉 Fuzor 软件的基础操作

任务 2.1 项目准备

本节将以某综合楼为例,通过在 Fuzor 软件中进行操作,从零开始学习 Fuzor 软件。通过本节内容,读者应对教学楼项目的基本情况有所了解。

1)项目概况

工程名称:某综合楼 　　　　　建筑层数:3F

建筑高度:13.5 m 　　　　　建筑的耐火等级:二级,设计使用年限为 50 年

空调系统:中央空调 　　　　　总建筑面积:3 610.27 m²

建筑密度:23.99% 　　　　　容积率:0.54

绿地率:35.00%

其他:建筑结构为框架结构,抗震设防烈度为 6 度,结构安全等级为二级;本建筑室内标高为±0.000 m,标高相对于绝对标高为 299.70 m

2)主要图纸

本项目包括建筑和结构两部分内容。项目的相关图纸如图 2-1-1—图 2-1-8 所示。

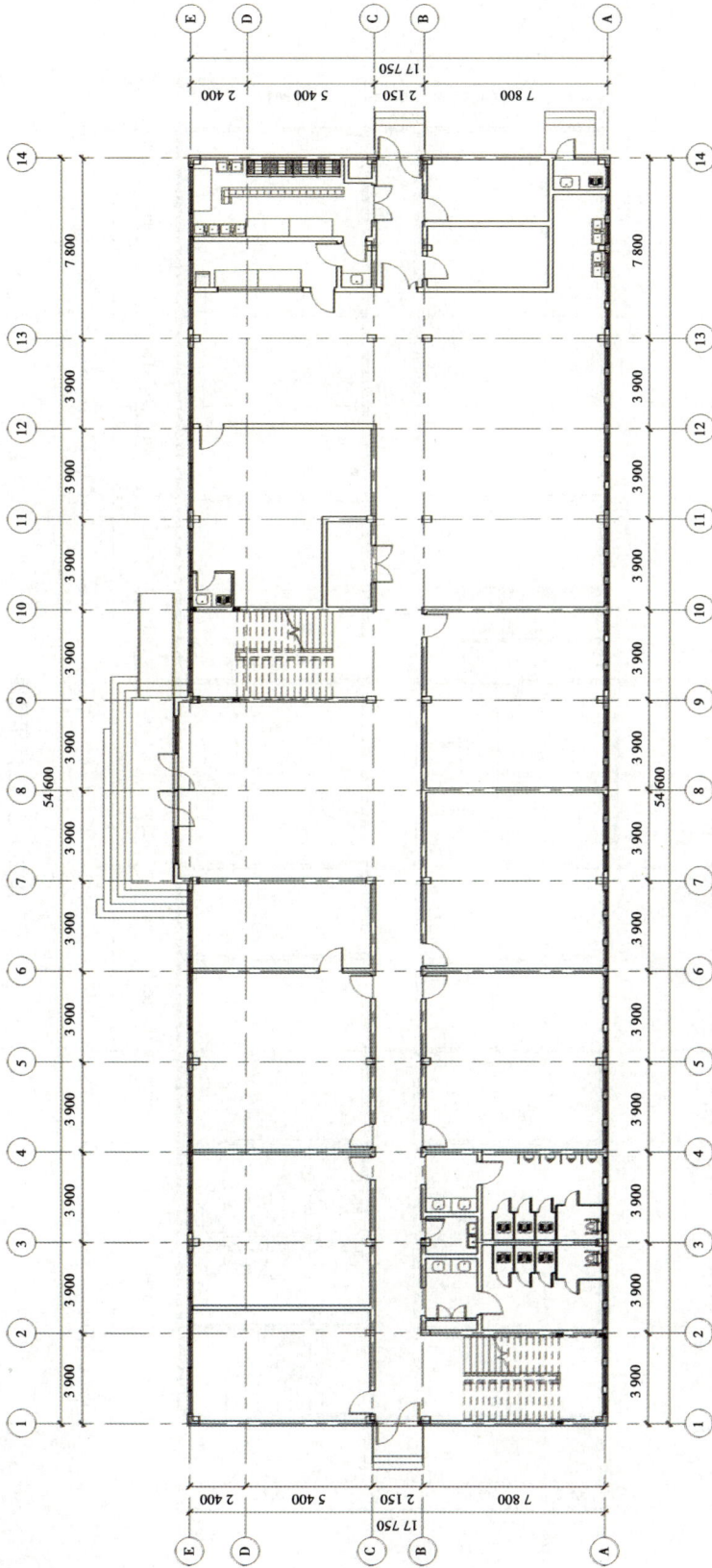

图2-1-1　一层平面图

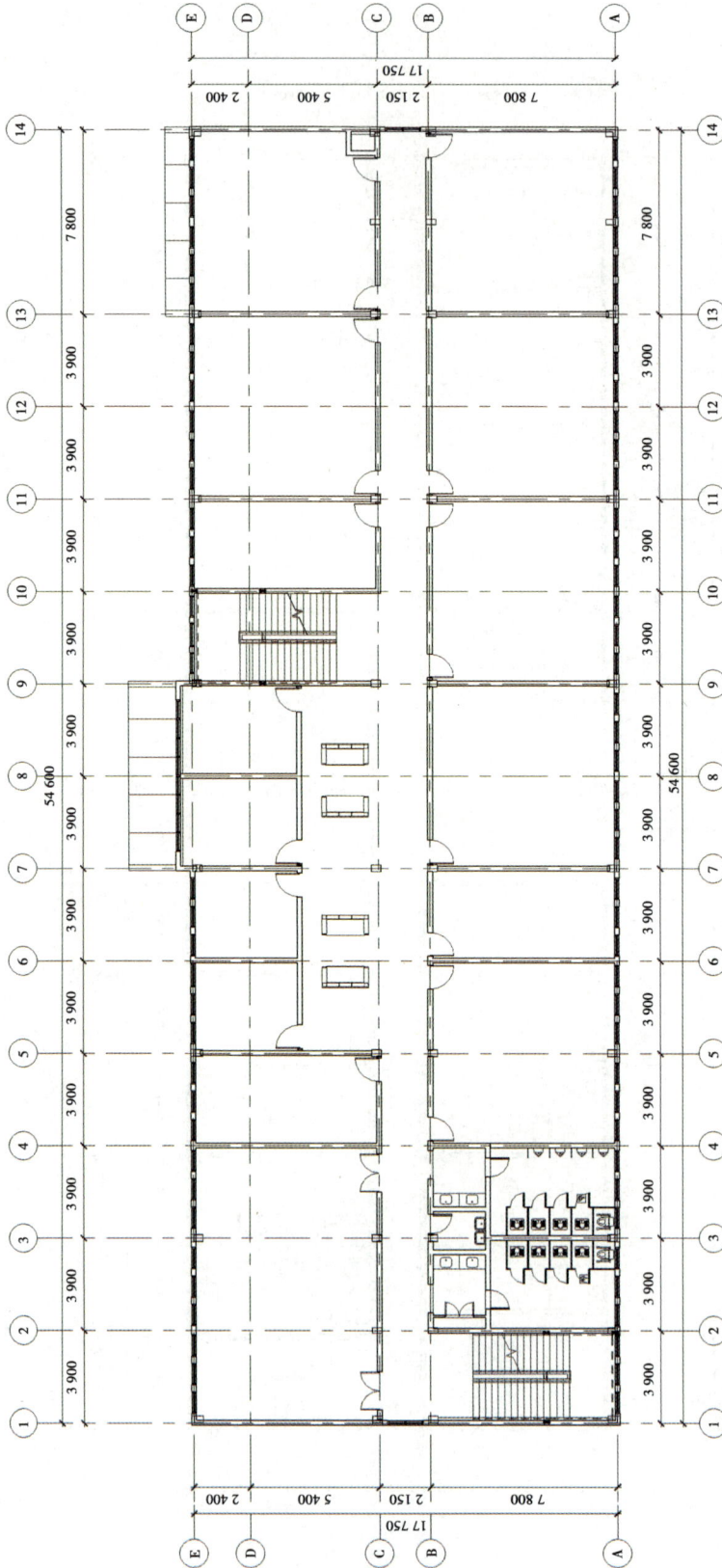

图2-1-2 二层平面图

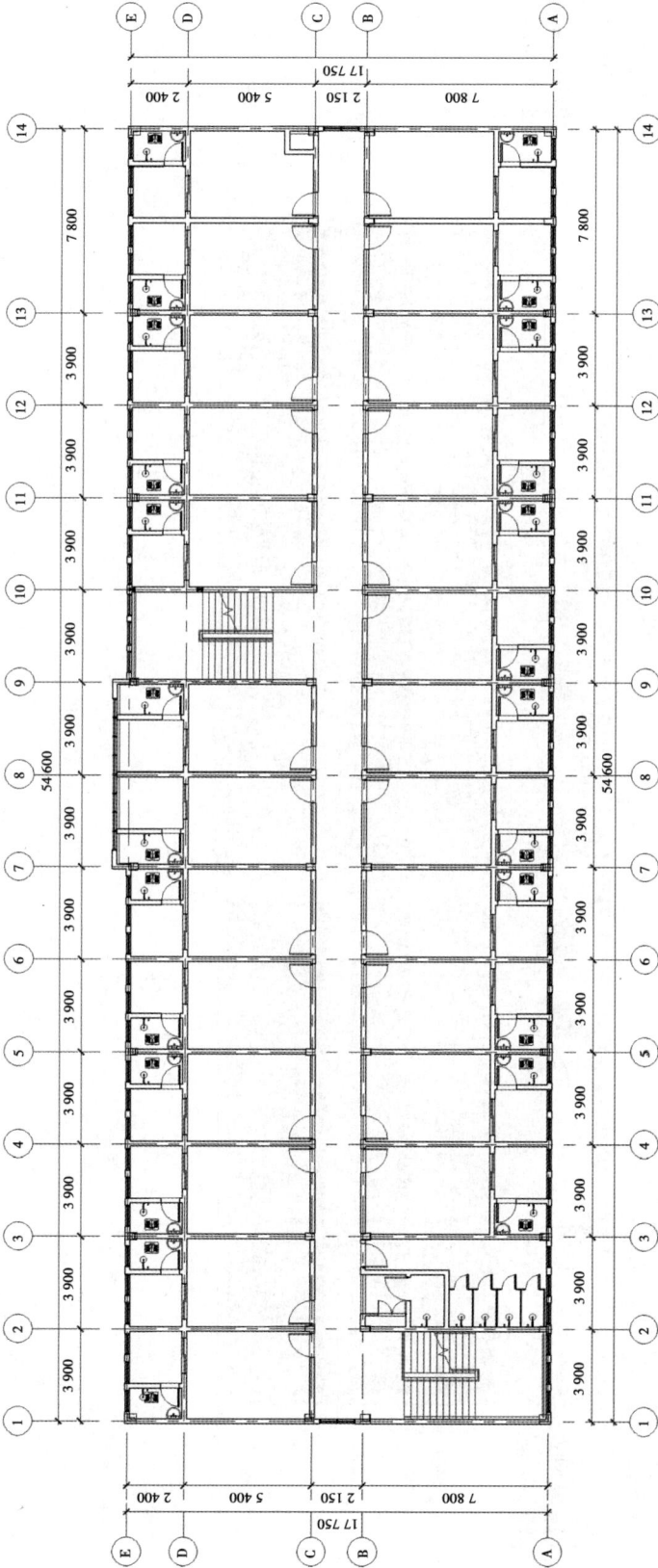

图2-1-3　三层平面图

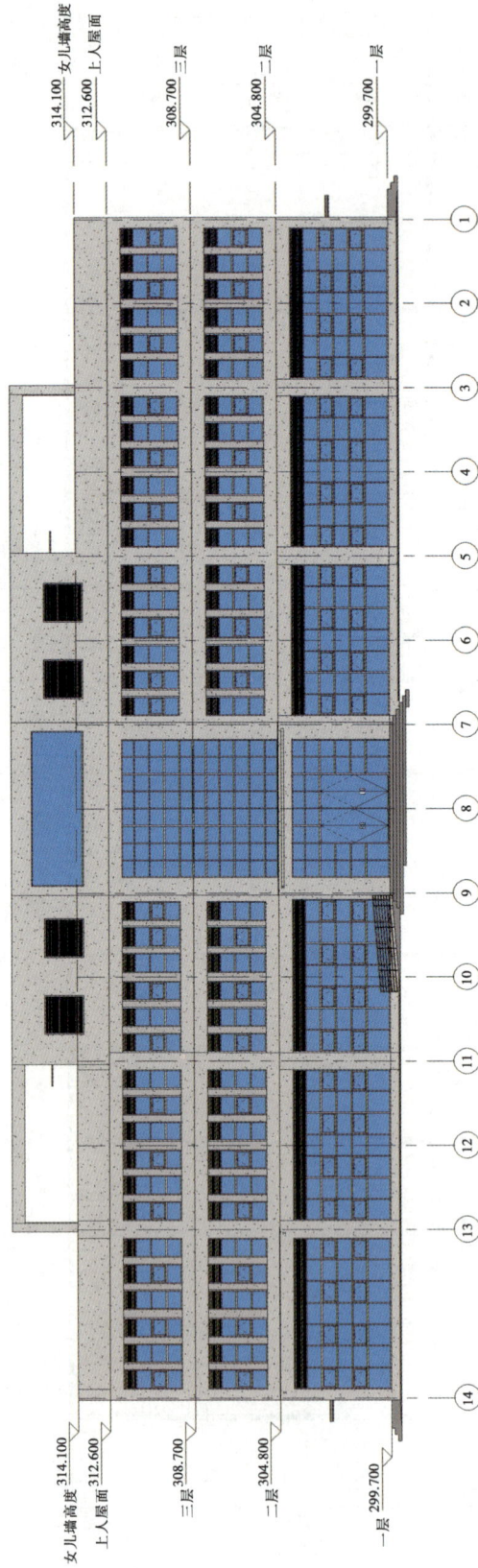

图2-1-4 北立面

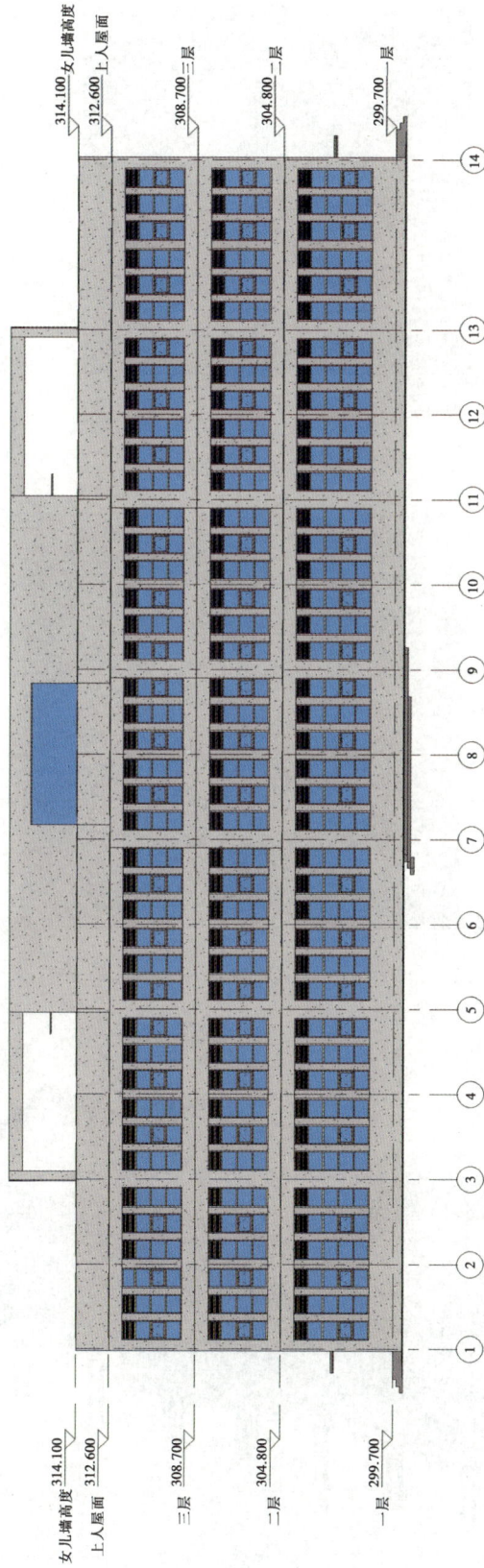

图2-1-5　南立面

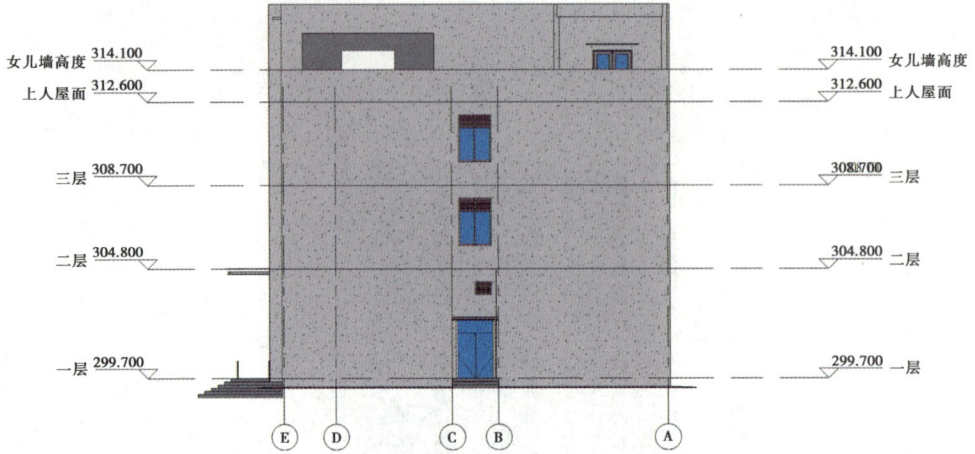

图 2-1-6　西立面

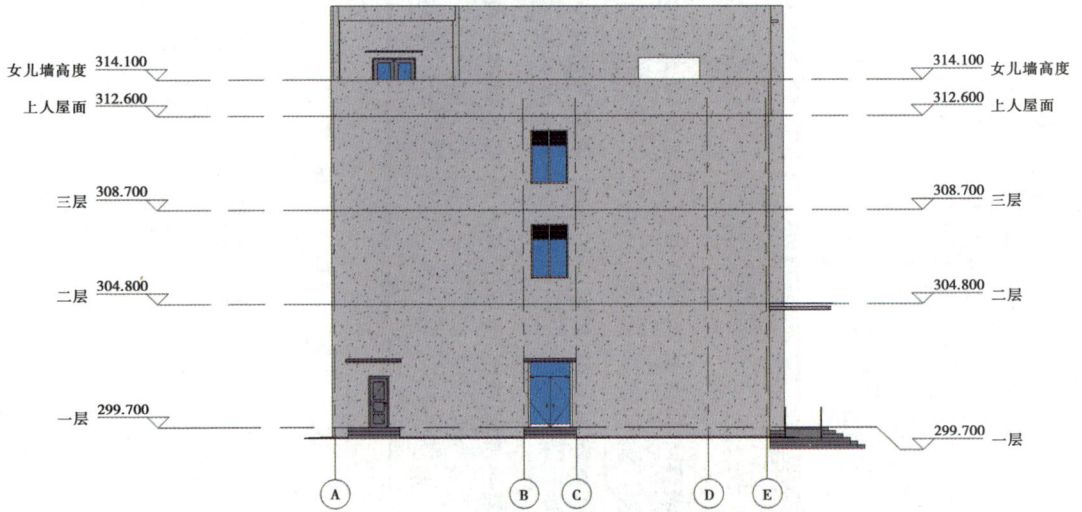

图 2-1-7　东立面

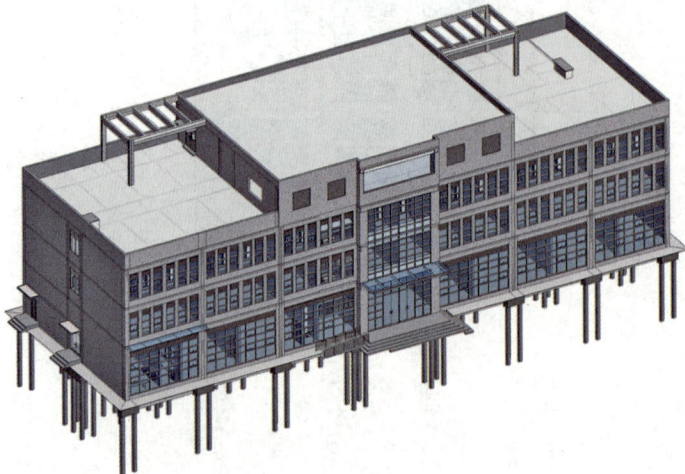

图 2-1-8　项目三维图

任务 2.2　界面介绍

　　Fuzor 软件的界面简洁适用,可以根据用户的需要修改部分界面布局,例如可以拖动菜单栏至最下方,可以自定义快速访问栏等。项目编辑模式下 Fuzor 的界面形式如图 2-2-1 所示。

图 2-2-1　软件界面

1) 菜单栏

　　菜单栏位于软件界面的下方,包含 6 个主菜单选项卡,通过它可以执行 Fuzor 的绝大部分的命令。在菜单栏中任意单击一项主菜单选项卡,会弹出一个相应的子菜单。子菜单中会有相应的工具。

2) 工具面板

　　点击菜单栏中的更多选项 ![按钮] 按钮可以打开工具面板,工具面板提供了软件操作所需要的全部工具。单击工具可执行相应的命令,进入绘制或编辑状态。

　　根据各工具的性质和用途,分别组织在不同的面板中。单击面板名称后面的"+"可以展开该面板的所有工具,如图 2-2-2 所示。工具展开后可以单击面板名称后面的"-"折叠面板的所有工具,仅显示面板名称,如图 2-2-3 所示。

图 2-2-2　工具折叠状态

图 2-2-3　工具展开状态

展开工具面板后单击▤，激活功能注释选项，可以看到该面板所包含工具的功能注释，单击▦可以返回工具列表显示，类似于多数软件的帮助文件。

3）快速访问栏

除可以在功能区域内单击工具外，Fuzor 还提供了快速访问工具栏，用于执行使用者调出常用的工具。用户可以根据需要自定义设置快速访问工具栏中的工具内容，也可以重新排列工具顺序。添加的方法为：使用鼠标拖动工具至快速访问栏处；移除的方法为：使用鼠标拖动工具至除快速访问栏外的其他任意地方。

4）属性栏

在属性选项栏可以查看和修改图形实例属性的参数。属性选项栏各部分的功能如图 2-2-4 所示。

选择任意图形，在软件的右上角会弹出属性栏，显示当前所选择图形的实例属性，如果未选择图形，则不会显示属性栏。属性栏位置固定，不能任意拖动。

5）数据指示栏

通过数据指示栏，可以快速清楚地载入 Fuzor 的模型数据情况、网络、图形，以及对象选择的数量。

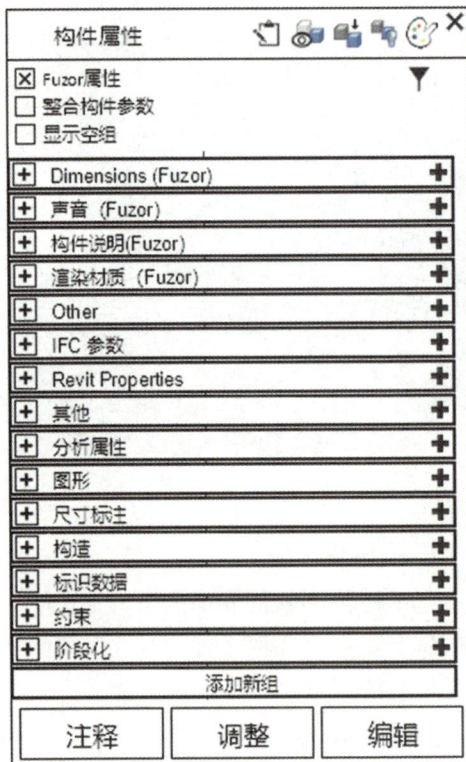

图 2-2-4　属性栏

　视图基本操作

可以通过鼠标、ViewCube 和导航地图对视图进行平移、缩放等操作。在视图中可以通过滚动鼠标对视图进行缩放,按住鼠标中键并拖动,可以实现视图的平移。按住键盘 Shift 键和鼠标中键,并拖动鼠标,可以实现视图的旋转。(此操作在导航控制为"Revit 控制模式"时适用)

在三维视图中,Fuzor 还提供了 ViewCube,用于对三维视图进行控制。

点击菜单栏的导航控制,勾选 ViewCube 后,在屏幕的右上方出现 ViewCube,如图 2-3-1 所示。通过单击 ViewCube 的面、顶点或边,可以在模型的各立面、等轴侧视图间进行切换。按住鼠标左键并拖拽 ViewCube 下方的圆环指南针,可以修改三维视图的方向为任意方向,其作用与按住键盘 Shift 键和鼠标中键并拖拽的效果类似。

为了更灵活地进行视图控制,Fuzor 软件还提供了导航地图工具。单击菜单栏的导航控制,勾选导航地图后,在屏幕的右上方出现导航地图,如图 2-3-2 所示。通过在 X、Y、Z 输入坐标位置,单击 ▨ 可以跳转到坐标所在的位置,单击 ⤢ 向下的箭头可以放大窗口,单击向上的箭头可以缩小窗口。

图 2-3-1　ViewCube

图 2-3-2　导航地图

2.1—2.3 节主要介绍了案例项目的基本情况以及 Fuzor 软件的基础操作,便于读者对项目有了一个初步了解,在后面的章节将具体介绍如何使用 Fuzor 软件实现虚拟建造的过程。

任务 2.4　加载项目文件

2.4.1　任务要求

本节内容旨在帮助读者掌握在 Fuzor 中加载项目文件的相关操作,包括以下两个任务:

任务一:将综合楼-建筑、综合楼-结构、总平面模型同步至 Fuzor 软件,将 Fuzor 文件保存为"综合楼土建模型.che"。

任务二:将综合楼-机电模型同步至 Fuzor 软件中,保存为"综合楼机电模型.che";将其与任务一中保存的"综合楼土建模型.che"文件进行整合,并加载门卫室模型,另存为"综合楼单体模型.che"。

2.4.2　任务分析

加载项目文件任务的操作可以通过软件之间的同步实现,也可以在 Fuzor 中直接进行加载。

1)双向同步与单向同步

Fuzor 可以实现对模型的双向同步和单向同步;Revit、ArchiCAD 的模型可以实时双向同步;Navisworks、Rhino、Civil3D、Microstation Connect Edition 的模型可以实时单向同步。

2)加载文件

Fuzor 直接进行加载文件,支持的文件格式如图 2-4-1 所示。

All Supported Types (*.che, *.chl, *.exe, *.skp, *.fbx, *.3ds, *.obj)

图 2-4-1　Fuzor 支持的文件格式

skp、fbx、3ds、obj 等文件导入 Fuzor 的方式有以下 3 种:

方法一:单击"Fuzor 项目文件面板" ,点击"加载" 加载 ,如图 2-4-2 所示,选择需要加载的文件,单击"打开",如图 2-4-3 所示。

图 2-4-2　加载文件

方法二:展开"更多选项" ,单击"放置族" ,单击"加载",如图 2-4-4 所示,选择需要加载的文件,单击"打开",可将文件以族的方式载入项目,展开"导入模型"选项栏,单击对应模型族文件,单击项目对应位置,即可放置族文件,如图 2-4-5 所示。

方法三:直接将文件拖拽至 Fuzor 界面,弹出"加载选项"对话框,如图 2-4-6 所示。选择"加载到指定位置",单击"确认",将文件中模型的坐标加载到 Fuzor 中对应坐标位置。

选择"加载族文件",单击"确认",可将文件以族的方式载入项目,如图 2-4-7 所示,其余操作同方法二。

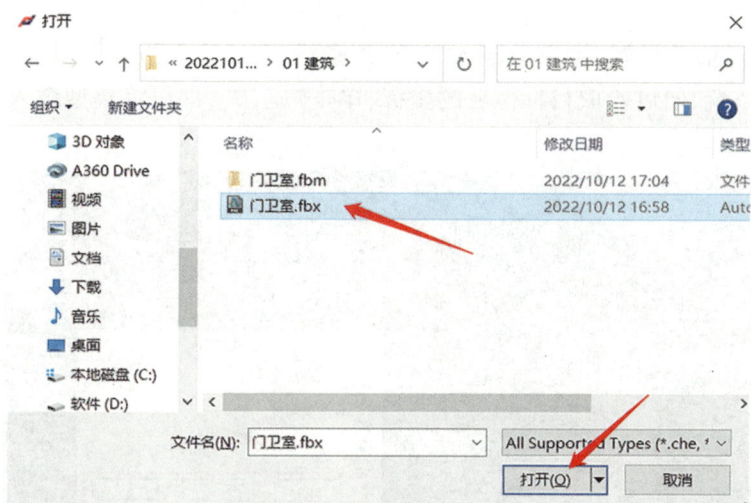

图 2-4-3　加载 fbx 格式文件

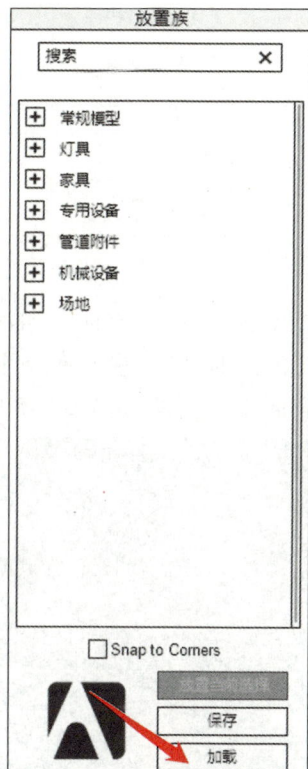

图 2-4-4　加载族文件

图 2-4-5　放置族文件

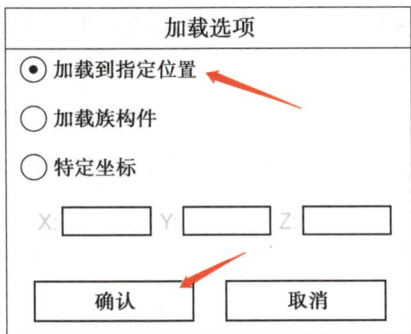

图 2-4-6　加载选项

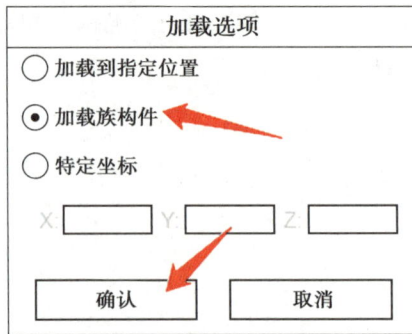

图 2-4-7　加载选项

选择"特定坐标",激活坐标值的设置,可手动输入 X、Y、Z 坐标值,或者在按住键盘 Alt 键的同时,鼠标左键单击目标位置,便可拾取目标位置的坐标,单击"确认",即可将模型载入到此坐标位置,如图 2-4-8 所示。

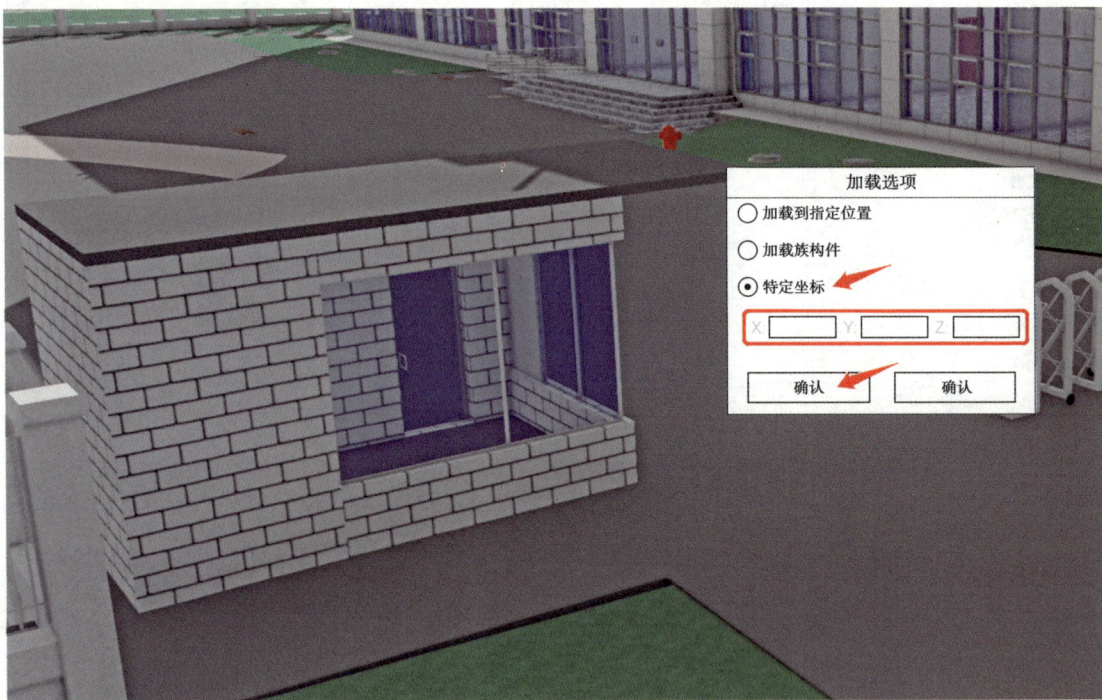

图 2-4-8　加载文件至特定坐标位置

2.4.3　任务实施

1)整体同步链接文件

在 Revit 中将综合楼-建筑、综合楼-结构、总平面模型链接到一个文件中,如图 2-4-9 所示。

同步前,可双击 Fuzor 软件图标  启动 Fuzor 软件,或者同步时自动驱动 Fuzor 软件。启动 Fuzor 软件过程中如出现图 2-4-10 所示的问题,可按照图中箭头所示进行选择。

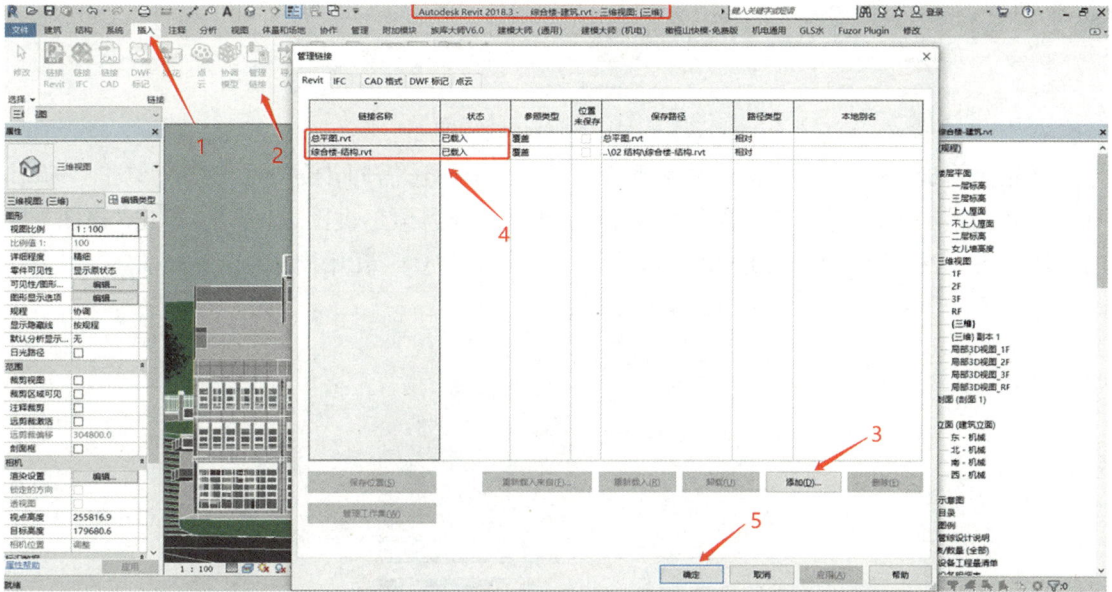

图 2-4-9 Revit 链接文件界面

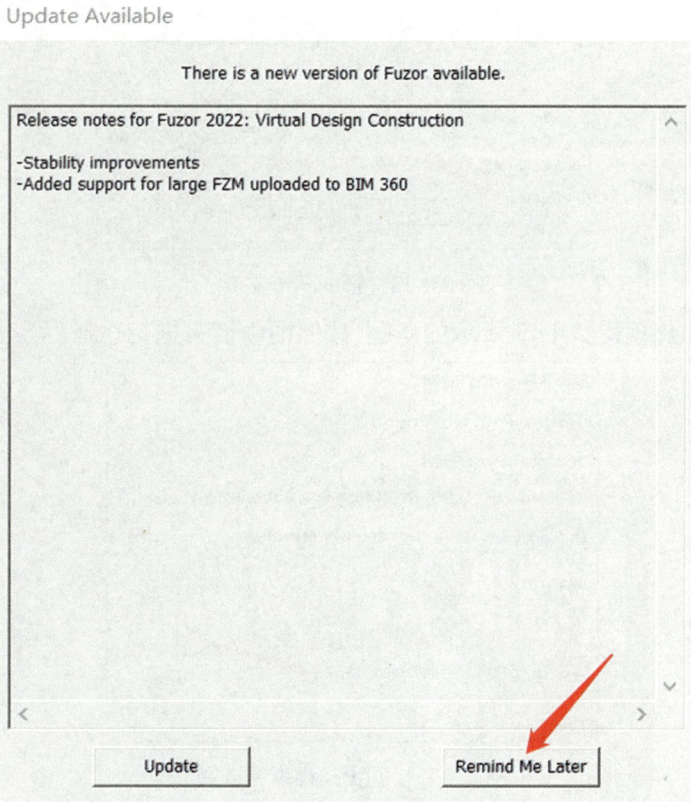

图 2-4-10 同步中出现的问题选择

  单击"Fuzor plugin"选项卡,展开 Fuzor 插件相关功能,选择"Launch Fuzor 2022 Virtual Design Construction"功能将模型同步至 Fuzor,如图 2-4-11 所示。

图 2-4-11　Fuzor 同步界面 1

　　首先在同步时弹出的同步文件管理窗口中，逐个勾选需同步的链接文件，单击"Select All"可勾选所有链接文件；其次需注意同步的视图是否为预想视图，若不是，单击"视图"选项下拉箭头，替换相应视图，如图 2-4-12 所示；最后单击"OK"开始同步。

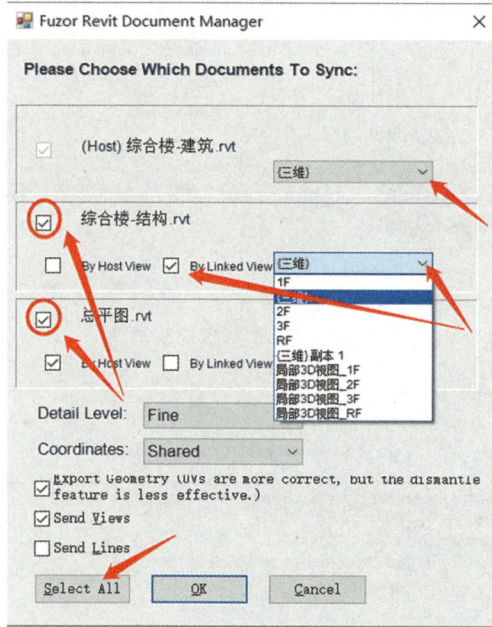

图 2-4-12　管理同步文件

　　同步过程中如出现图 2-4-13 所示的问题，按照图中箭头进行选择。

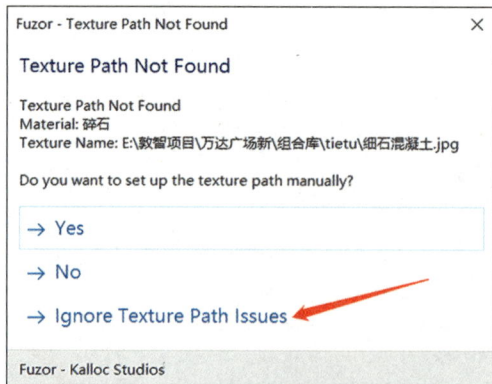

图 2-4-13　同步过程弹窗选择

　　同步过程中，Fuzor 数据指示栏左边会显示同步进度百分比，如图 2-4-14 所示。

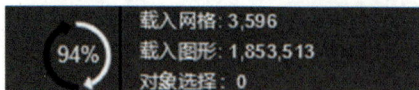

图 2-4-14　同步进度百分比

进度百分比达 100% 并消失后，表示同步完成，如图 2-4-15 所示。

图 2-4-15　模型同步完成界面

2）保存 Fuzor 文件

按住"Ctrl+S"进行文件保存，或单击"Fuzor 项目文件面板"，单击"保存"进行文件保存，如图 2-4-16 所示。文件名称命名为"综合楼土建模型.che"。

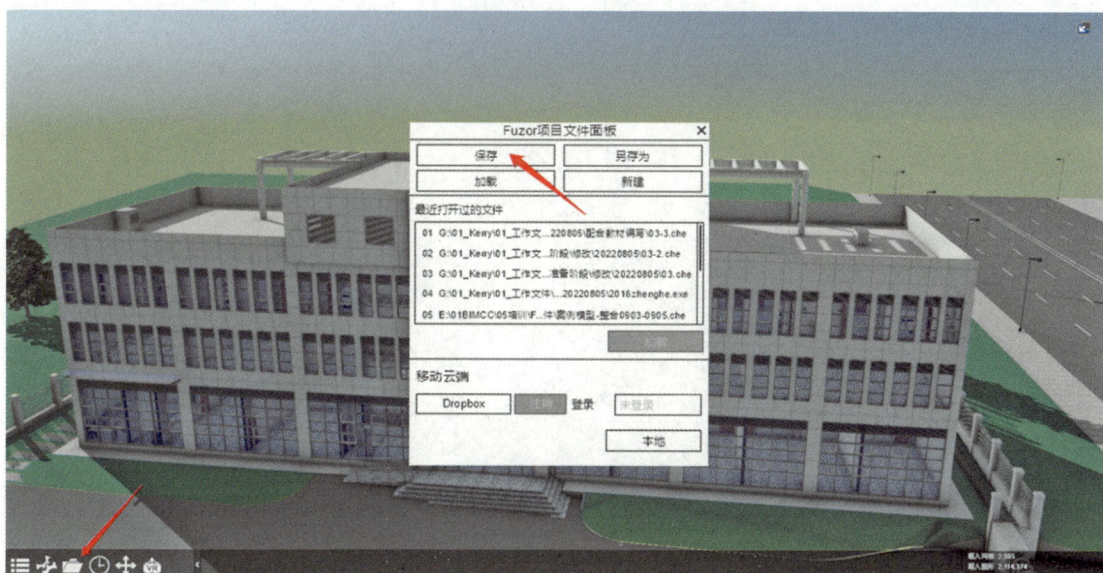

图 2-4-16　保存文件

需要注意的是，Fuzor 没有备份文件，操作过程中单击保存会覆盖上一次的修改，若需备份文件，需单击"另存为"保存新的文件，如图 2-4-17 所示。

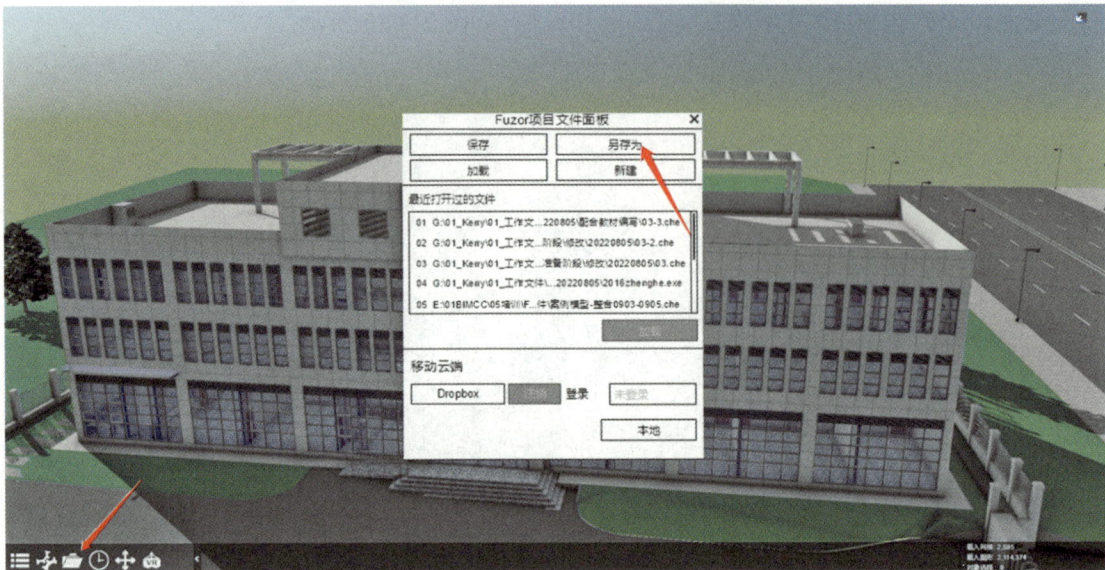

图 2-4-17　另存文件

3）单独同步链接文件并整合多专业模型

在 Revit 中打开综合楼-机电模型，单独同步此模型至 Fuzor 中，如图 2-4-18 所示；方法同前，文件名称命名为"综合楼机电模型.che"。

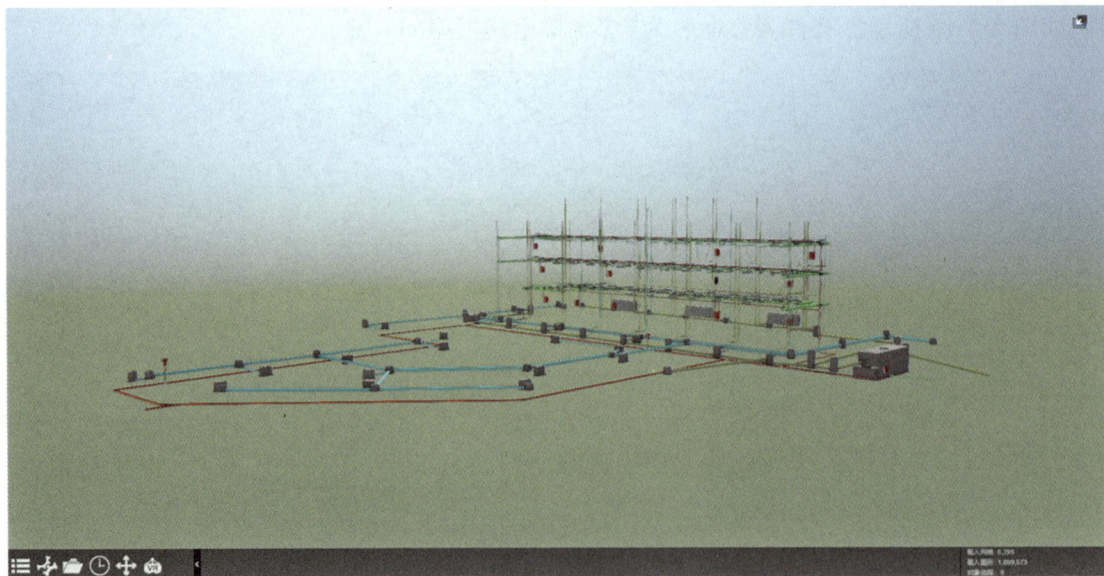

2.4 任务二

图 2-4-18　综合楼-机电模型同步完成界面

单击"Fuzor 项目文件面板"，选择"加载"，选择任务一中保存的"综合楼土建模型.che"文件，如图 2-4-19 所示。

出现图 2-4-20 所示的弹窗提示时，选择"否"，将综合楼的土建与机电专业模型整合到同一个文件中。

单击"另存为"将文件保存为新的文件，文件名称命名为"综合楼单体模型.che"。

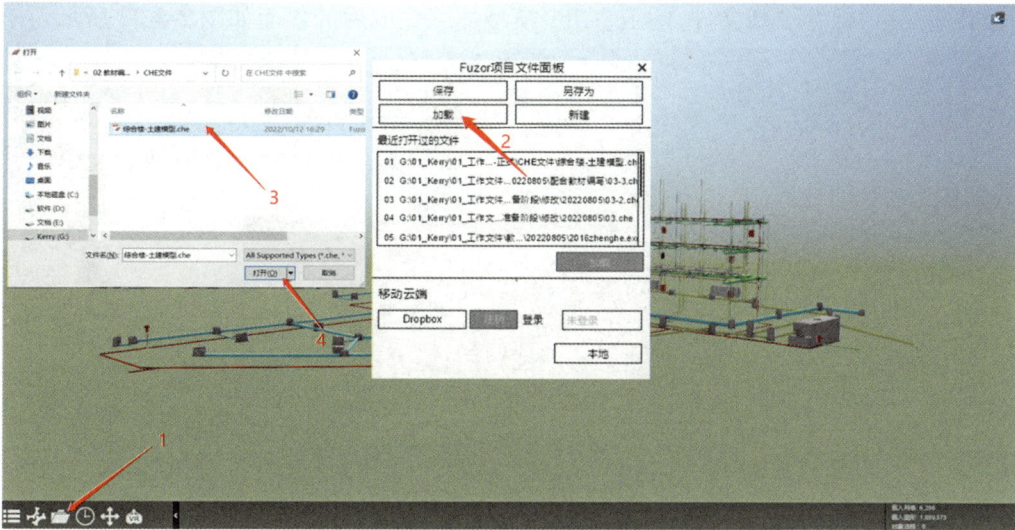

图 2-4-19　加载文件

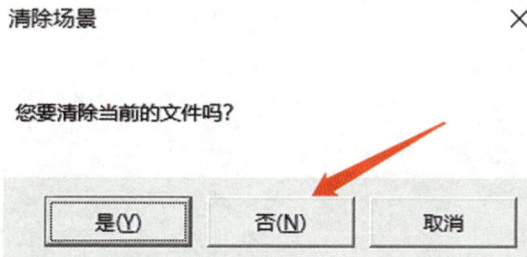

图 2-4-20　加载文件弹窗提示

4）加载门卫室.fbx 模型

采用同样的方法，加载门卫室.fbx 模型文件 🔲 门卫室.fbx，如图 2-4-21 所示。出现加载文件弹窗提示，依旧选择"否"。

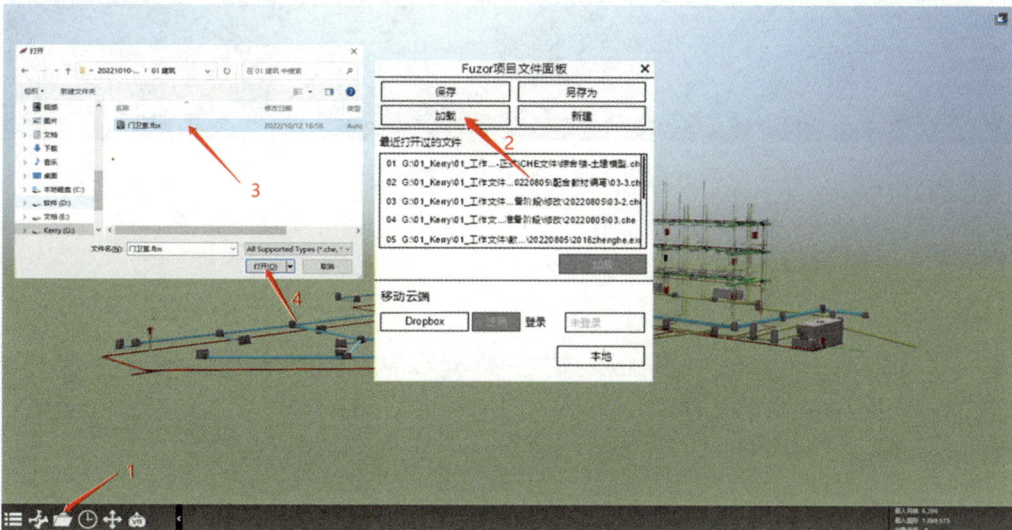

图 2-4-21　加载门卫室.fbx 模型

加载完成后,保存更新文件,门卫室.fbx 模型加载完成后的界面如图 2-4-22 所示。

图 2-4-22　门卫室模型

综合楼单体模型整合完成后的界面如图 2-4-23 所示。

图 2-4-23　整体整合完成界面

2.4.4　任务总结

1）步骤总结

第一步,将 Revit 模型同步至 Fuzor;第二步,同步完成后保存文件;第三步,整合多个 che、fbx、obj 等 Fuzor 支持的文件。

2）方法总结

Revit 同步多专业模型至 Fuzor 可采用链接文件整体同步或者分别同步,前者同步后在 GIS 功能里只能整体调整或删除模型,后者在 GIS 功能里可分别调整或删除模型。

模块 3 设计功能

育人主题	学时	素质目标	知识目标	能力目标
通过对美的发掘,培养学生鉴别美的能力,进一步提高学生的精神素养	16	通过多个任务的探索,增强学生勇于探索的创新精神、善于解决问题的实践能力,培养自身可持续发展的研究探索能力	熟悉材质编辑中各个属性的含义;熟悉构件属性的构成;熟悉环境设计的原理	能熟练编辑构件属性(材质、可见性、声音等);能熟练地编辑天气、人物、树木,加入场景特效,丰富场景效果,完成成果输出

任务 3.1   材质编辑

本节内容的主要任务是:在 Fuzor 中,能够用不同的方法打开材质编辑界面;能够对各种不同材质的参数进行设置;能够对材质进行编辑和纹理材质预设及更新,能够实现对材质的正确赋予。

3.1.1 任务要求

任务一:打开 2.4 节任务二中保存的"综合楼单体模型.che",并及时将文件另存,另存文件名称为"综合楼单体模型-材质调整.che",打开材质包编辑界面,熟悉其基本构成。调整"真实模式"(渲染模式)下的各构件材质效果(材质贴图等素材可以用提供的文件,也可以在相关网页下载或通过软件自行制作),主要内容及要求如下:

①窗户:玻璃材质,设置颜色并勾选玻璃选项,调整透明度。

②混凝土结构基础、柱、梁、板:混凝土材质,加载混凝土 PBR 贴图(分别加载各贴图的形式,各贴图情况如图 3-1-1 所示),调整贴图的 UV 值。

③钢结构柱、梁:简单调整表面颜色为浅灰色,设置金属效果。

④泳池水:选择 Fuzor 中内置的水材质,调整水参数。

⑤泳池池壁:表现构件的双面材质。

MT_View_Material_BaseColor.png
MT_View_Material_Height.png
MT_View_Material_Metallic.png
MT_View_Material_Normal.png
MT_View_Material_Roughness.png

图 3-1-1　混凝土各 PBR 贴图

⑥洽谈室桌椅:加载遮罩贴图(颜色遮罩) cutouts.png ,调整颜色,表现构件的双面材质。

⑦楼梯栏杆:正确赋予空材质构件材质。

⑧草地:实现漫反射贴图与 Fuzor 内置污垢贴图的混合。

⑨场地中央道路:将场地中央道路调整为地砖材质效果(以 *.sbsar 格式文件 BricksSubstance004_LQ.sbsar 的形式整体加载)。

其余材质根据自身经验,贴合实际进行调整。最后将调整后的文件保存,名称为"综合楼单体模型-材质调整.che"。

任务二:打开任务一最终完成文件"综合楼单体模型-材质调整.che",为场地中央椭圆地形新建 3 种不同的材质选择,分别为:鹅卵石材质、草地材质、铺路石材质,并将这 3 种材质添加到同一个材质预设选项中,将该材质预设选项单独保存为"场地中央椭圆地形材质预设.chm",最后更新当前文件并保存。

任务三:将文件"综合楼单体模型-材质调整.che"材质包中的所有材质保存,材质文件名称为"综合楼单体模型-所有材质.chm"。

3.1.2　任务分析

1)材质编辑的工作流程

材质编辑的工作流程主要包括能够用不同的方法打开材质包界面,能够正确地为每个构件进行材质赋予。材质赋予包括材质镜面反射、材质表面表现颜色、材质贴图及材质预设及更新等内容。

Fuzor材质编辑界面介绍

2)打开材质编辑界面

在 Fuzor 软件中打开材质编辑界面的方法有如下两种:

方法一:单击菜单栏中的"更多选项"按钮 ,展开更多选项列表,在"设计"选项卡中单击"材质包"按钮 ,打开材质包界面(也称为材质编辑界面),如图3-1-2所示。

方法二:单击某一构件,即可激活该构件的属性菜单,在构件属性中单击"渲染材质",如图3-1-3所示,可打开材质编辑界面。在打开的材质包中,已默认选择该构件,并显示该构件的材质,如图 3-1-4 所示。

注意:在"内容"选项卡中,也有两个有关材质的按钮。一个是"材质库",它实际上是一些模型素材而非真正的构件材质;另一个是"材质下载管理",在此可以下载一些模型素材。可见,在内容选项卡中所说的"材质",应该是素材而非真正的材质。

"材质包"中的材质来自于两方面:一方面是 Fuzor 中自带的材质,另一方面是从 Revit 软件中读取的材质。Fuzor 软件能够很好地读取 Revit 软件的数据,具有非常好的交互性。

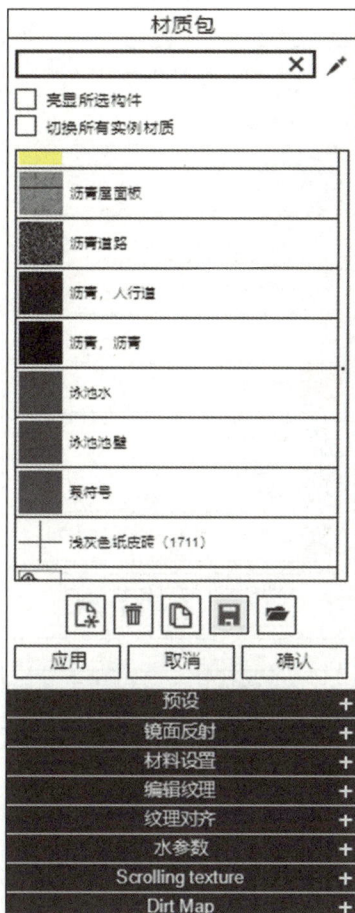

图 3-1-2　材质编辑界面

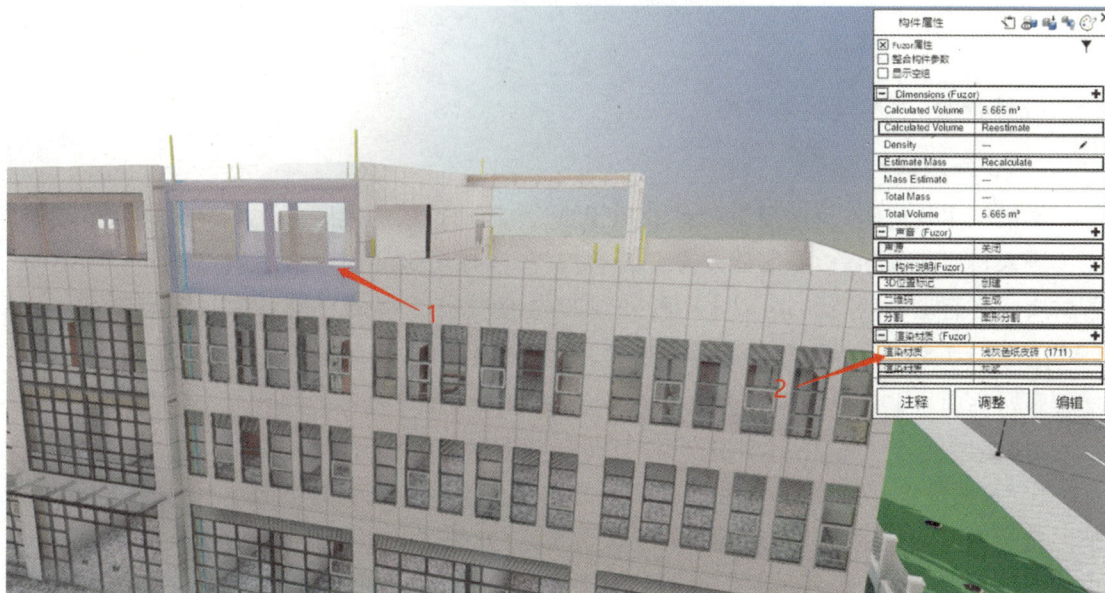

图 3-1-3　单击构件属性中的"渲染材质"展开材质编辑窗口

图 3-1-4 材质编辑界面

3.1.3 任务实施

1)任务一:调整各材质效果

(1)窗户玻璃材质

本案例主要讲解"镜面反射"和"材质设置"中玻璃选项的使用。

进入材质包界面后,点击任一窗户玻璃构件,在材质包界面中显示构件对应材质名称,若材质名称有重复的情况,有以下两种处理方式:①选择重复的材质名称,点击"删除"按钮 🗑️,如图 3-1-5 所示。如有多个重复名称,重复删除操作,最后留下一个唯一的材质名称;②舍弃对当前重名材质的参数编辑,为构件新建材质并调整参数实现材质编辑。

将"镜面反射"中的反射率切换为"打开",并调整反射率值,使玻璃有一定的反射程度。

在"材质设置"界面中点击对应模式下的颜色色块(本案例都演示渲染模式下的材质调整),选择对应颜色后,单击"确定"即可修改颜色,如图 3-1-6 所示。在选择玻璃颜色时,尽可能选择接近实际中玻璃反射的自然光的颜色,如蓝色、蓝绿色等。

勾选"玻璃"选项,调整透明度和光泽度,如图3-1-7 所示。

在勾选"玻璃"选项的前提下,勾选"磨砂玻璃"选项,玻璃可由光滑效果转变为磨砂效果,如图 3-1-8 所示。

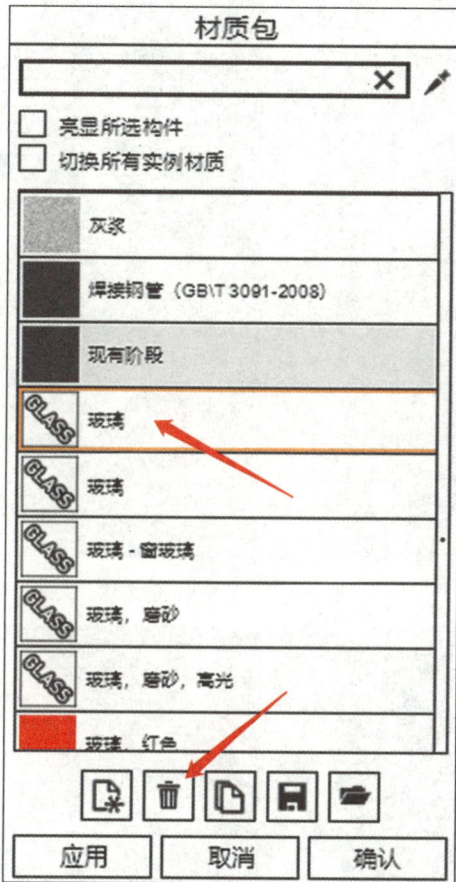

图 3-1-5　删除重复的材质名称

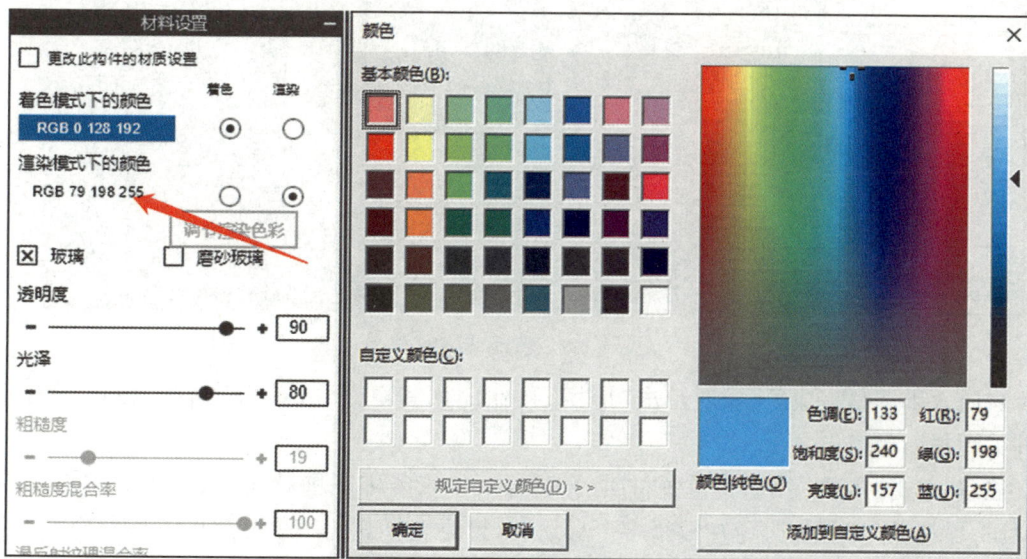

图 3-1-6　修改渲染模式下的颜色

图 3-1-7　光滑玻璃效果

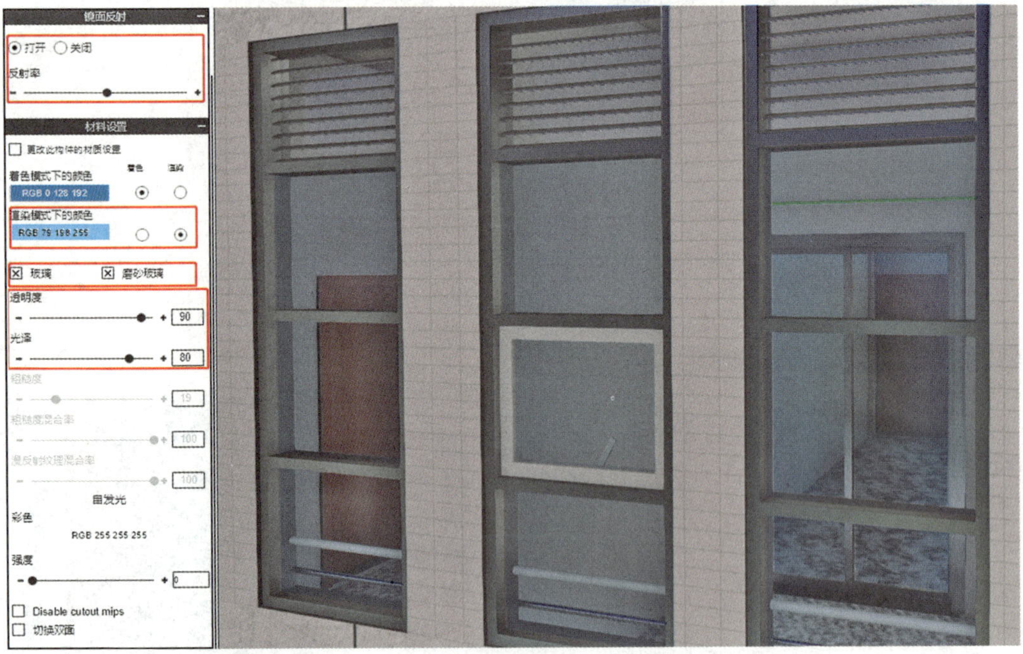

图 3-1-8　磨砂玻璃效果

　　材质效果调整完成后,及时单击"应用"按钮应用其更改,或单击"确认"按钮应用其更改并关闭材质包窗口。

　　注意:单击"取消"按钮将重置材质的编辑结果,恢复编辑前状态,因此若是编辑完成一个材质,尽量及时应用,避免在编辑多个材质后,想要恢复其中一个材质的初始状态时,单击"取消",最终却取消了多个未应用的材质编辑结果的问题。

（2）混凝土结构基础、柱、梁、板材质

本案例主要讲解"编辑纹理"和"纹理对齐"的使用。

当需要调整材质的构件不好选择，或是材质调整后不方便查看所有相关构件的材质编辑结果时，可利用"可见性过滤"功能辅助选择。单击"可见性过滤"按钮 ，展开其功能界面，单击文件名称前的眼睛按钮 ，将其他模型文件隐藏，仅显示"综合楼-结构"模型，如图 3-1-9 所示。

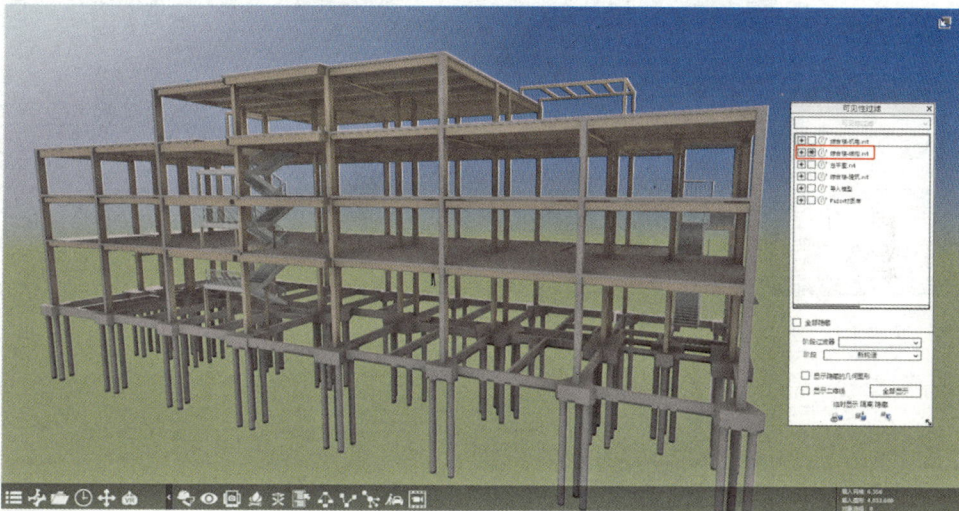

图 3-1-9　仅显示"综合楼-结构"模型

可见性操作设置完成后，关闭可见性过滤窗口，打开材质包窗口，单击任一需调整为混凝土材质的构件，如结构基础，在材质包界面中显示其对应材质名称，然后展开"编辑纹理"界面，单击"漫反射贴图"旁边的文件夹按钮 ，加载漫反射贴图，如图 3-1-10 所示。

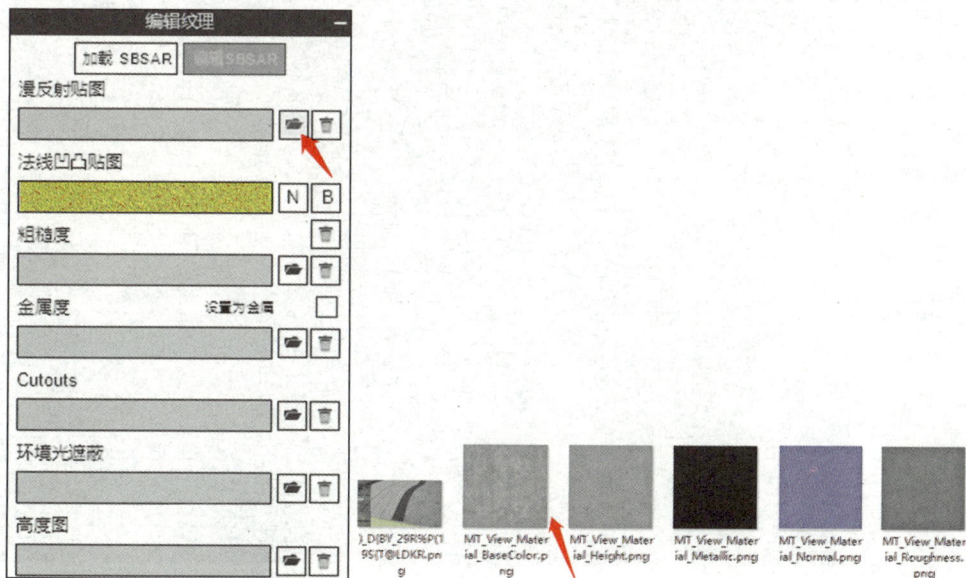

图 3-1-10　加载漫反射贴图

采用同样的方式加载其他 PBR 贴图(提供的混凝土 PBR 贴图缺少环境光遮蔽贴图,不影响效果调整),加载完 PBR 贴图后,可根据三维视图中展现的材质效果,对贴图的 UV 值进行调整,效果调整完成后及时应用更改。调整前后的对比参照效果如图 3-1-11—图 3-1-14 所示。

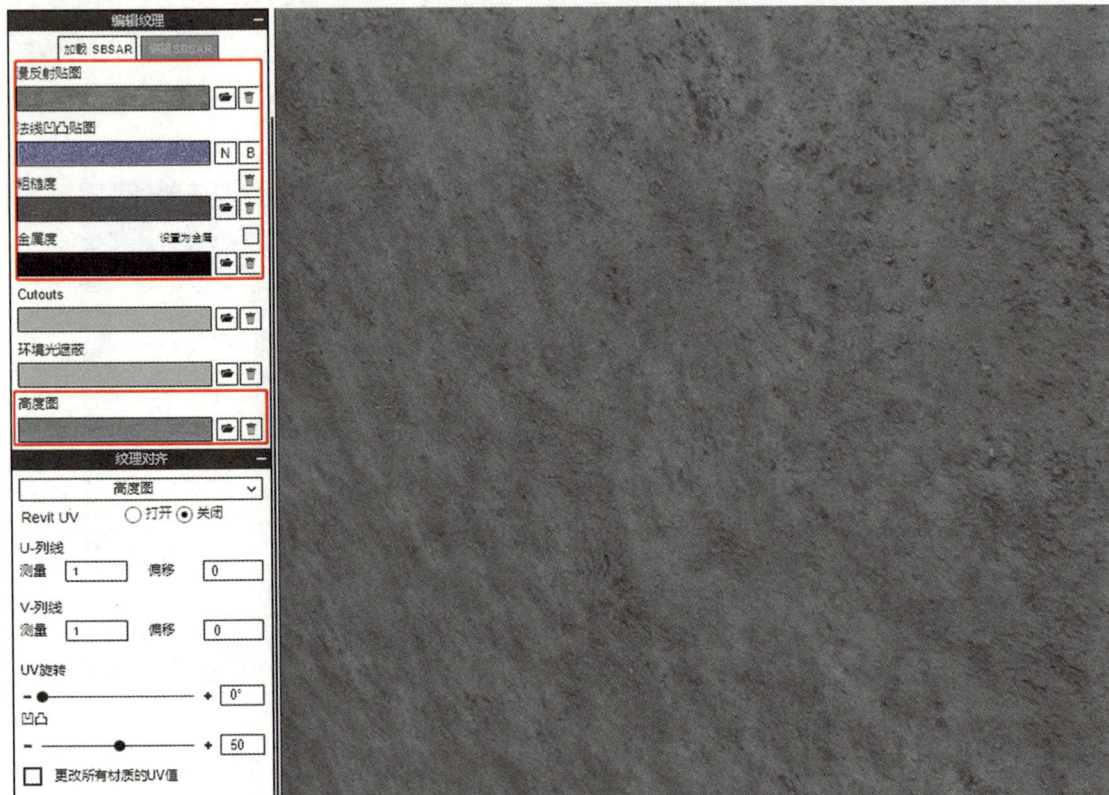

图 3-1-11　混凝土 PBR 贴图加载后未调整 UV 值的近景效果

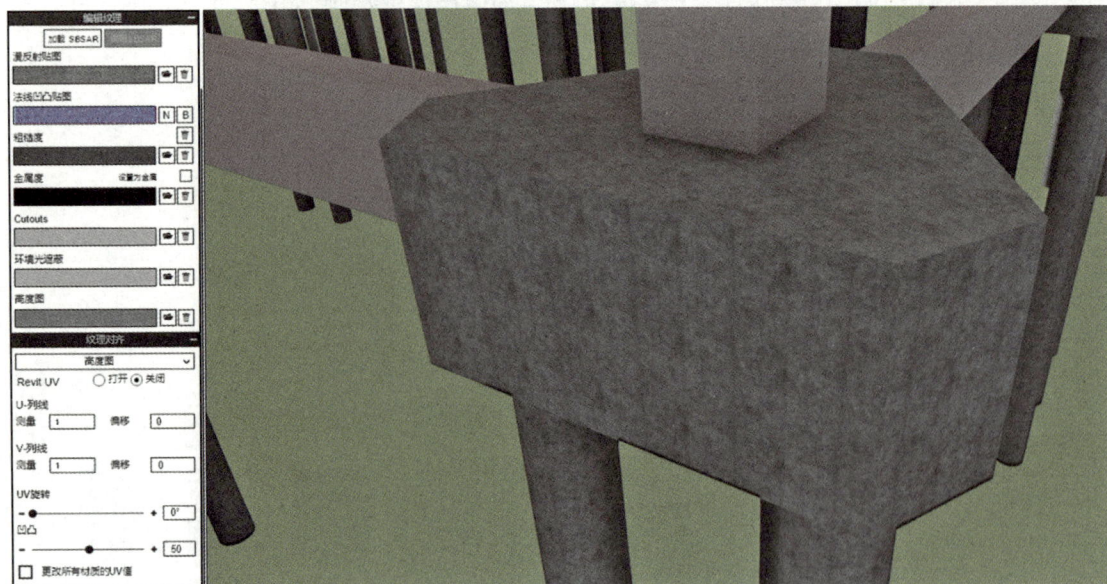

图 3-1-12　混凝土 PBR 贴图加载后未调整 UV 值的远景效果

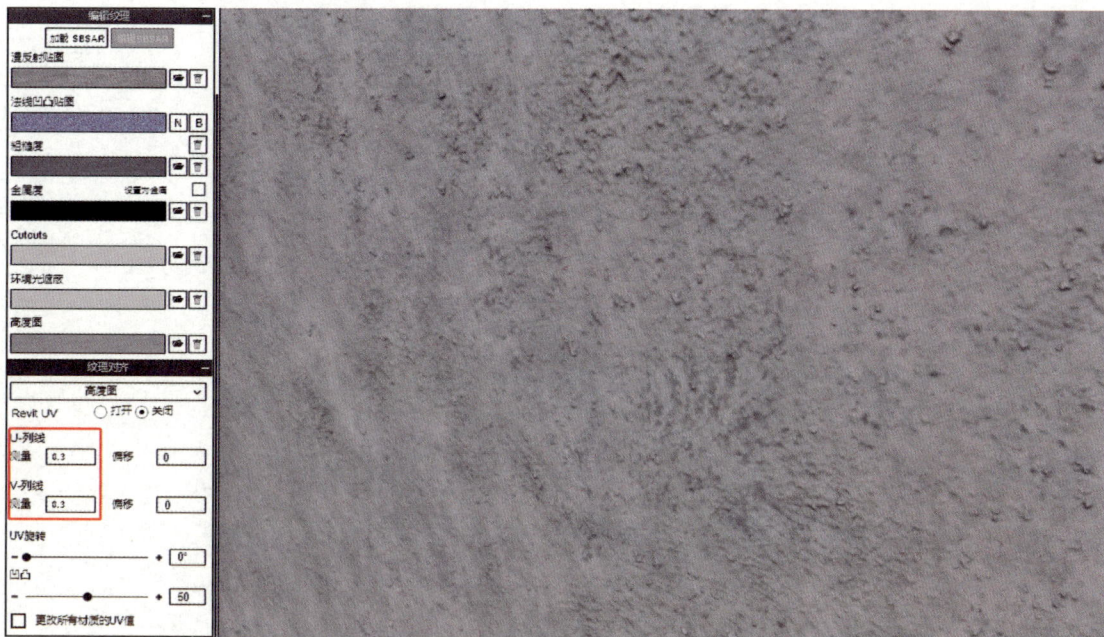

图 3-1-13　混凝土 PBR 贴图加载后调整 UV 值后的近景效果

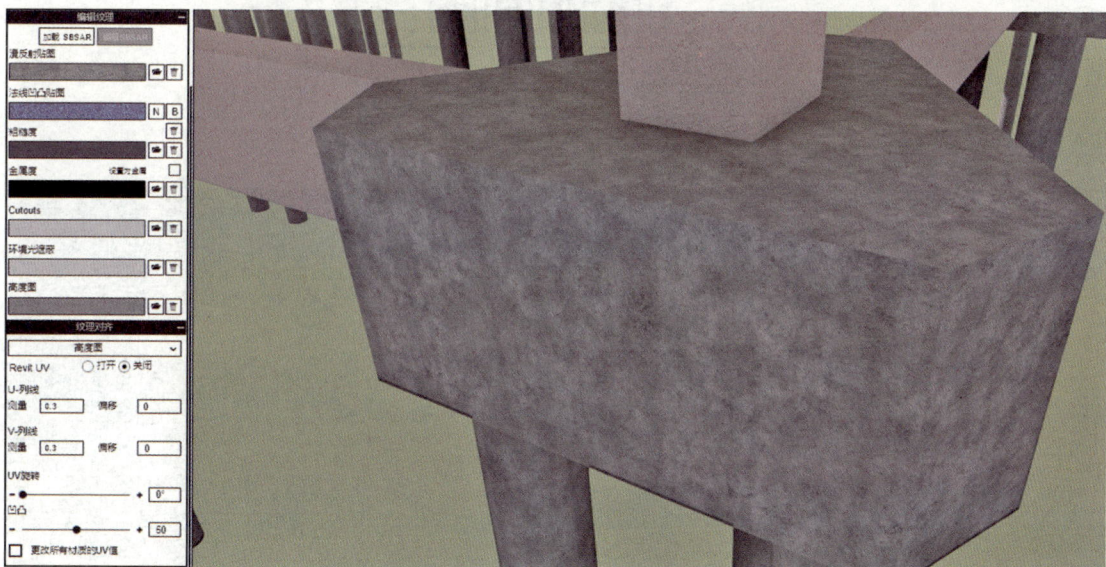

图 3-1-14　混凝土 PBR 贴图加载后调整 UV 值后的远景效果

在材质包中可以看到混凝土结构基础、柱、梁、板的材质名称均不一致,如图 3-1-15 所示。

如果想要将其材质都调整为同一种效果,有两种方式:第一种,选择对应不同的材质重复以上操作;第二种:利用吸管工具 ✐ 吸取已调好材质效果的构件,共用一个材质,如图 3-1-16 所示。针对构件较多的情形,可勾选"切换所有实例材质"选项批量操作。前者操作过程略微烦琐,但后期单独修改较为方便;后者操作快捷,但后期单独修改较为麻烦。两种方式各有特点,需考虑各类构件后期是否有可能调整为不一样的材质效果,然后进行选择。

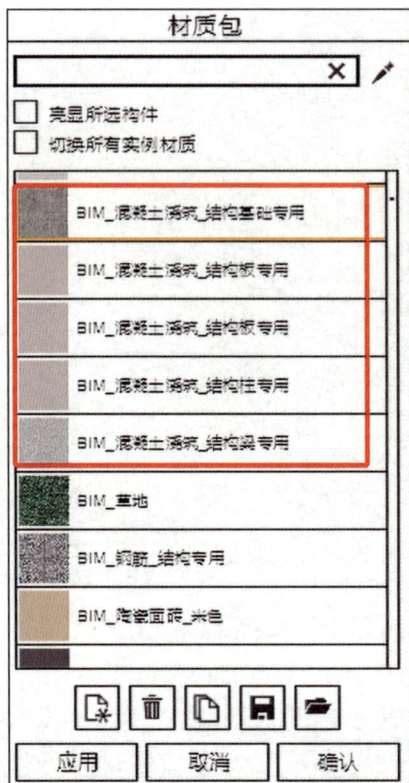

图 3-1-15　混凝土结构基础、柱、梁、板的材质名称

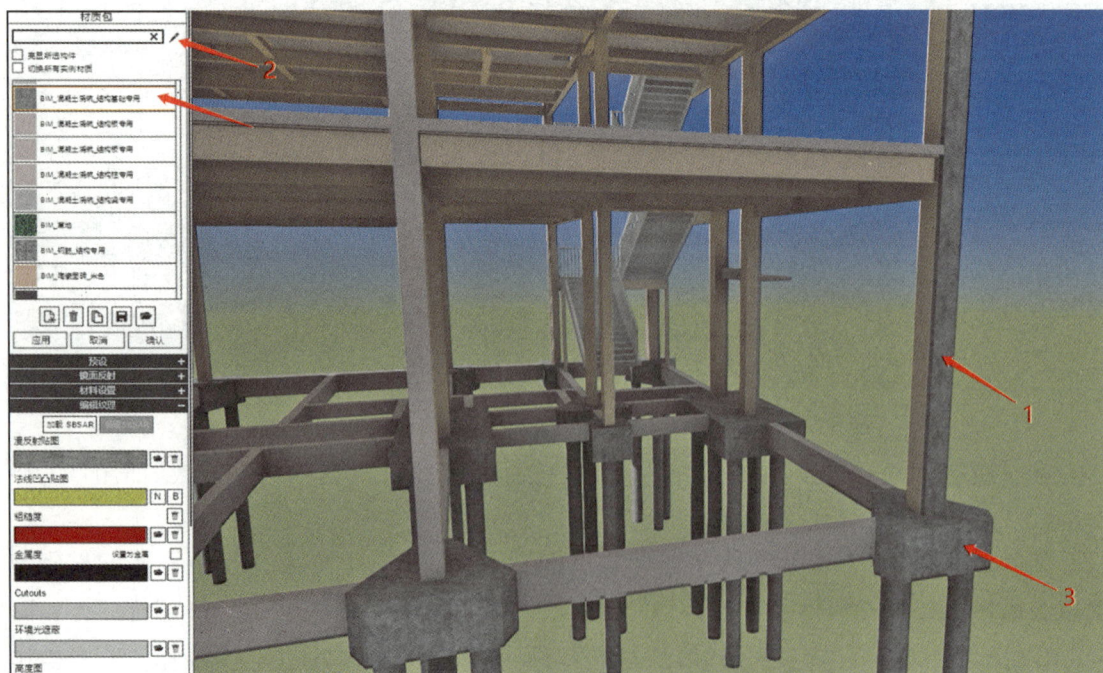

图 3-1-16　吸取材质

注意：①在此案例中，在勾选"切换所有实例材质"选项的前提下，混凝土结构柱的材质利用吸管工具吸取材质的方式，仍不能批量完成操作时，应选择第一种方式，即单独调整混凝土柱材质。②在"可见性过滤"或"构件属性"窗口中设置构件的可见性。

(3) 钢结构柱、梁材质

本案例主要讲解"材质设置"中颜色与"编辑纹理"中漫反射贴图的混合使用，以及"金属"选项的使用。

打开材质包窗口，选择任一钢结构柱构件，即可对应选择其材质名称，操作如图3-1-17所示。

图 3-1-17　选择钢结构柱材质

将渲染模式下的颜色设置为浅灰色（自定义颜色程度），在"编辑纹理"中可以看到已有一张漫反射贴图，拖动滑块或输入数值调整"漫反射纹理混合率"，将渲染模式下的颜色与漫反射贴图混合；勾选"设置为金属"选项，赋予构件金属感，调整粗糙度的数值可改变金属度强度，调整完成后及时应用变更，如图3-1-18所示。

图 3-1-18　钢结构柱材质调整

对钢结构梁构件的材质调整可重复以上操作,或利用吸管工具吸取已调整好的钢结构柱的材质。

注意:在"可见性过滤"或"构件属性"窗口中设置构件的可见性。

(4)楼梯栏杆材质

本案例主要讲解在 Fuzor 中遇到空材质现象的解决办法。

选择构件(以楼梯栏杆为例),在激活的构件属性中查看渲染材质,若显示"空材质"或者在材质包窗口中没有显示对应的材质名称,各材质参数灰显(不可编辑),如图 3-1-19、图 3-1-20 所示,则判定该构件没有材质通道,通常称为空材质现象。空材质构件外观一般表现为白色。

第一种解决方式:在现有的材质中没有合适材质的情况下,需为构件新建一个材质。选择楼梯栏杆,单击"新建"按钮 新建一个材质,并输入材质名称,单击"确认",即可赋予楼梯栏杆一个新的材质,激活材质参数为可编辑状态,如图 3-1-21 所示。

在编辑楼梯栏杆材质时,渲染模式下的颜色设置为浅灰色,将粗糙度适当降低,可赋予构件灰色金属感的材质,如图 3-1-22 所示。

第二种解决方式:在现有的材质中已有合适材质的情况下,将合适材质赋予空材质构件。以窗嵌板的空材质边框为例,打开材质包窗口后,选择空材质的窗嵌板边框,勾选"切换所有实例"选项,有如下两种方法可为空材质边框赋予合适材质。

①利用吸管工具实现:单击吸管工具 后选择附近有材质的窗框,即可吸取其材质,如图 3-1-23 所示。

②利用搜索功能实现:选择附近已有材质的窗框,查看其材质名称,如图 3-1-24 所示,然后选择空材质的窗嵌板边框,在搜索栏中输入刚才查看的名称关键词,在搜索结果中选择正确的材质,即可将此材质赋予空材质的窗嵌版边框,如图 3-1-25 所示。

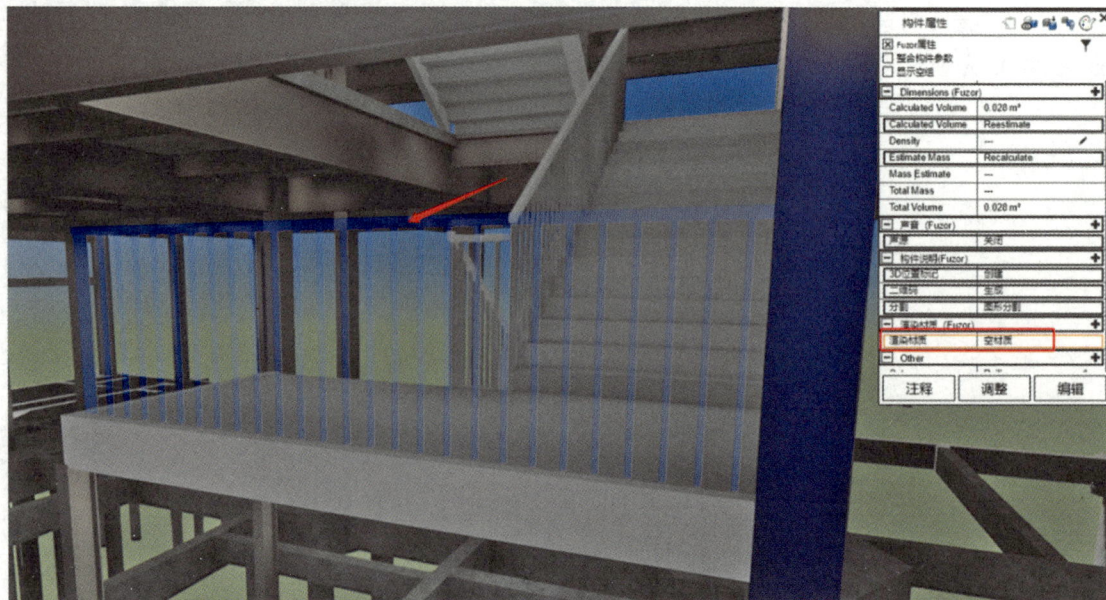

图 3-1-19　构件属性中显示"空材质"

图 3-1-20　材质包界面材质不可编辑

给新材料输入名称
楼梯栏杆材质

| 确认 | 取消 |

图 3-1-21　新建材质

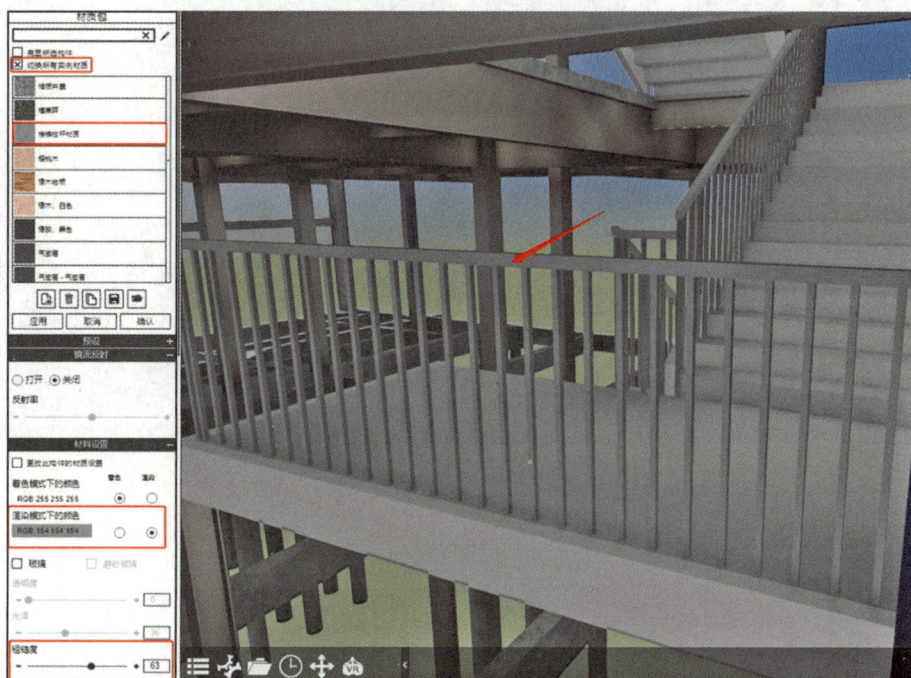

图 3-1-22　编辑楼梯栏杆材质

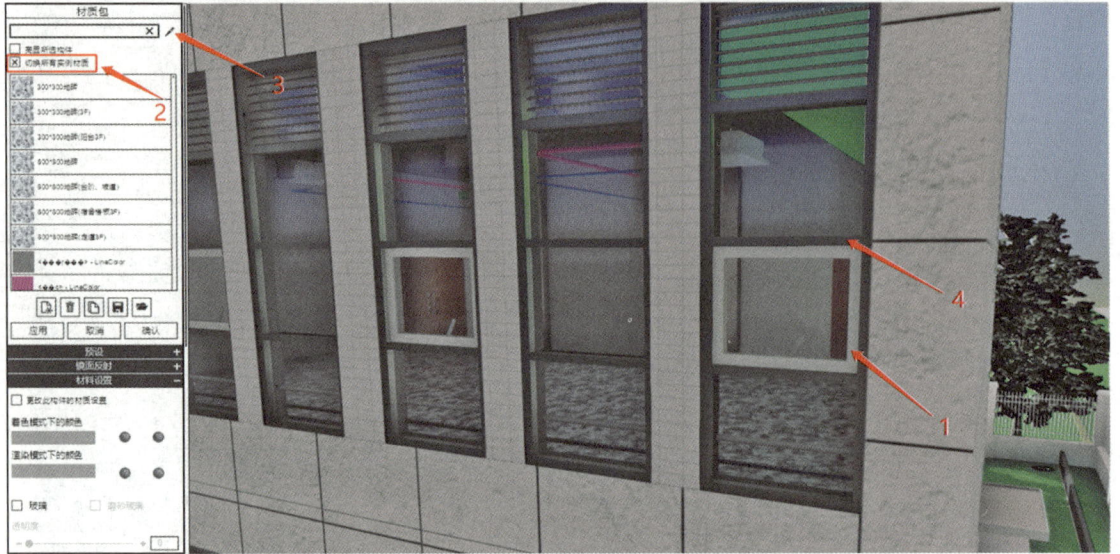

图 3-1-23　吸管工具吸取材质操作

图 3-1-24　查看已有的窗框材质名称

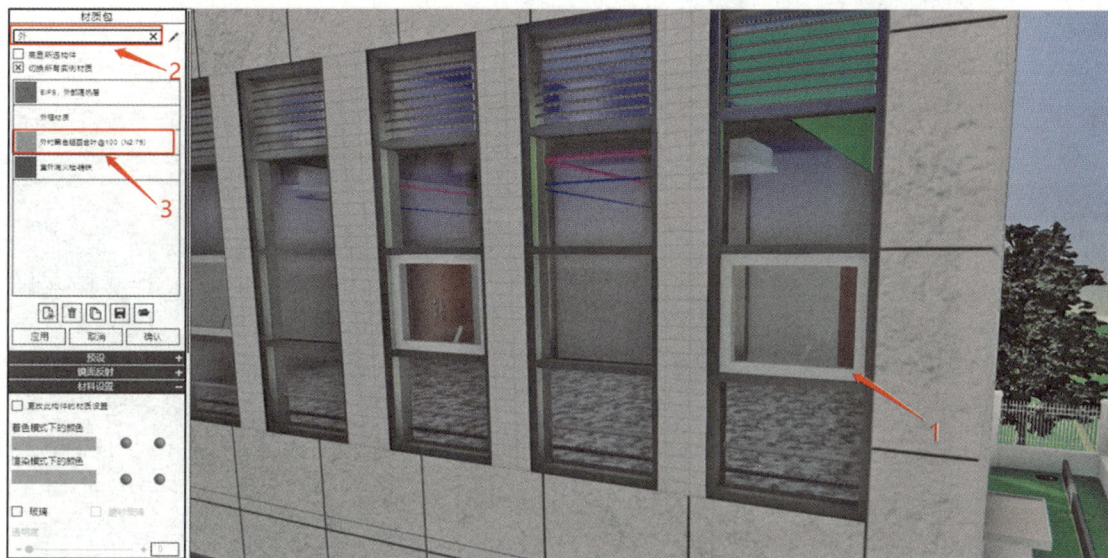

图 3-1-25　搜索已有材质名称赋予空材质

采用相同的方法将此案例中其他较明显的、大面积的空材质构件赋予正确的材质。

注意：在"可见性过滤"或"构件属性"窗口中设置构件的可见性。

(5) 泳池池壁材质

本案例主要讲解"材质设置"中"切换双面"选项的使用。

选择泳池内的材质为"泳池水"的构件，在激活的构件属性窗口中单击"隐藏选定对象"按钮 ，将泳池内的水隐藏，如图 3-1-26 所示，方便选择泳池池壁并调整其材质。

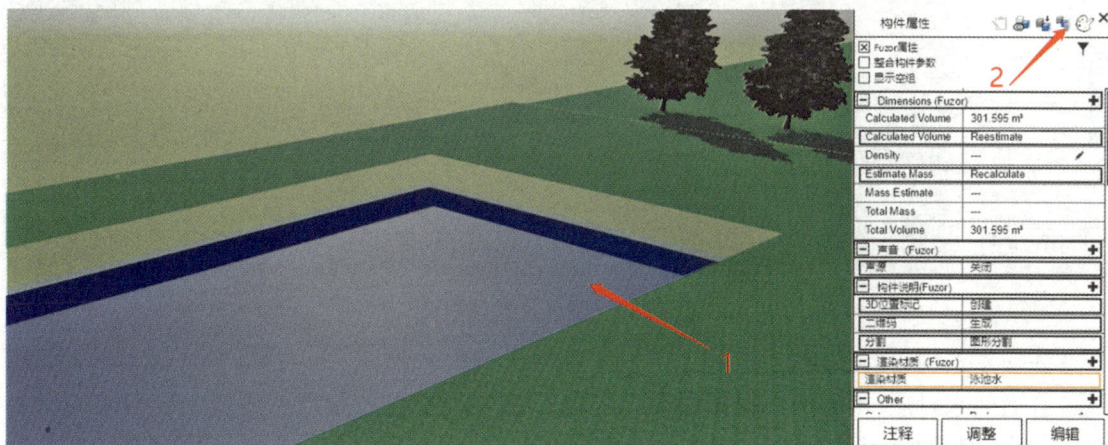

图 3-1-26　隐藏泳池内的水

在调整泳池池壁材质时，勾选"切换双面"选项 切换双面 ，可将构件进行双面材质渲染，根据实际情况适当调整渲染模式下的颜色及粗糙度，如图 3-1-27 所示。

注意：在"可见性过滤"或"构件属性"窗口中设置构件的可见性。

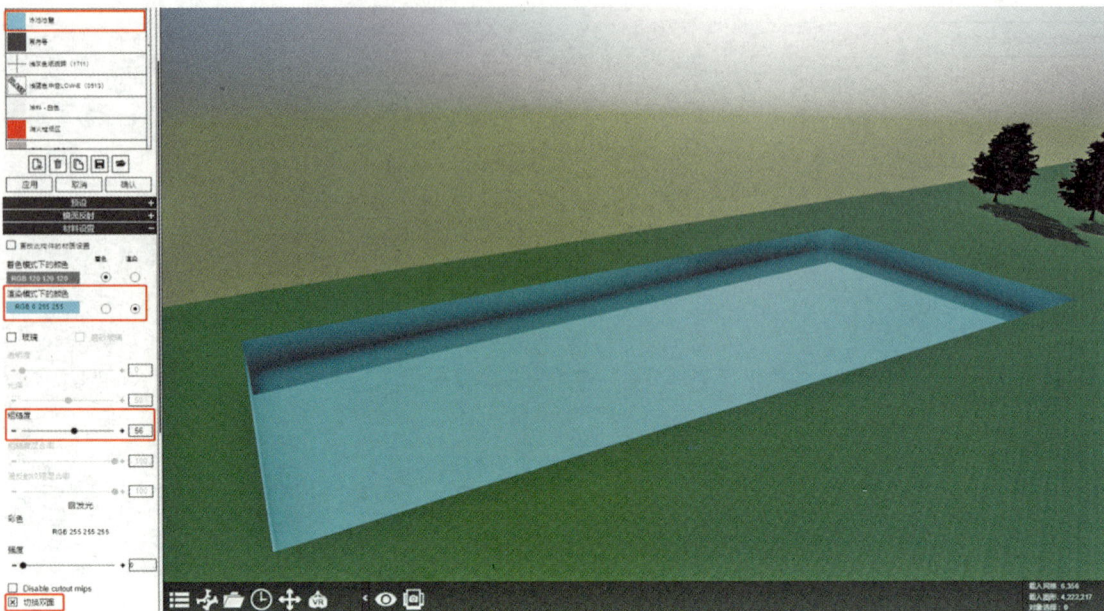

图 3-1-27　编辑泳池池壁材质

(6)泳池水材质

本案例主要讲解 Fuzor 中水材质的使用。

任意选择一个构件,在激活的构件属性窗口中单击"显示全部"按钮 👁️ ,取消隐藏泳池内的水,打开材质包界面,选择泳池内的水,如图 3-1-28 所示,然后调整其材质。

图 3-1-28　泳池水原始材质

在搜索框内 [fuzor water ❌] 搜索含"Fuzor water"的关键词,选择 Fuzor 中内置的合适的水材质,不同的水材质效果应用场景略有区别,各参数默认值是比较贴近实际效果的,可根据需要进行微调,更改"材质设置"中渲染模式下的颜色可改变水的颜色,如图 3-1-29 所示。也可调整"水参数"中各值查看其变化效果,如图 3-1-30 所示。

注意:在"可见性过滤"或"构件属性"窗口中设置构件的可见性。

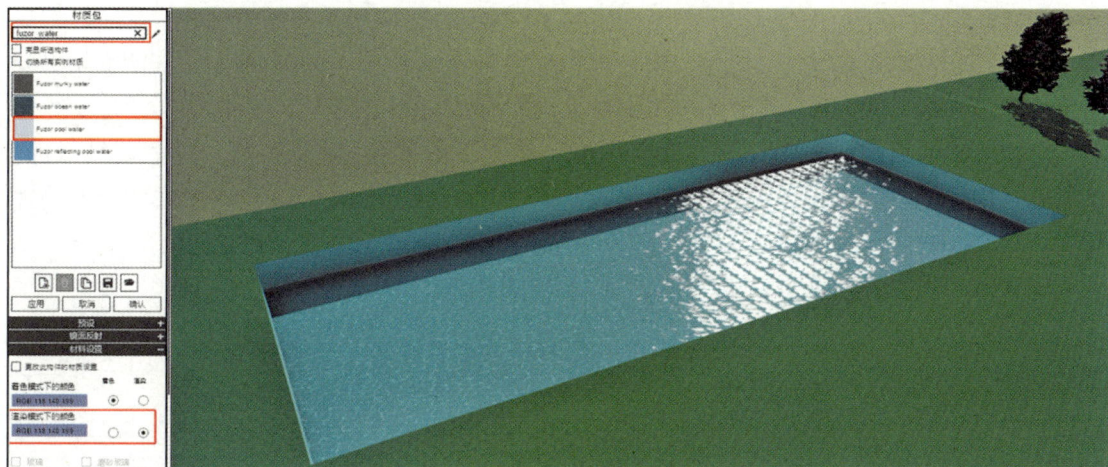

图 3-1-29 Fuzor 内置水材质

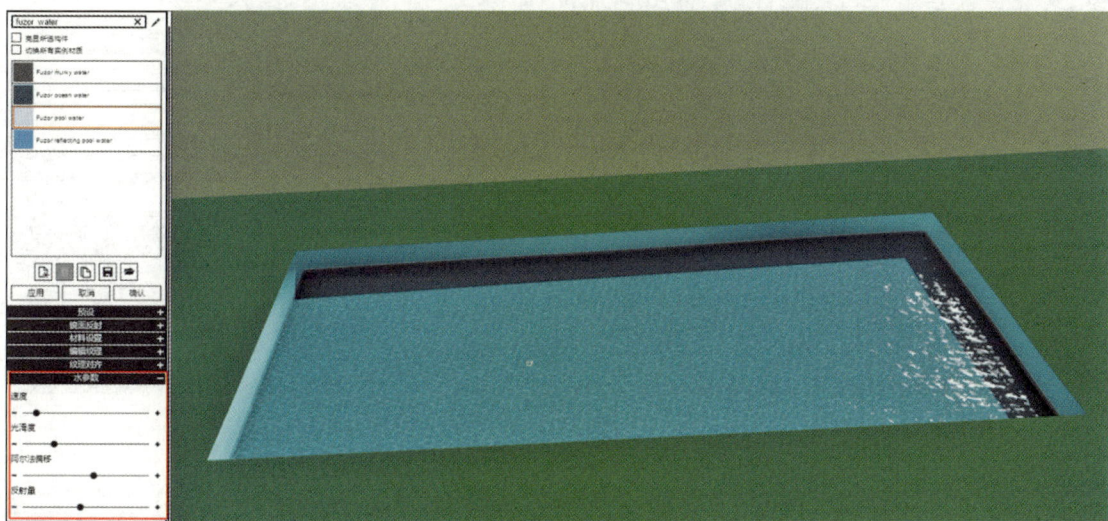

图 3-1-30 调整"水参数"

(7) 洽谈室椅子材质

本案例主要讲解 Cutouts 贴图的使用。

将洽谈室桌椅.fbx 模型导入当前操作文件"综合楼单体模型-材质调整.che",导入操作见任务 2.4 中 Fuzor 中加载文件方式二。

单击"可见性过滤"按钮 ⊙,展开其功能界面,单击"导入模型"左边的加号 ➕ 展开"导入模型",单击"洽谈室桌椅"文件名称,即可选中其对应所有构件,在激活的构件属性中单击"调整",如图 3-1-31 所示,在激活的调整窗口中,勾选"中心轴" ☒ 中心轴 选项,单击"聚焦" ⬚ 聚焦 ,即可将视角切换到选定构件位置,如图 3-1-32 所示,随后单击"完成"或"取消"按钮关闭调整窗口。

打开材质包窗口后,选择黄色椅子构件,单击"编辑纹理"中 Cutouts 贴图右边的文件夹图标 ▣,加载遮罩贴图,如图 3-1-33 所示。

加载贴图后,贴图 UV 默认为 1,效果如图 3-1-34 所示。

UV 值越大,贴图的重复率越高,用户可根据需求调整查看变化,调整 UV 后的参考效果如图 3-1-35 所示。

用户还可根据需求修改"材质设置"中渲染模式下的颜色、粗糙度等,勾选"切换双面"选项可对构件的双面进行材质渲染,如图 3-1-36 所示。材质效果调整完成后注意及时应用或确认更改。

注意:在"可见性过滤"或"构件属性"窗口中设置构件的可见性。

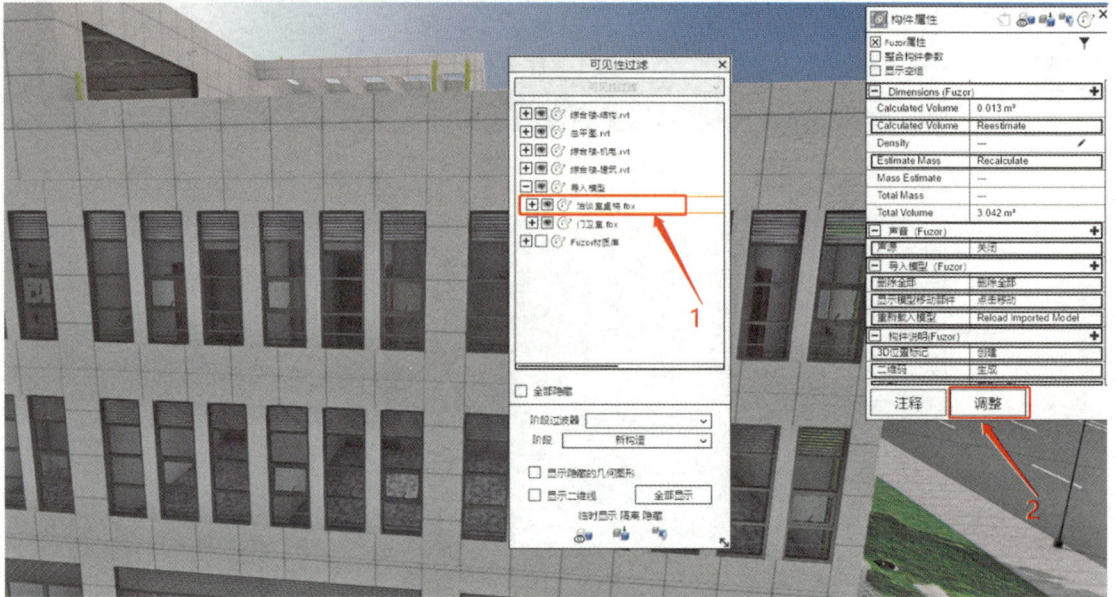

图 3-1-31　选择构件进入调整界面

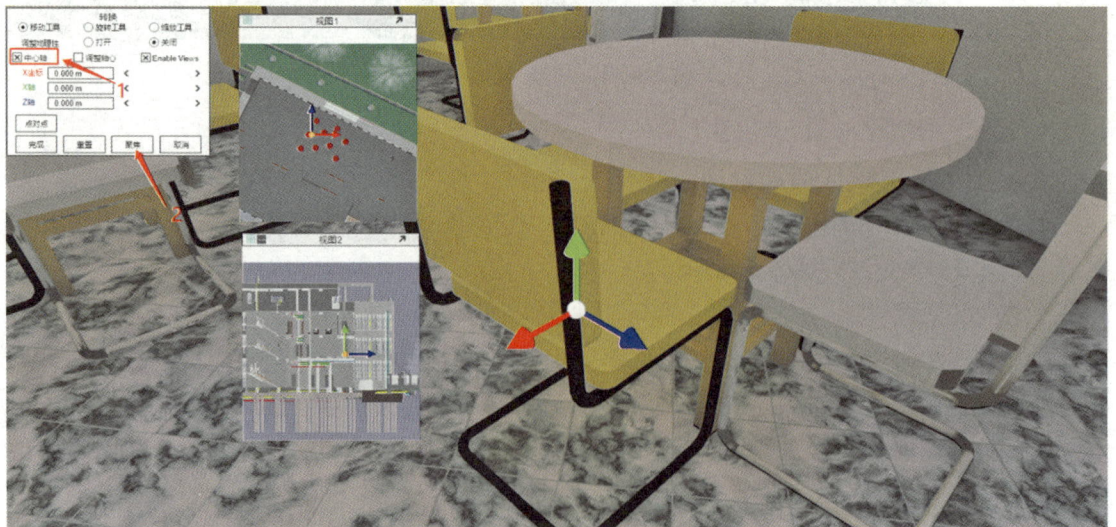

图 3-1-32　调整界面聚焦到选择构件

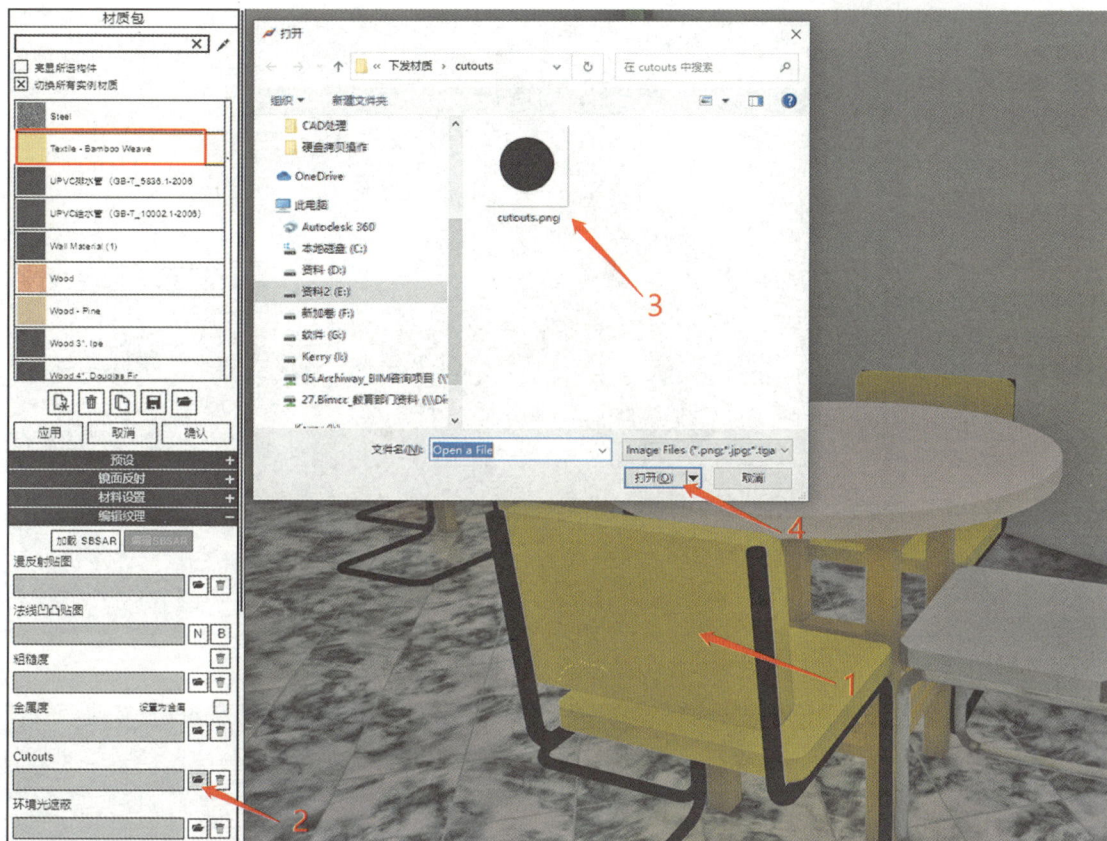

图 3-1-33 加载遮罩贴图

图 3-1-34 遮罩贴图初始效果

图 3-1-35　调整 UV 后的遮罩贴图效果

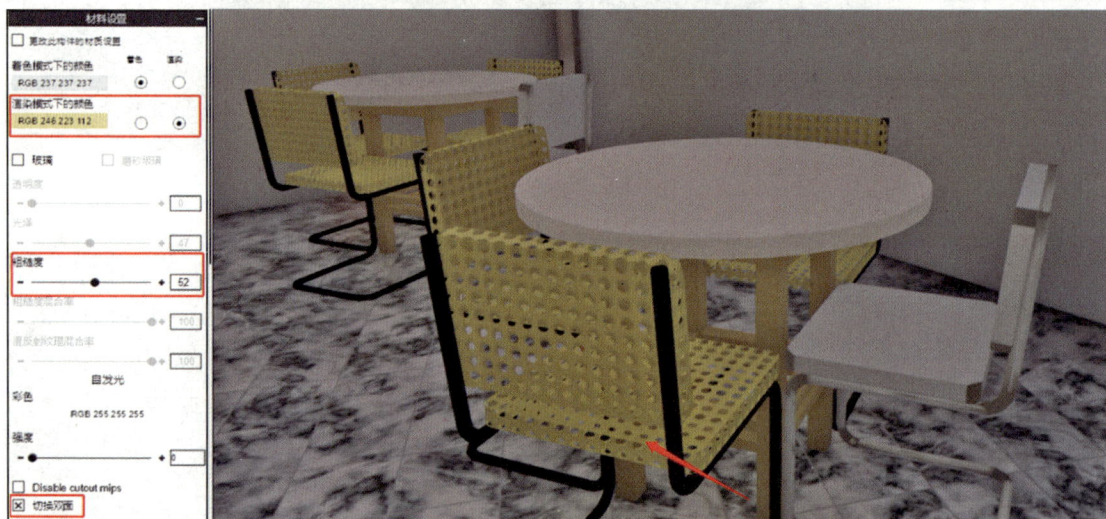

图 3-1-36　修改其他相关材质参数

（8）草地材质

本案例主要讲解"编辑纹理"中 PBR 贴图与 Fuzor 中自带的"污垢贴图"的混合使用。在材质包窗口打开的前提下，选择草地，激活其材质编辑状态，如图 3-1-37 所示。

适当调整 UV 值改善贴图重复率，展开"Dirt Map"，勾选"Apply Dirt"选项 ⊠ Apply Dirt，单击污垢贴图类型下拉箭头选择内置的混合材质类型 Dirty Map Type [Rust ∨]，拖动混合下的滑块或点击加减号调整两种材质的混合程度 Blend _———————●———_ ，勾选"Tiling mitigation"选项 ⊠ Tiling mitigation，可缓解贴图平铺效果，参考效果如图 3-1-38 所示。

图 3-1-37　激活草地材质编辑状态

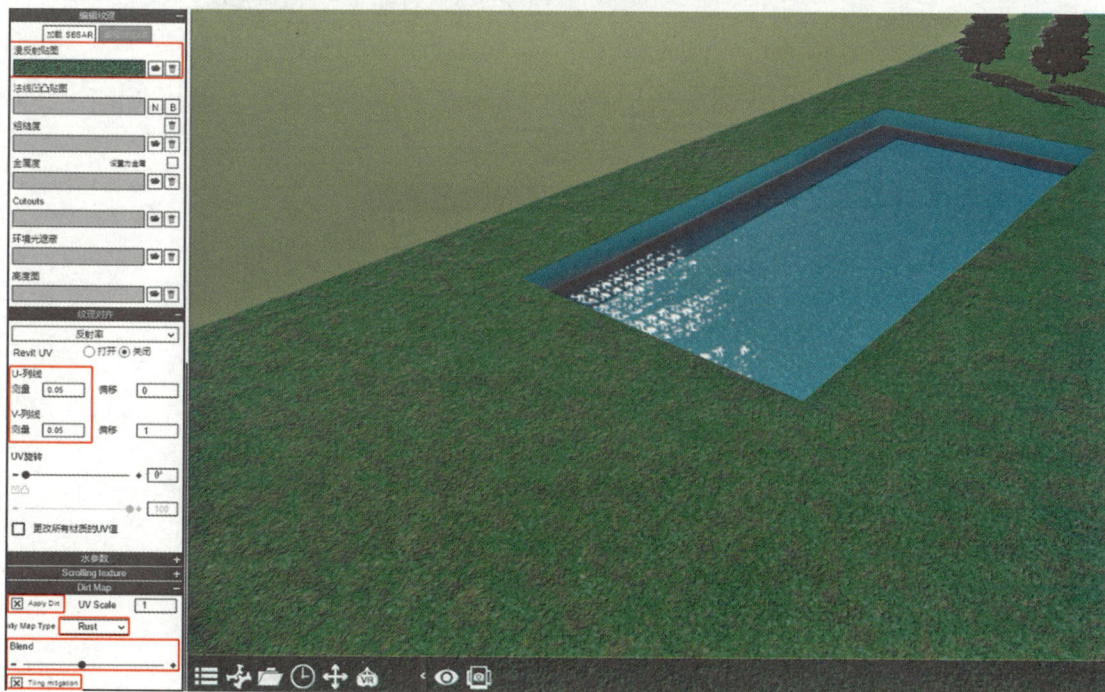

图 3-1-38　草地材质混合效果

(9) 场地中央道路材质

本案例主要讲解"编辑纹理"中 ∗.sbsar 格式材质文件的加载使用。

打开材质包界面后,选择场地中央道路,确保"切换所有实例材质"为不勾选状态

☐ **切换所有实例材质** (这样修改的材质结果只会对当前选择的构件产生作用),点击"加载

SBSAR"按钮 `加载SBSAR`，加载地砖（∗.sbsar 格式）PBR 材质文件 📄 BricksSubstance004_LQ.sbsar，如图 3-1-39 所示。

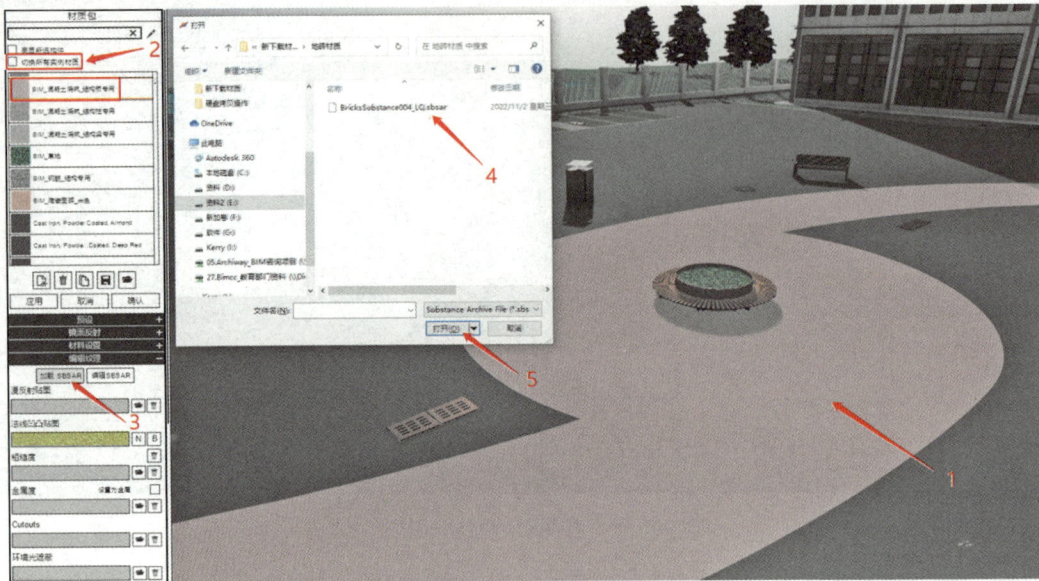

图 3-1-39　加载地砖（∗.sbsar 格式）PBR 材质文件

"加载 SBSAR"按钮 `加载SBSAR` 旁边出现同步按钮 ↻，表示文件正在加载，如图 3-1-40 所示。

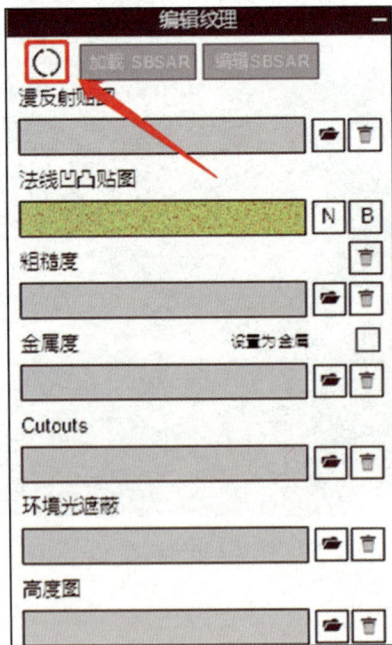

图 3-1-40　正在加载 ∗.sbsar 格式材质文件

地砖（∗.sbsar 格式）材质文件加载完毕后，便可查看各个 PBR 贴图情况，且贴图默认 UV 值为 1，在操作区可查看其表现效果，如图 3-1-41 所示。

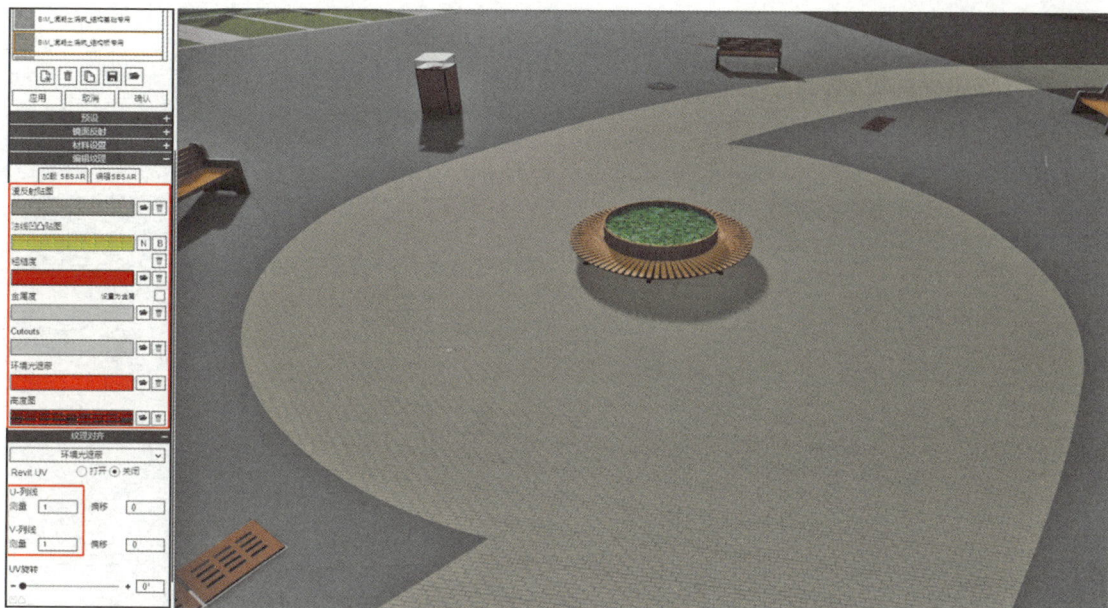

图 3-1-41 地砖材质默认效果

　　勾选"更改所有材质的 UV 值"选项 ☒ 更改所有材质的UV值，统一调整各个贴图的 UV 值，调整过程中尽量保持 UV 的比例不变，不要出现明显的错误拉伸效果，如图 3-1-42 所示。在调整过程中可实时查看三维场景中的材质表现效果，调整效果达到预期后，及时应用或保存材质更改。

图 3-1-42 调整 UV 值后的材质效果

2）任务二：新建鹅卵石材质、草地材质、铺路石材质

　　将鹅卵石材质、草地材质、铺路石材质作为场地中央椭圆地形的三种材质设计选项。

（1）新建鹅卵石材质

在材质包界面中,选择场地中央椭圆地形的状态,双击其材质名称,重命名为"鹅卵石材质",如图 3-1-43 所示。

重命名材质后,一一对应加载"编辑纹理"中的 PBR 贴图,如图 3-1-44 所示。

图 3-1-43　重命名材质名称

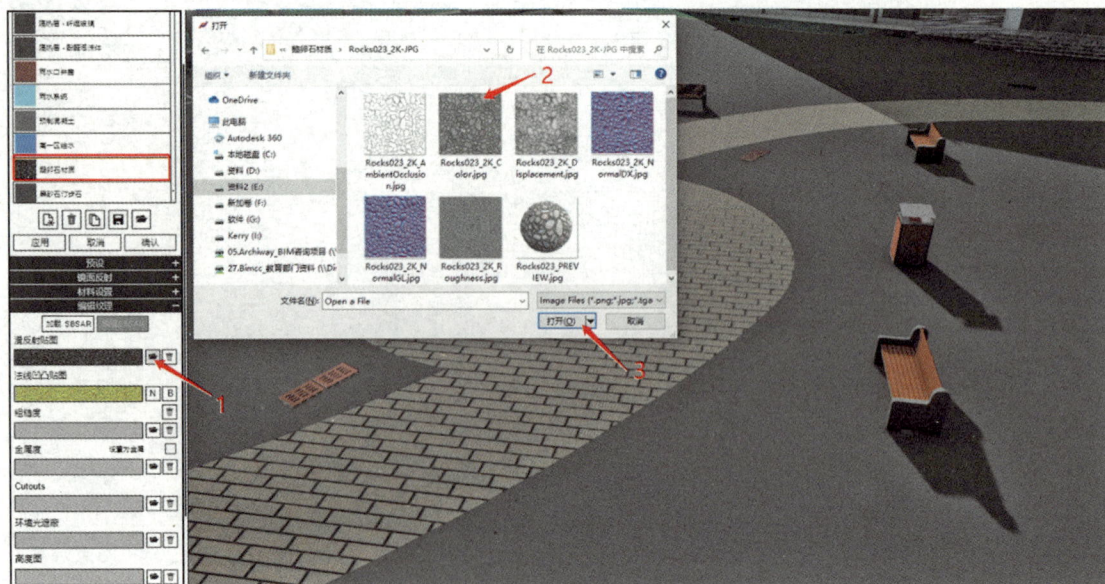

图 3-1-44　加载 PBR 贴图

贴图加载完毕后,调整贴图 UV 值,让材质效果更贴合实际,如图 3-1-45 所示。材质效果调整完成后,及时应用或确认材质更改。

图 3-1-45　调整 UV 值后的材质效果

注意：贴图文件中有两个法线贴图的，可任意选择一张使用，两者的区别是法线凹凸方向相反，如图 3-1-46 所示。

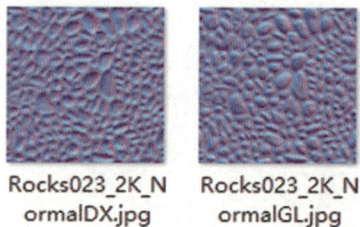

Rocks023_2K_N　Rocks023_2K_N
ormalDX.jpg　　ormalGL.jpg

图 3-1-46　法线凹凸方向相反

（2）新建草地材质

在材质包界面中，依然选择场地中央椭圆地形，单击"新建"按钮 ⬚，输入材质名称，单击"确认"完成新建，如图 3-1-47 所示。

单击"加载 SBSAR"按钮 加载SBSAR，加载草地（∗.sbsar 格式）PBR 材质文件 ▯ GrassSubstance001.sbsar，如图 3-1-48 所示。

贴图加载完毕后，调整贴图 UV 值，让材质效果更贴合实际，如图 3-1-49 所示。材质效果调整完成后，及时应用或确认材质更改。

（3）新建铺路石材质

采用同样的方式新建铺路石材质，并加载其 PBR 材质贴图，如图 3-1-50 所示。

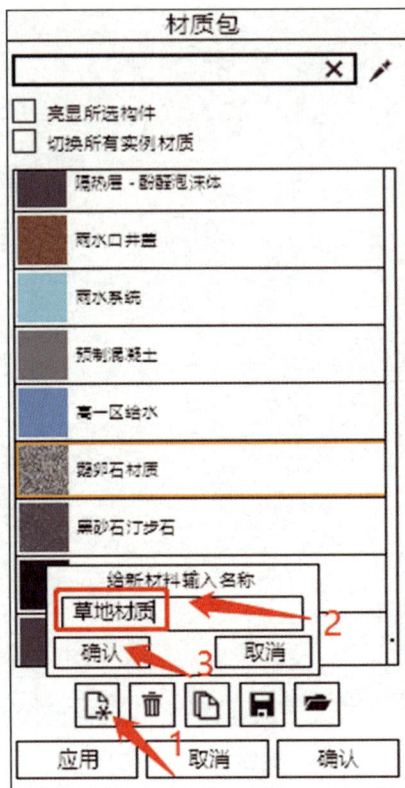

图 3-1-47　新建草地材质

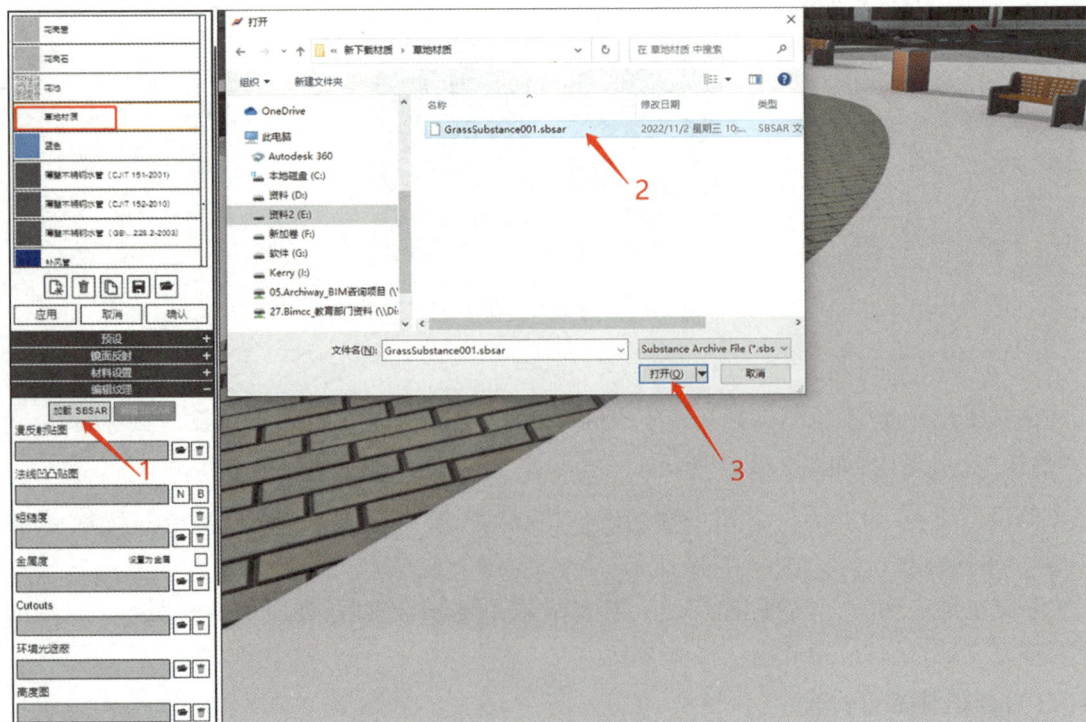

图 3-1-48　加载草地(＊.sbsar 格式)PBR 材质文件

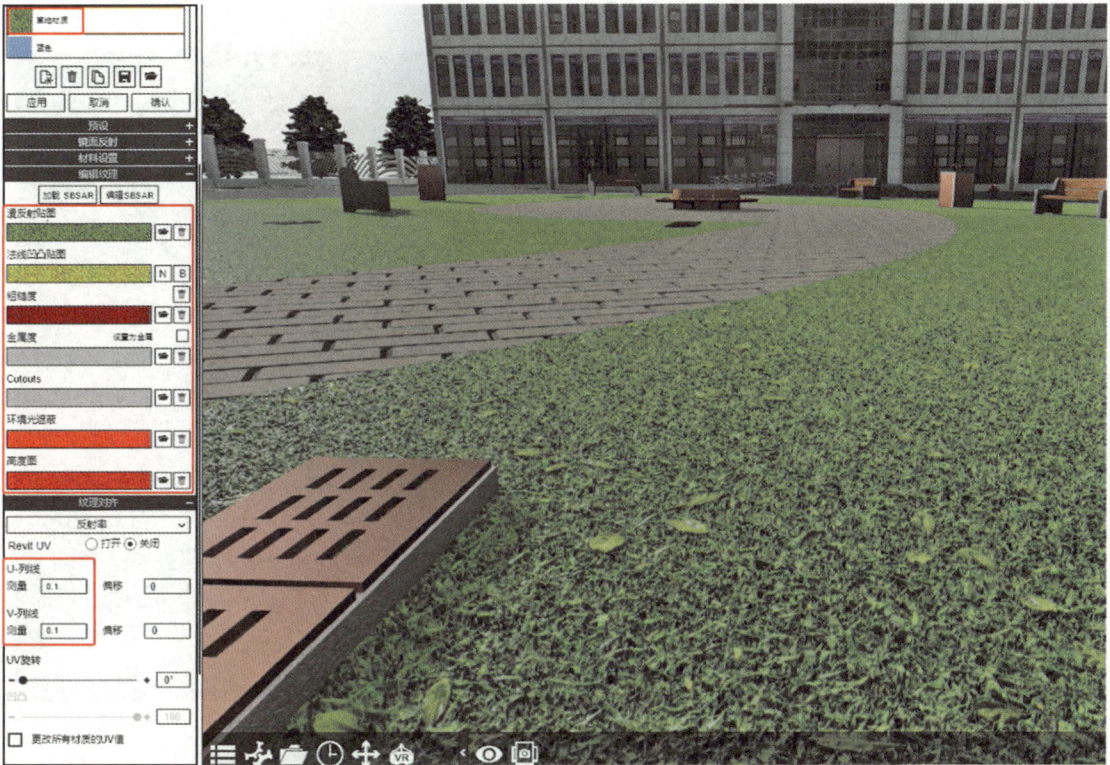

图 3-1-49　调整草地材质 UV 值后的效果

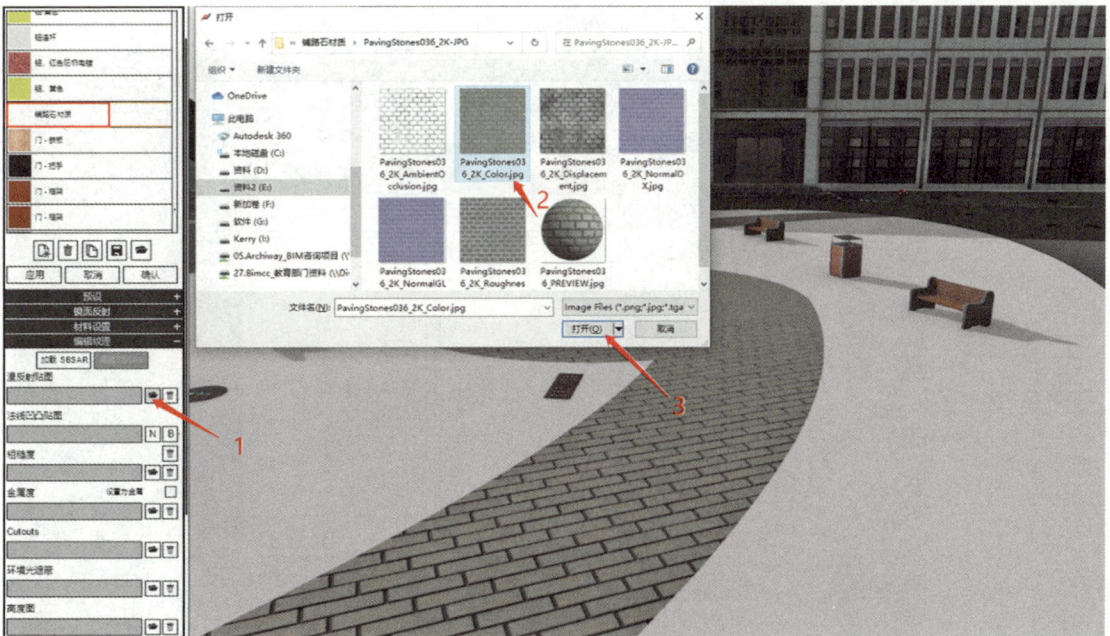

图 3-1-50　加载铺路石 PBR 贴图

贴图加载完毕后，调整贴图 UV 值，让材质效果更贴合实际，如图 3-1-51 所示。材质效果调整完成后，及时应用或确认材质更改。

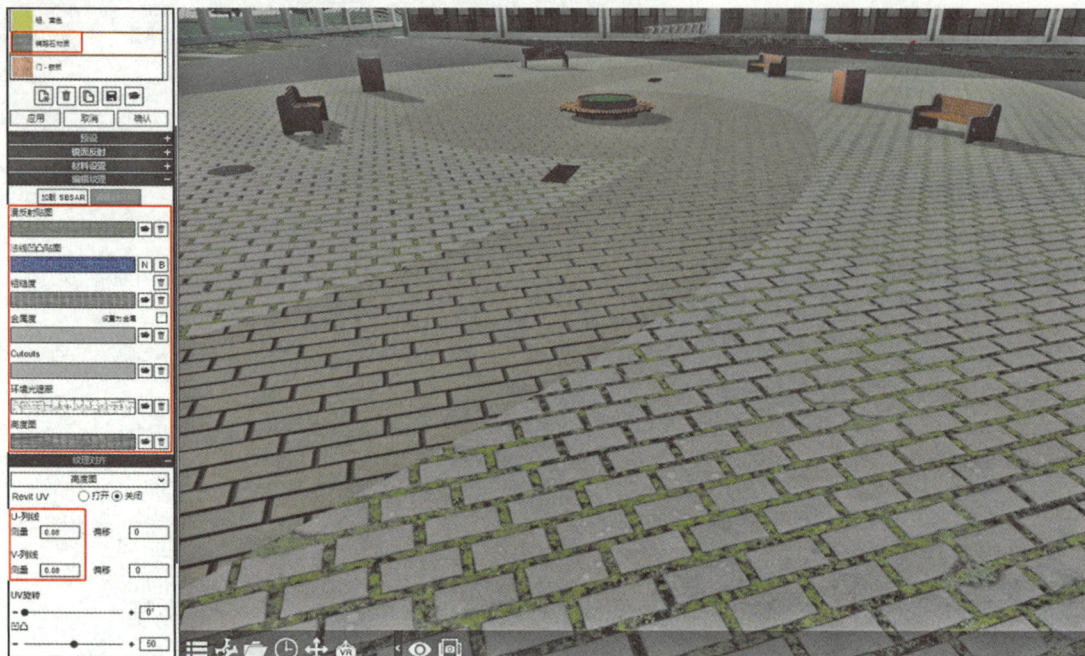

图 3-1-51　调整铺路石贴图 UV 值后的效果

场地中央椭圆地形的三种材质新建完成后，展开"预设"界面，单击"新建"按钮，激活预设编辑窗口，在搜索栏 鹅卵石 中输入材质名称快速找到材质，单击材质名称右边的加号 ＋ 将其添加到预设材质列表中，如图 3-1-52 所示。

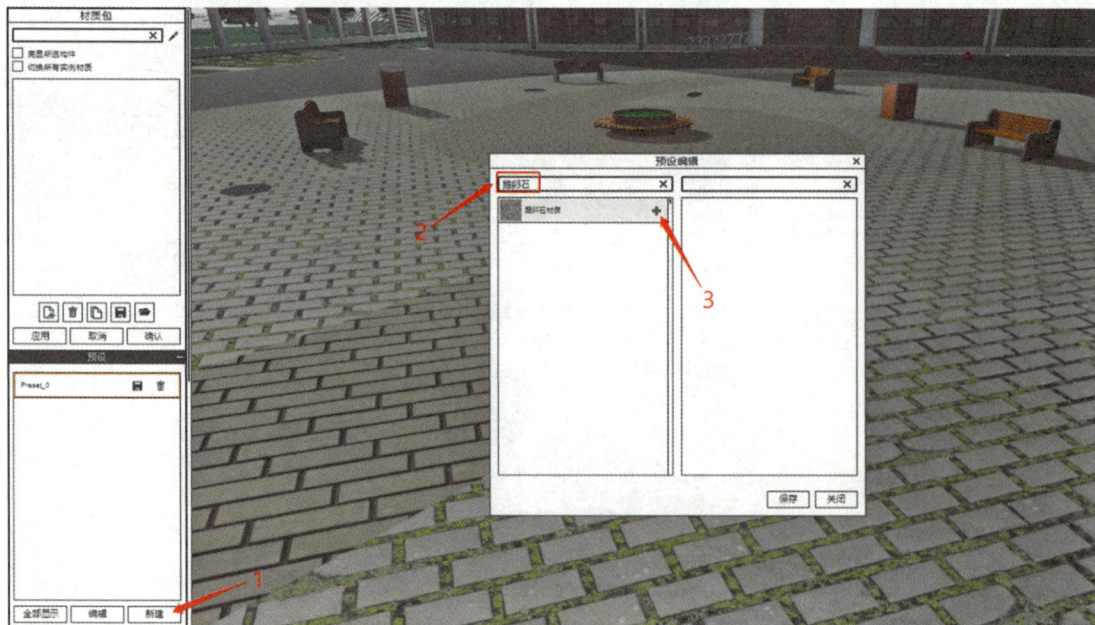

图 3-1-52　搜索材质并添加到预设材质中

采用同样的方式完成三种材质的添加,若添加错误,可单击预设列表中的减号 ▬ 将其剔除,最后单击"关闭"按钮 关闭 关闭预设编辑窗口,如图 3-1-53 所示。

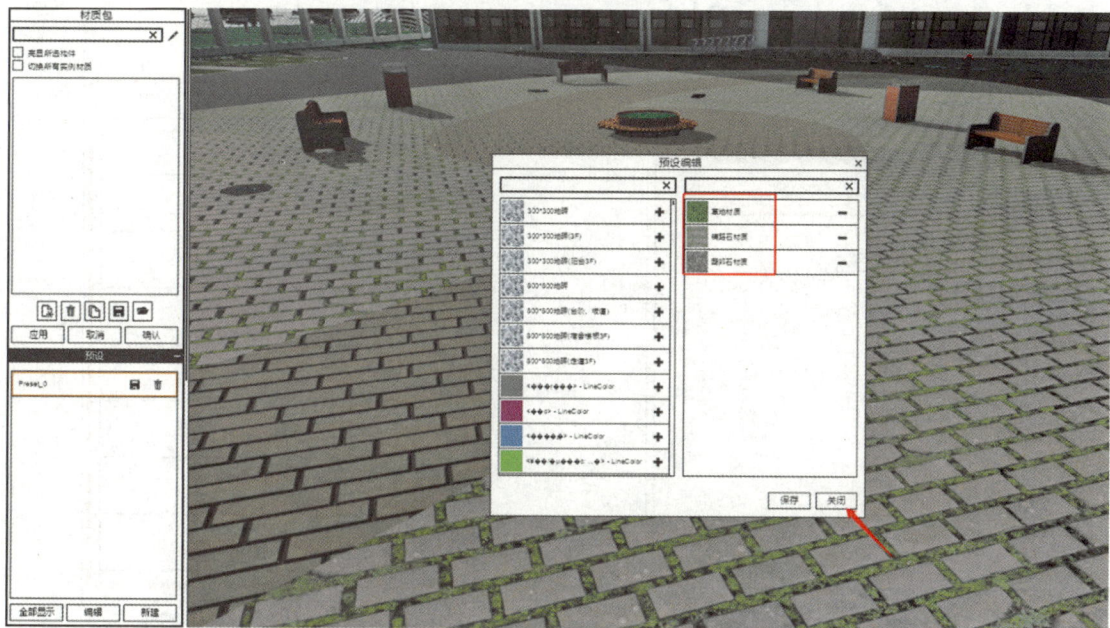

图 3-1-53 完成所有预设材质添加并关闭窗口

双击材质预设选项名称可对其重命名,在材质预设选项被选中的情况下,材质包中只显示预设中的材质,如图 3-1-54 所示。

单击左下角的"全部显示"按钮 全部显示 可查看所有材质,如图 3-1-55 所示。

选择"材质预设"选项,单击"编辑"按钮 编辑 ,进入编辑材质,可再次添加或删减材质预设中的材质,单击"保存"按钮 保存 ,可对材质预设选项中的材质进行单独保存,如图 3-1-56 所示,名称为"场地中央椭圆地形材质预设.chm"。

3)任务三:保存材质文件

除任务要求中需调整的材质外,用户应根据自身经验、贴合实际调整其余材质。所有材质调整完成后,可调整视角(多角度、近距离、远距离)查看整体材质效果,如有发现整体搭配不协调或重面效果严重的情况,还需进一步对各材质参数进行调整。

以混凝土结构构件与建筑外墙为例,当视角比较近时,不会产生重面视觉效果,如图 3-1-57所示。

但当切换为远镜头时,结构构件与建筑外墙产生了重面视觉效果,如图 3-1-58 所示。

若出现重面现象,可以对这两种或其中的一种材质进行微调,目的是缓解当前的重面现象,使得两种材质在视觉效果上趋于一致,但又分别贴合其各自的实际效果。

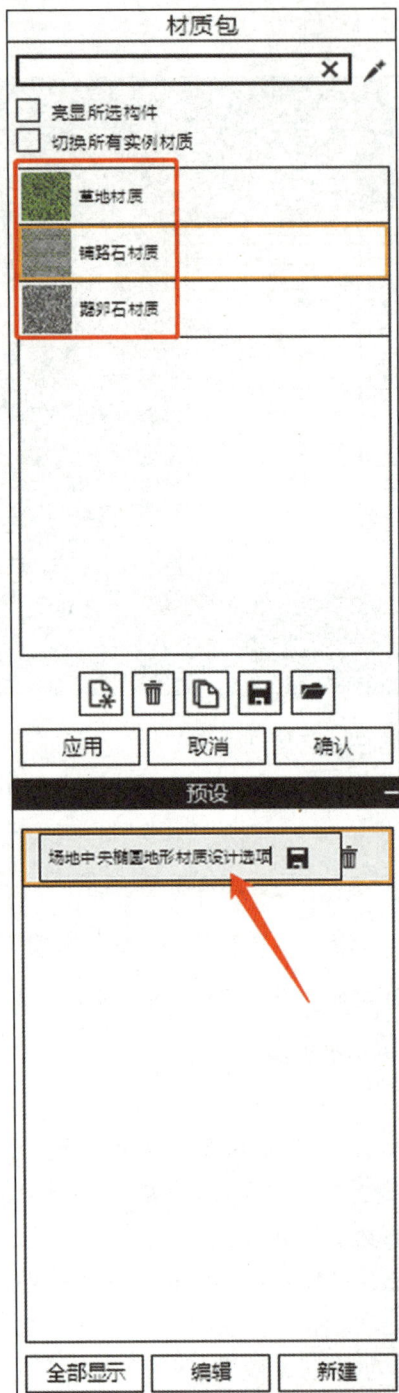

图 3-1-54　重命名材质预设选项名称

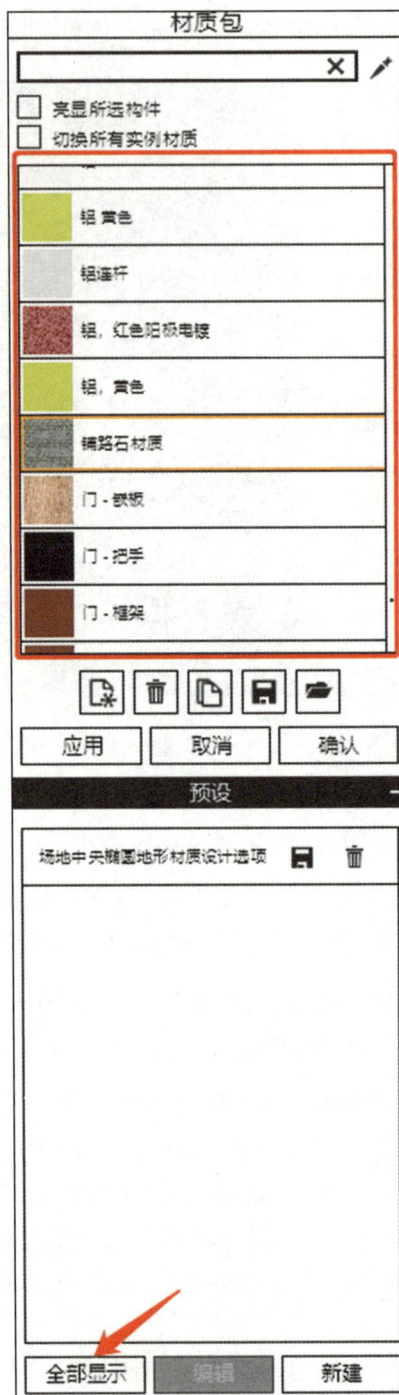

图 3-1-55　切换为显示所有材质

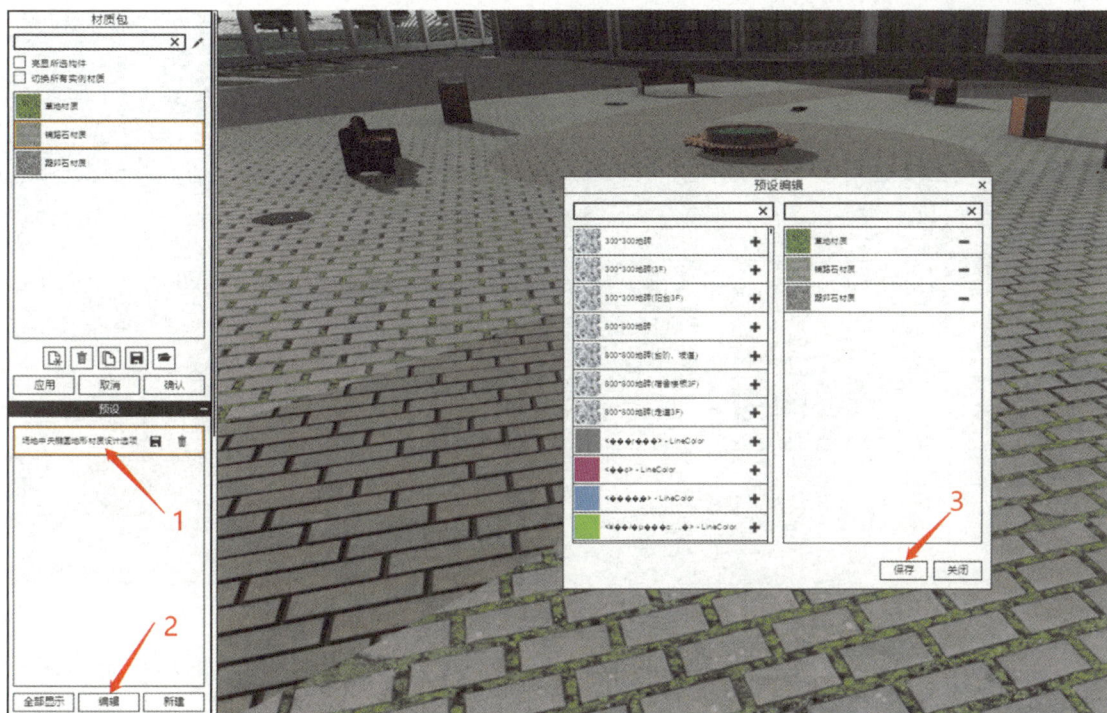

图 3-1-56 编辑预设并保存

图 3-1-57 近距离观察构件无重面现象

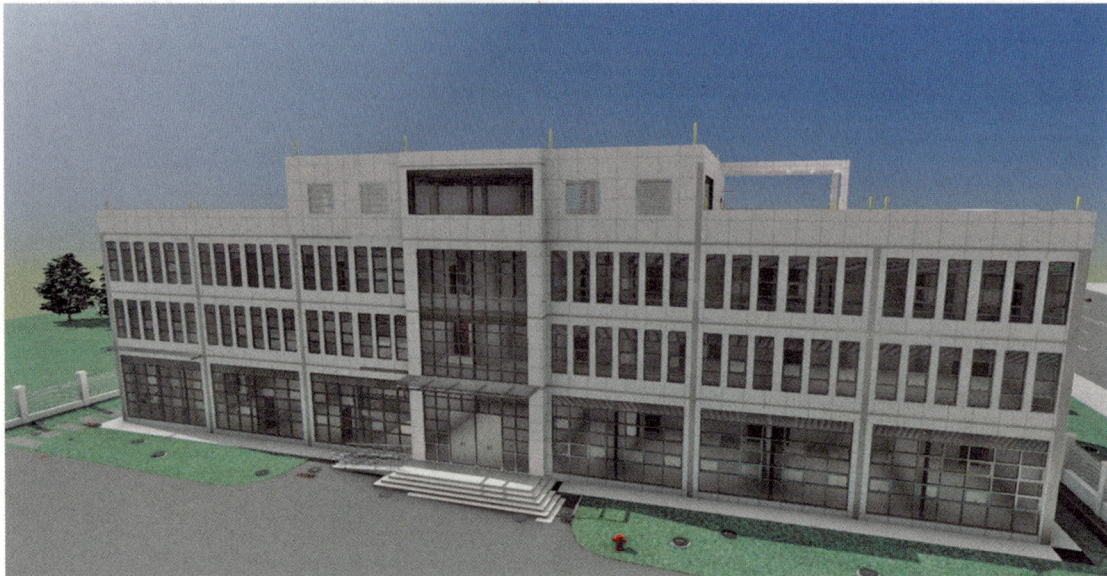

图 3-1-58 远距离观察部分构件产生重面现象

具体操作方法为:在材质包界面中找到各结构构件对应的材质,一一进行材质参数调整,并在三维场景中观察整体搭配效果。本次以修改混凝土结构构件的材质效果为例,因为建筑外墙的颜色偏白,故将结构材质渲染模式下的颜色调整为白色或偏白色调,然后将漫反射纹理混合率降低,降低数值根据三维场景中远距离和近距离观察综合确定,如图 3-1-59、图 3-1-60 所示。材质调整完成后及时应用或保存更改(筛选构件时,仍旧结合可见性过滤或构件属性中的隔离、隐藏等工具实现)。

整体材质效果编辑完成后,在材质包界面单击"保存材质文件"按钮 🖫 ,保存弹窗提示中选择"保存全部"将所有材质保存,如图 3-1-61 所示,材质文件名称为"综合楼单体模型-所有材质.chm"。

图 3-1-59 远距离查看材质参数编辑后的材质表现效果

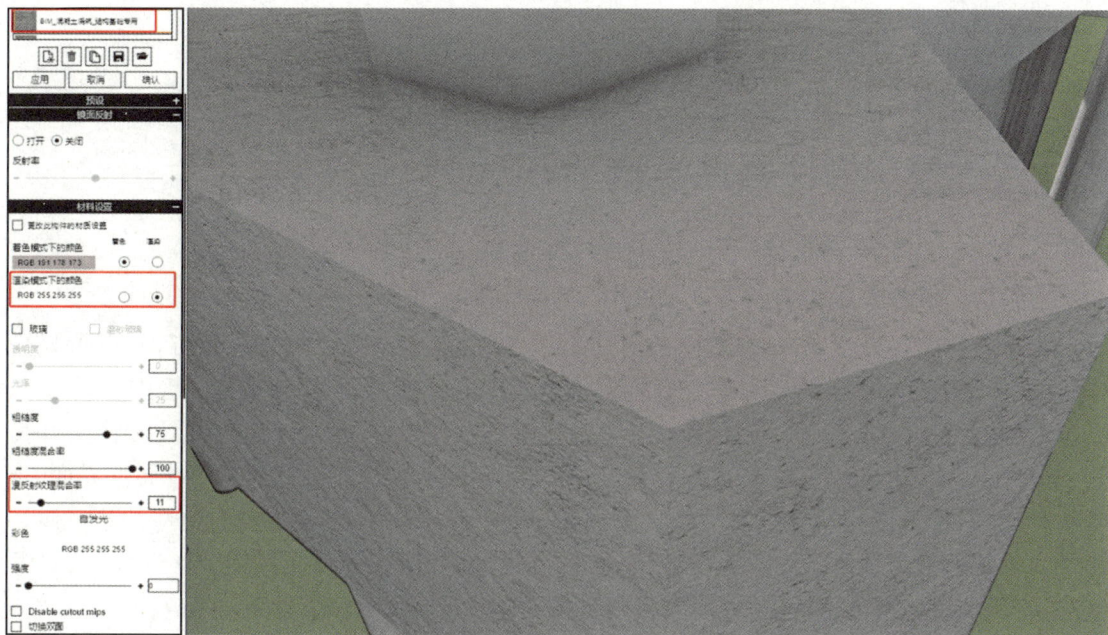

图 3-1-60　近距离查看材质参数编辑后的材质表现效果

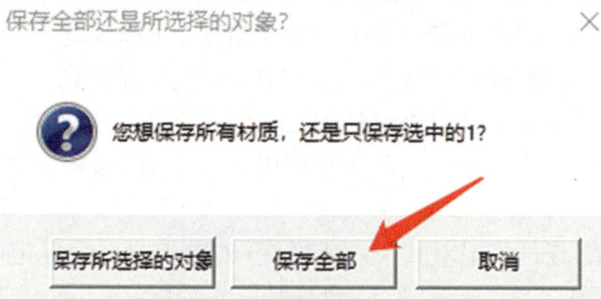

图 3-1-61　保存材质文件选择

3.1.4　任务总结

1) 步骤总结

第一步,打开材质编辑界面;第二步,选择需要编辑材质的构件,设置相关材质参数;第三步,单击"应用"或"确定"按钮完成材质编辑。

2) 方法总结

材质调整无反应时,查看材质名称是否有重复的情况,若有重复材质的情况,可删除多余重复材质或为当前构件新建一个唯一的材质名称,然后再进行材质参数调整。

某些构件只能看到一个面的材质时,勾选"材质设置"中"切换双面"选项可实现构件材质双面渲染。

对于模型中没有赋予材质通道的构件,即空材质现象,为构件新建材质或者利用吸管工具吸取已有的材质。

任务 3.2 构件属性编辑

3.2.1 任务要求

本节内容主要介绍 Fuzor 软件的构件属性中的功能,包括熟悉构件属性界面,图形显隐设置,注释、调整与编辑,声源加载,3D 标记创建及图形分割,赋予视频和贴图等内容。

任务一:打开 3.1 任务二中保存的"综合楼单体模型-材质调整.che",并及时将文件另存,名称为"综合楼单体模型-构件属性编辑.che"。单击某构件即可打开其构件属性界面,查看构件属性,了解常用属性信息所包含的内容,可对照 Revit 模型文件查看这些信息。以场地中央椭圆地形为载体,添加"下雨音频.mp3"音频文件,保证音频文件的"3D 音效"为打开状态,音量调整为最大值,调整完成后将声源关闭。

任务二:将所有混凝土结构柱构件按照各楼层标高(此处标高参考结构楼板所处位置的标高)进行分割,使得混凝土结构柱根据楼层划分为多个不同的构件。

任务三:为综合楼大门上方的钢结构雨棚添加注释,注释标题为"钢结构雨棚设计",注释类别为"设计问题",注释内容为"钢结构玻璃雨棚,由专业公司二次设计,连接处采用结构密封胶",并为注释添加本书对应提供的图片(图片名称为:钢结构雨棚)附件,添加注释的构件亮显颜色设置为蓝色,最后生成一个 PDF 注释报告,报告名称为"钢结构雨棚注释报告"。

任务四:为门卫室(任选门卫室其中一个构件)创建 3D 标记,标记内容为:门卫室,建筑耐火等级二级,防水等级Ⅱ级。标记文字、背景等样式可自定义。

任务五:在二层公共休息大厅处,任意选择一面墙,赋予"综合楼-效果图.png"投影,并为其添加至少一个投影对象,适当调整投影距离保证在投影对象上可以看到投影,且投影为半透明状态。

操作过程中及时保存更新文件,名称为"综合楼单体模型-构件属性编辑.che"。

3.2.2 任务分析

1)构件属性的构成

构件属性包括从建筑信息模型软件(以 Revit 为例)中读取的模型信息和 Fuzor 中特有的信息。Revit 中读取的信息包括构件计算体积、渲染材质、构件类别、构件 ID、尺寸标注、标识数据、约束条件等内容,部分信息在 Fuzor 软件中可再次编辑。Fuzor 中特有的信息包括加载音频文件、创建 3D 标记、分解所选对象、图形分割等内容。对于不同类型的构件,其构件属性中读取的 Revit 信息和 Fuzor 特有信息会有细微的差别。由此可以看出,Fuzor 软件也是一种能够真正记录模型各种信息的 BIM 技术类主流软件。

2）构件属性界面

在 Fuzor 软件中点击任意构件，可以打开该构件的"构件属性"界面。"Fuzor 属性"选项默认为勾选状态 ☒ Fuzor属性 时，构件属性中将显示从 Revit 中读取的信息和 Fuzor 中特有的信息，如图 3-2-1 所示。

取消勾选"Fuzor 属性" ☒ Fuzor属性 后，构件属性中将只显示从 Revit 中读取的信息，如图 3-2-2 所示。

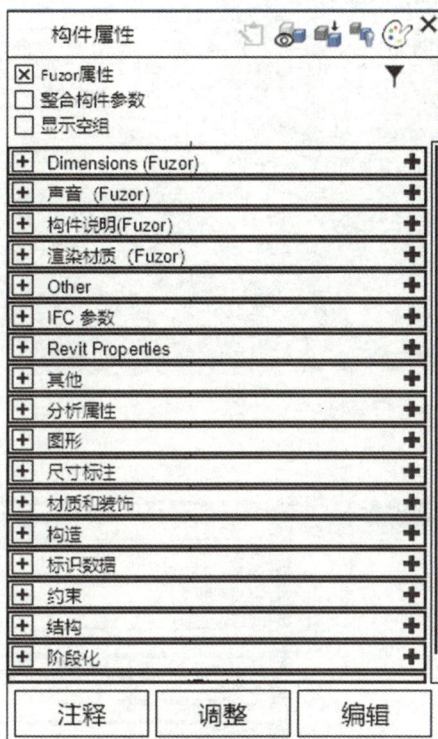

图 3-2-1　显示从 Revit 中读取的信息和
Fuzor 中特有的信息

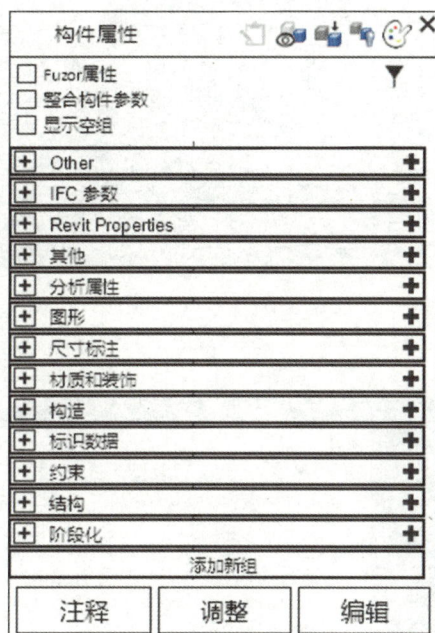

图 3-2-2　只显示从 Revit 中读取的信息

3.2.3　任务实施

1）设置声音

单击选择场地中央椭圆地形，单击其构件属性中"声源"旁的"关闭"选项，将"声源"切换为打开模式，如图 3-2-3 所示。

选择"声音文件"旁的"加载波形文件"可打开文件夹，单击文件名称旁的格式下拉菜单，将文件格式切换为需加载文件的格式，选择音频文件，单击"打开"即成功加载音频文件，如图 3-2-4 所示。

加载音频文件后，单击"声音设置"旁的"编辑"选项打开声音设置窗口，进行相关参数设置，最后单击"完成"按钮即完成编辑并关闭声音设置窗口，如图 3-2-5 所示。

单击"声源"旁的"打开"选项可将声源切换为关闭模式，如图 3-2-6 所示。

图 3-2-3　将构件声源切换为打开模式

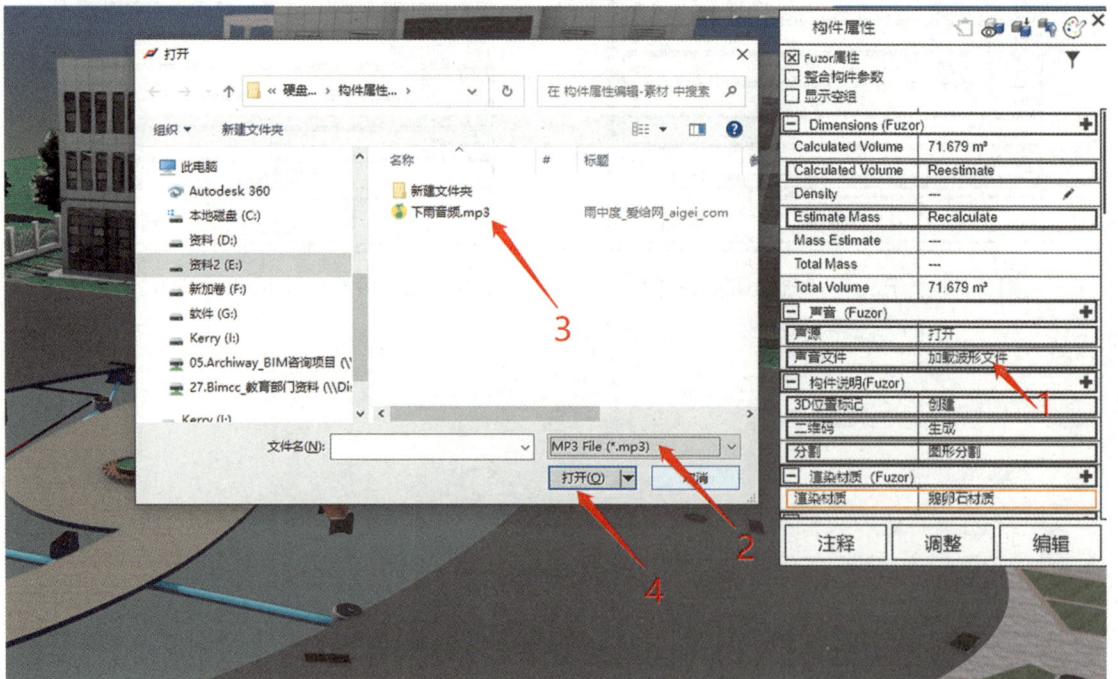

图 3-2-4　加载音频文件

图 3-2-5　声音设置

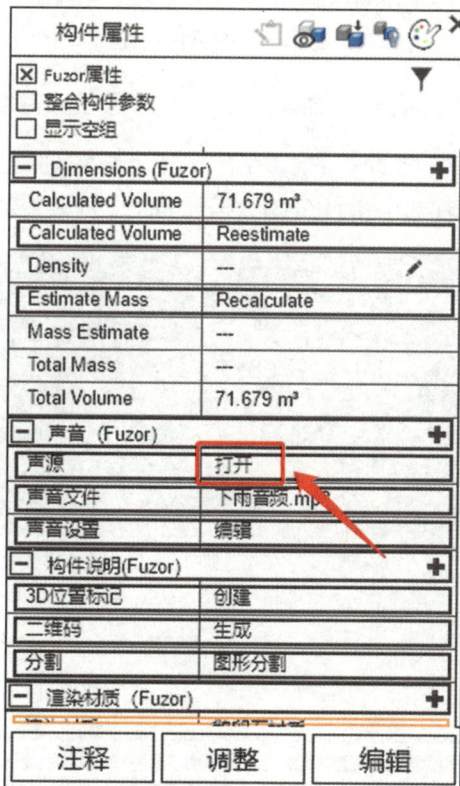

图 3-2-6　将声源切换为关闭模式

2）图形分割

点击"更多选项" ▤ 展开菜单界面，点击"协调"选项卡下的可见性过滤功能 ⊙可见性过滤，打开可见性过滤窗口，单击模型文件名称前的眼睛按钮 ⊙，隐藏其他模型，仅显示"综合楼-结构"模型，如图 3-2-7 所示。

图 3-2-7　仅显示"综合楼-结构"模型

单击 🎥4D模拟 打开 4D 模拟界面，在三维视图中单击选择任一混凝土结构柱构件，然后单击"4D 模拟"中的"同层同类构件"即可选择所有混凝土结构柱构件。在其构件属性中选择"图形分割"功能，可以将所有选中构件分割为若干部分，如图 3-2-8 所示。

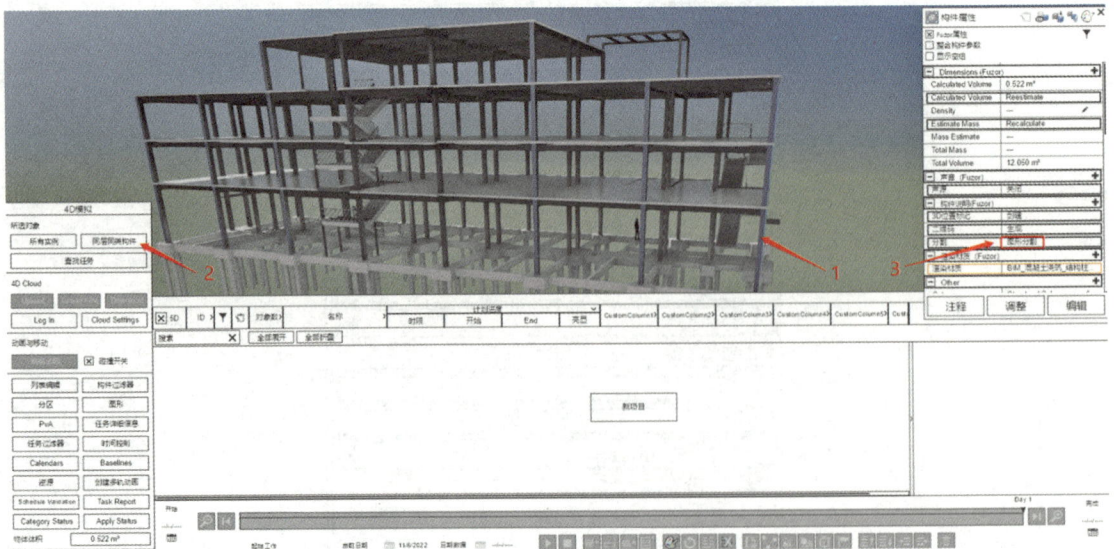

图 3-2-8　利用 4D 模拟功能选择所有混凝土结构柱构件

在弹出的"几何拆分"窗口中,单击切割按钮 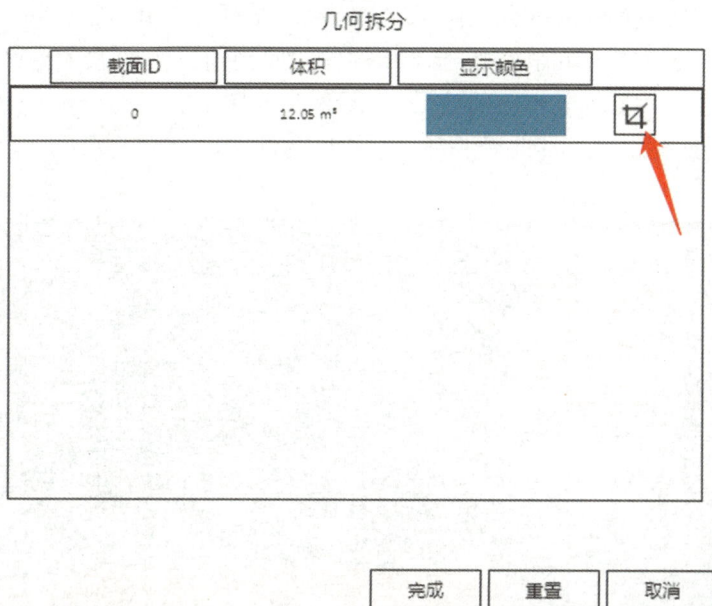 ,进入图形分割界面,如图 3-2-9、图 3-2-10所示。

几何拆分

截面ID	体积	显示颜色	
0	12.05 m³		

完成　　重置　　取消

图 3-2-9　切割构件

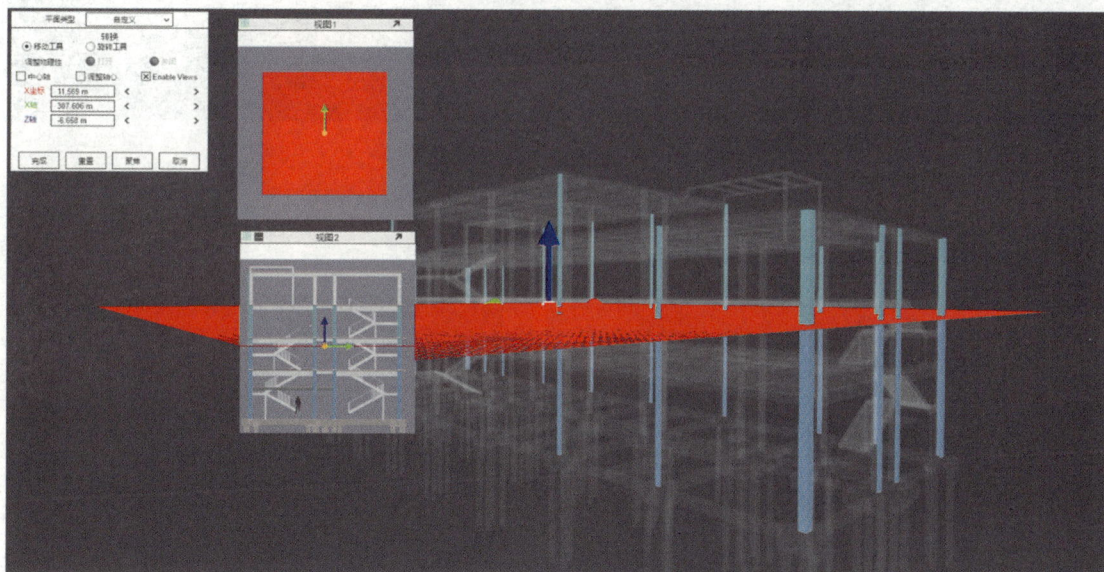

图 3-2-10　图形切割界面

可以在平面类型为"自定义"或"水平旋转"状态下移动平面,如图 3-2-11 所示。

在勾选"Enable Views"状态下,有两个视图浮窗可以辅助调整分割平面,分别为一个平面(视图 1)、一个立面(视图 3),单击视图右上角的箭头 ↗ ,可将视图独立,如图 3-2-12 所示,单击最大化图标 □ ,可将视图最大化,如图 3-2-13 所示,方便用户更精确地调整。

分割平面位置调整完成后,单击"完成"按钮即可将构件一分为二。单击颜色色块,在弹出的颜色窗口中选择其他颜色,单击"确定"按钮即可修改分割为不同区域的构件,如图3-2-14、图 3-2-15 所示。

继续单击对应区域色块旁的分割图标,分割构件,如图 3-2-16、图 3-2-17 所示。

最后单击"完成"按钮即可将各混凝土结构柱按照当前显示的颜色分区进行分割,在三维视图中选择对应构件查看分割后的效果,如图 3-2-18 所示。

注意:配合可见性过滤工具选择混凝土结构柱构件。

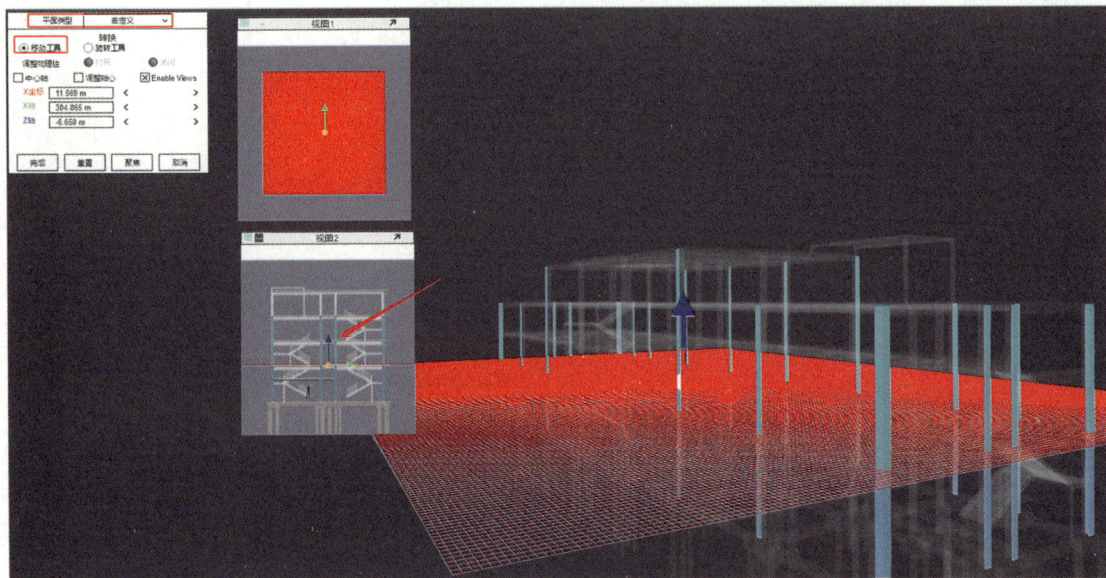

图 3-2-11　移动分割平面

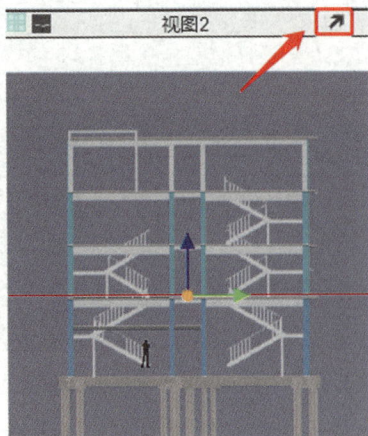

图 3-2-12　独立视图

图 3-2-13　最大化视图

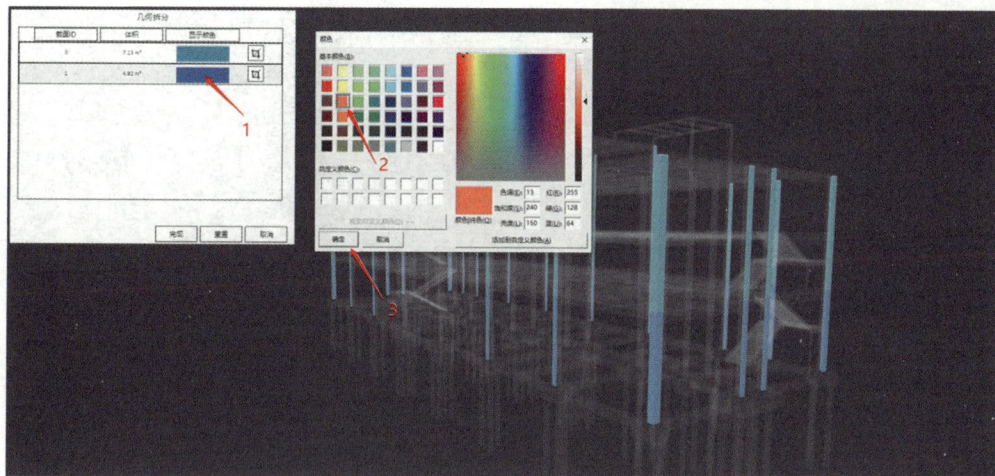

图 3-2-14　调整分割区域亮显颜色

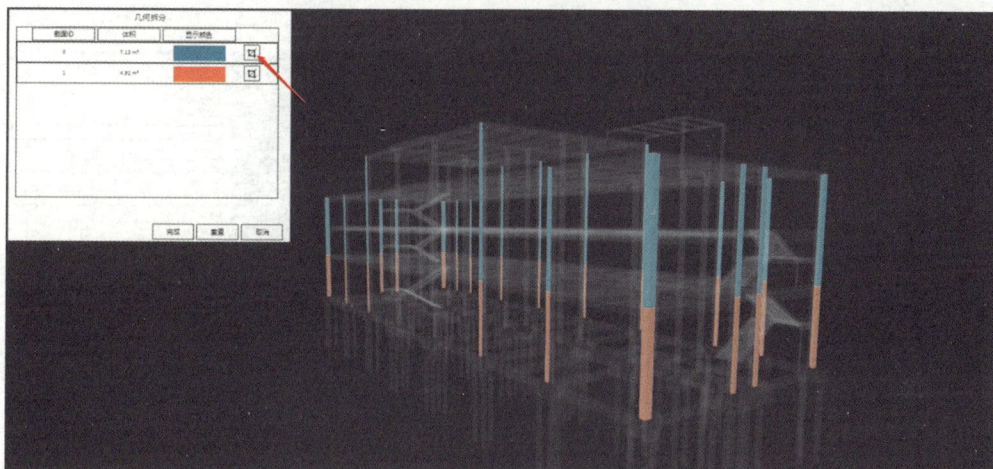

图 3-2-15　分割区域亮显颜色

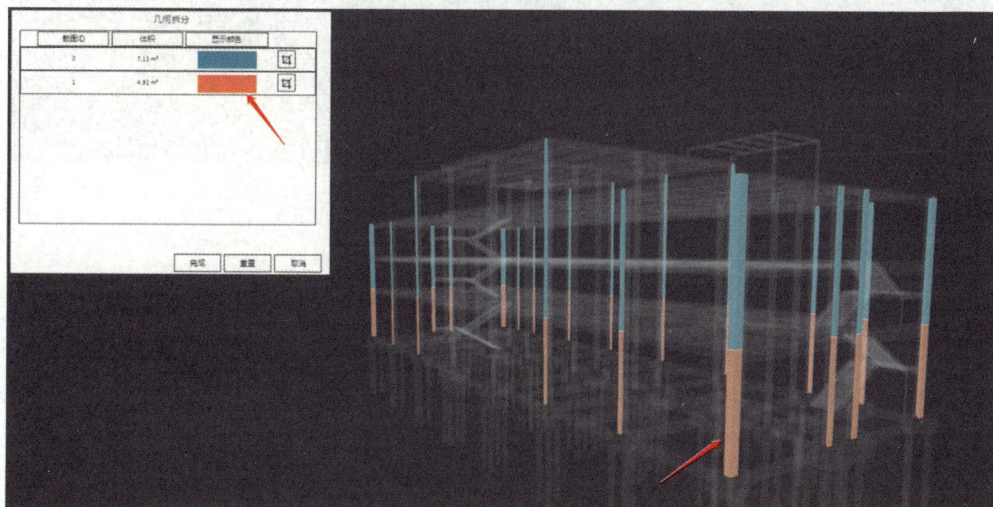

图 3-2-16　依次分割构件

图 3-2-17　构件按楼层分割效果

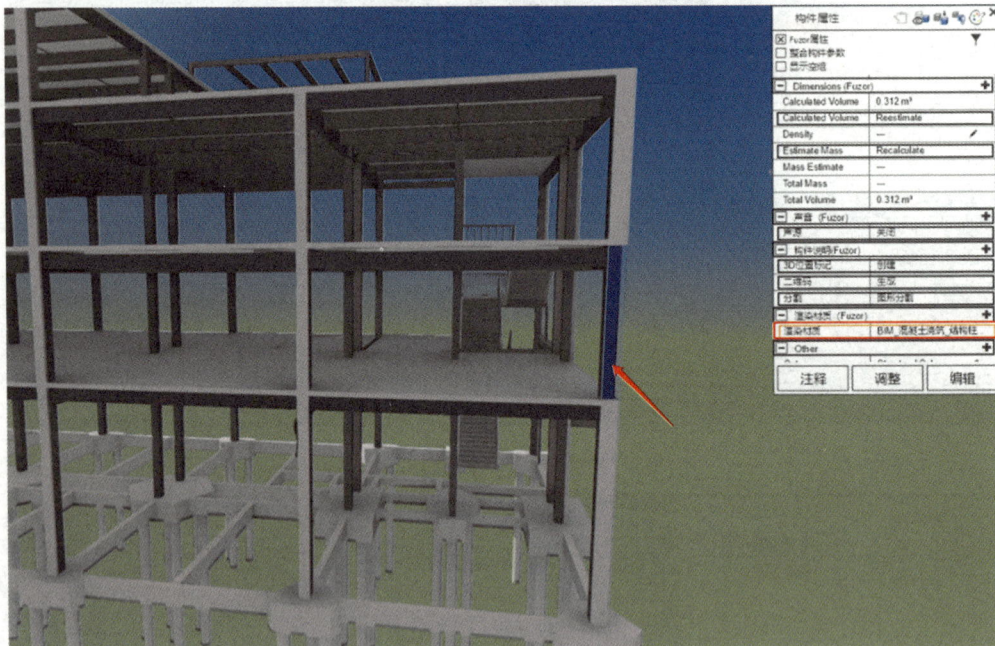

图 3-2-18　三维视图中查看分割效果

3）添加注释

　　选中钢结构雨棚构件,激活构件属性并单击"注释",根据 3.2.1 节任务三的要求,将注释面板中的相关信息填写完善,绑定给定图片附件,如图 3-2-19 所示,最后单击"保存"按钮即可。

　　单击菜单栏中的"更多选项"按钮,展开更多选项列表,在"协调"选项卡中单击"注释"按钮,打开注释管理器面板,单击"彩色"按钮设置添加注释的构件亮显颜色,如图 3-2-20 所示。

设置完成后,单击"报告"按钮生成 PDF 注释报告,如图 3-2-21 所示,命名为"钢结构雨棚注释报告"。

图 3-2-19　添加注释　　　图 3-2-20　修改注释构件亮显颜色　　　图 3-2-21　生成注释 PDF 报告

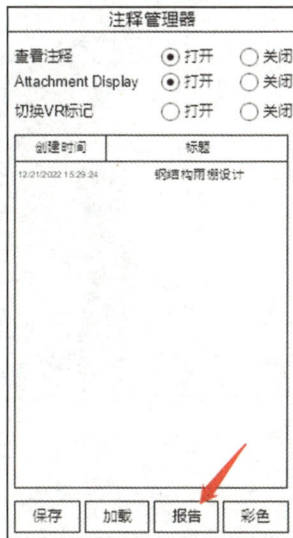

4)创建 3D 位置标记

选择门卫室某一代表构件,例如屋顶,在其激活的构件属性列表中单击 3D 位置标记旁的"创建"按钮,弹出 3D 位置标记窗口,在全局标题中输入标记内容:门卫室,建筑耐火等级二级,防水等级Ⅱ级。如图 3-2-22、图 3-2-23 所示,标记相关样式自定义即可。

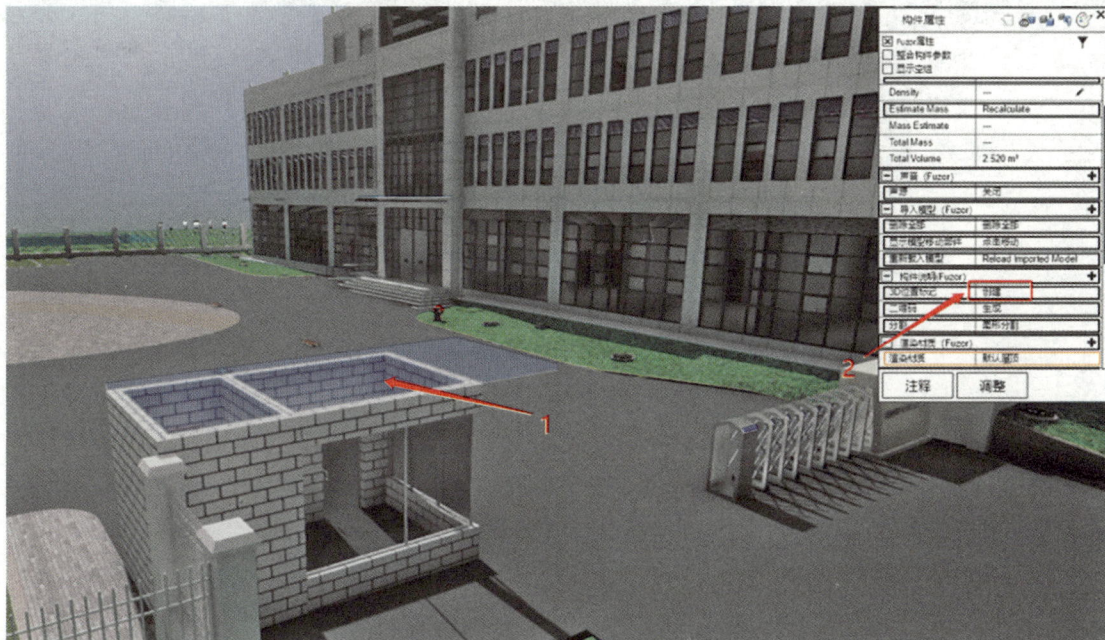

3.2 任务四

图 3-2-22　选择构件添加 3D 标记

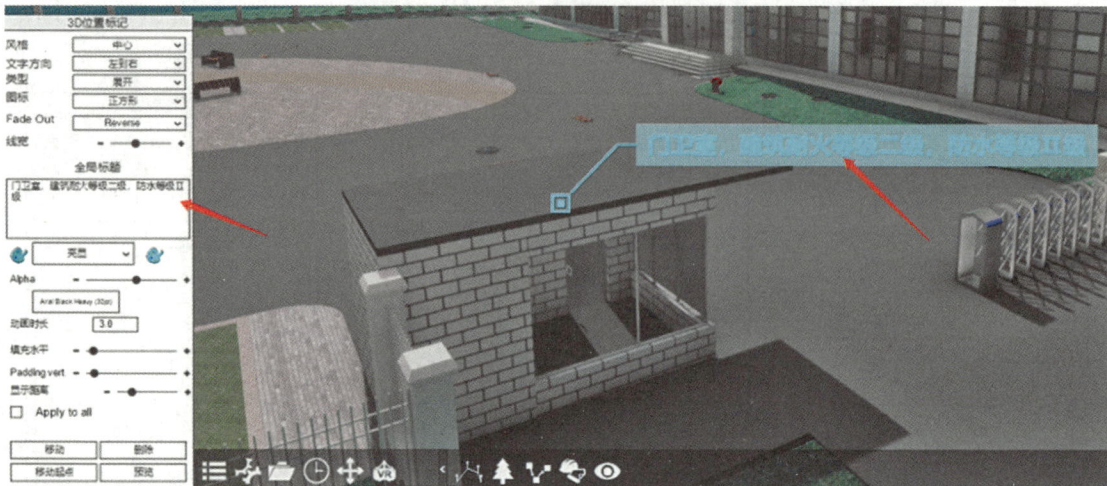

图 3-2-23　输入 3D 标记内容

5）赋予视频和贴图

单击菜单栏中的"更多选项"按钮 ▤，展开更多选项列表，在"设计"选项卡中单击"平面视频"按钮 ▣，单击"平面视频"选项右边的下拉箭头切换至"投影"界面，点击"创建"后鼠标移动至操作区内，会出现红色方框，依次点击需要放置投影的左上角和右下角，即可形成投影区域，选择投影图片，如图 3-2-24 所示。

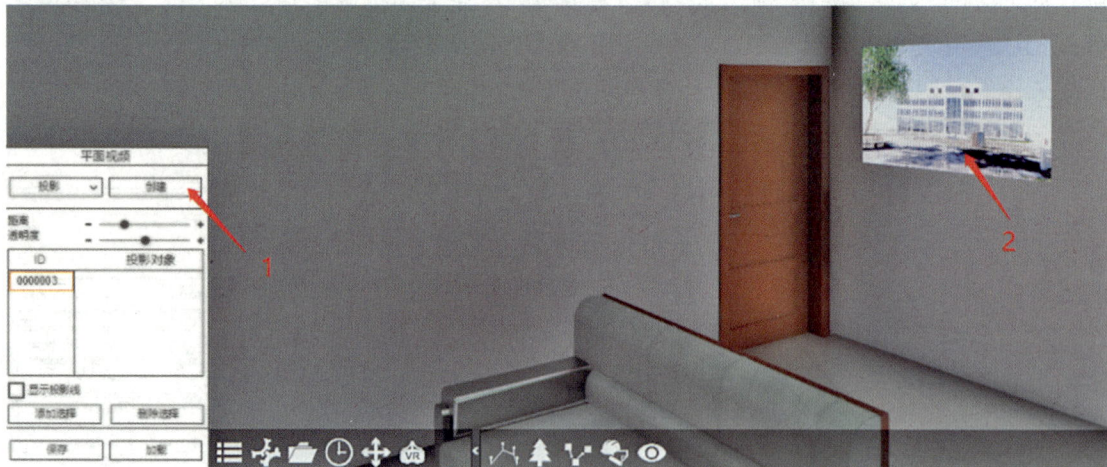

图 3-2-24　添加投影素材

勾选"显示投影线"选项，并调整投影线距离使其能穿透投影对象，如图 3-2-25 所示。选择投影对象，然后单击"添加选择"按钮将其加入投影对象列表，如图 3-2-26 所示。选择添加的投影源素材图片，可调整其投影透明度，如图 3-2-27 所示。

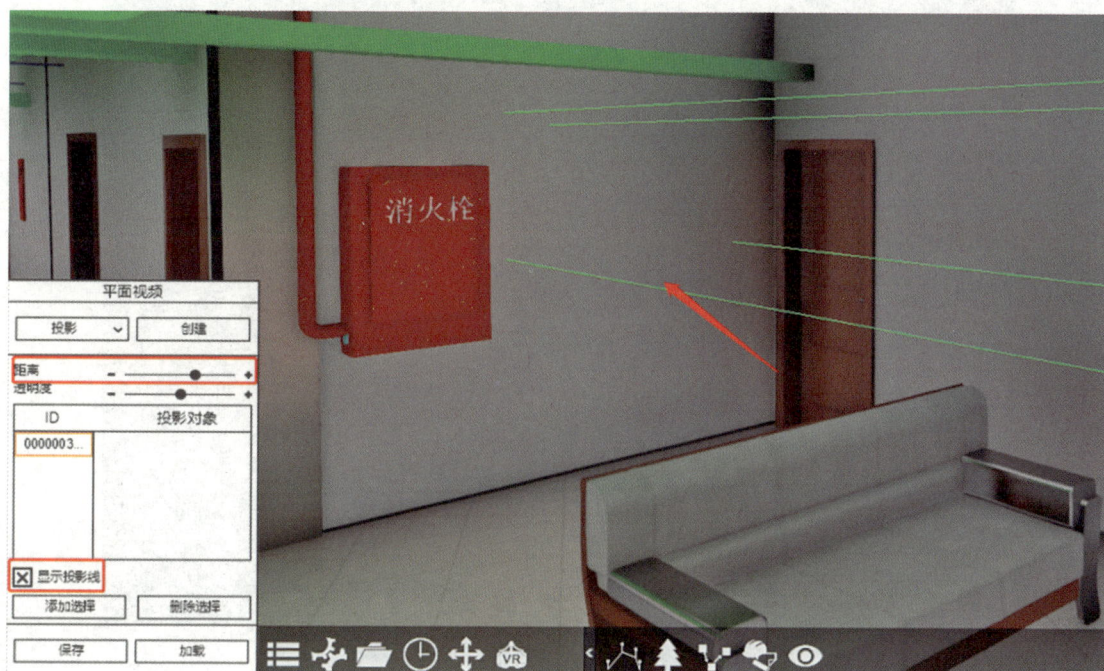

图 3-2-25　调整投影线距离穿透投影对象

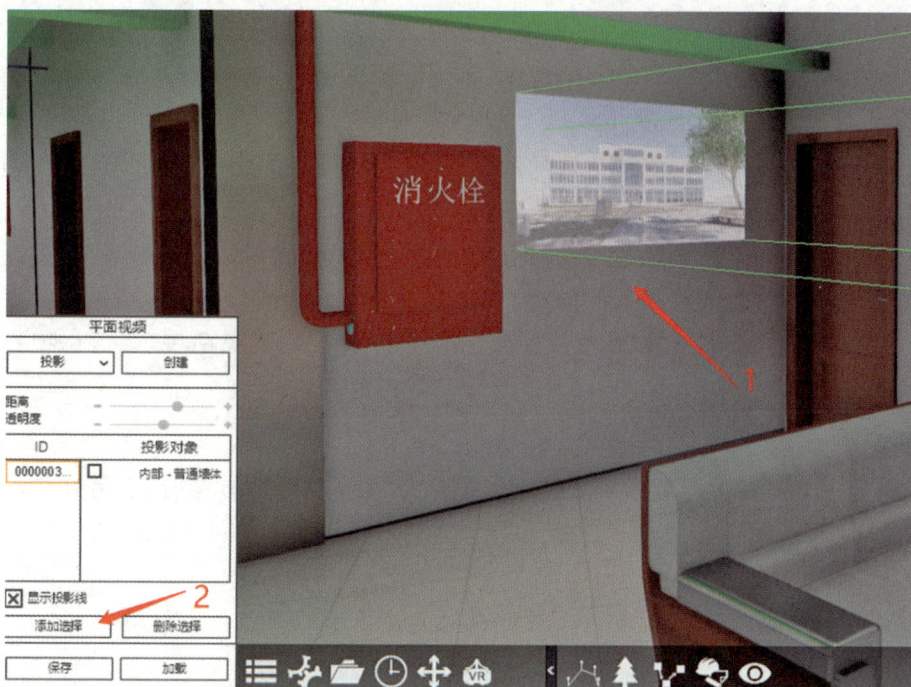

图 3-2-26　添加投影对象

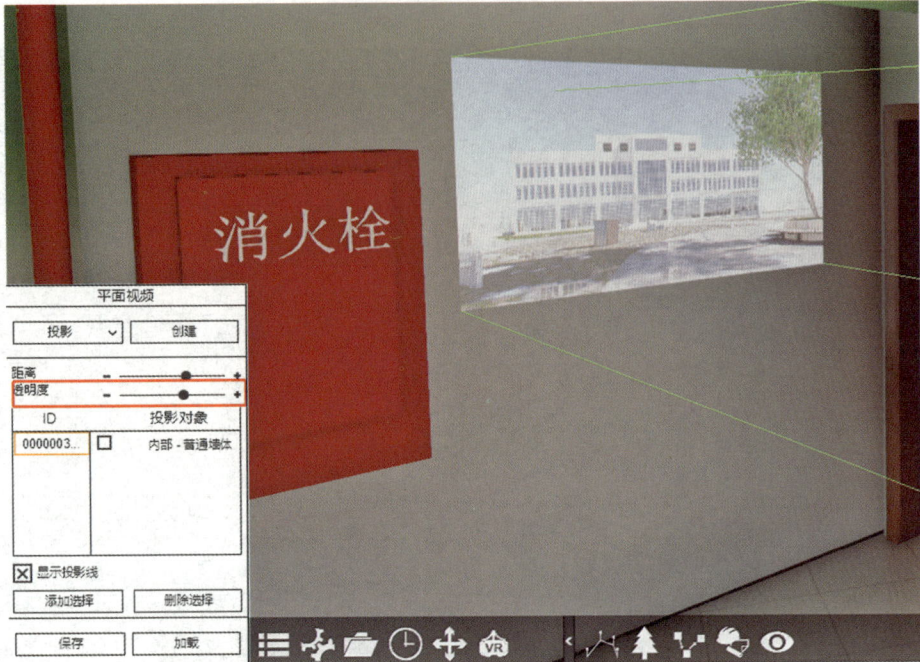

图 3-2-27　调整投影透明度

3.2.4　任务总结

1) 总结

控制图形的显隐和颜色有多种方式,例如通过构件属性、可见性过滤等窗口都可以实现,要学会区分并巧妙运用这些功能。

添加声音时,选择方便选择和记忆的构件载体,为构件添加声音后,如不需要一直播放,切记将声源关闭,避免对后续的操作形成干扰。

对于比较规整的构件,巧妙运用图形分割、调整、编辑功能对构件进行拆分,提高工作效率,减少操作过程中反复同步带来的问题。

注释、3D 位置标记、赋予视频和贴图等功能的应用,有助于灵活展现、传达项目的各项信息,应熟练掌握。

2) 拓展

本节内容中的诸多功能可以与后续 4D 模拟、触发等功能巧妙结合,读者在学习过程中可以多加思考。

任务 3.3 环境设计

3.3.1 任务要求

本节内容主要介绍在 Fuzor 软件中进行环境设计,主要包括地形控制、放置配景、进行时间/天气设置等内容。

任务一:打开任务 3.2 中保存的成果文件"综合楼单体模型-构件属性编辑.che",并及时将文件另存,名称为"综合楼单体模型-环境设计.che",为整个场景添加 Fuzor 内置地形,类型为"草",并将地形海拔高度调整到贴合现有场景下方合适位置处。

任务二:沿着门卫室前方 6 个行车道创建不少于 3 个车辆路径,并在路径上自动填充不同的车辆,车辆类型选择汽车、公共设施两类非施工设备,车辆行驶间距控制在 1 m 以上,速度控制在 12.0 km/h,速度及位置随机性设置为最低,一个路径上车辆保持在 6 辆左右,车辆行驶至路径终点后保持 3s 后重新从路径起点出发。

任务三:在门卫室前方的"绿植种植"范围内布置名为"Agave"的植物,植物间距为 1 m,植物高度为 1 m,其余参数自定义设置。

任务四:综合楼四周适当布置车辆、行人、绿植、喷泉特效等,丰富场景。进行时间/天气设置,包括时间、雨、雪、风等天气的设置,将天空类型设置为全景背景,并以给定的"高清全景图.jpg"作为全景背景。

操作过程中及时保存更新文件,操作完成后将所有路径设置为隐藏,保存文件,名称为"综合楼单体模型-环境设计.che"。

3.3.2 任务分析

1)环境设计的原理

通过对场景进行各种环境设计,使得场景更为真实,能够辅助项目更加真实地模拟项目管理所遇到的各种问题。其中,场地的控制是设定场地的标高和场地地面材质的种类,在放置配景中可以为场景创建周围环境的人物、植物、车辆、机械、构件等对象。在时间/天气设置中又可为场景设置不同的时间日期,以模拟真实的时间表现,并且可以设置和表现雨、雪、风等天气状态,以及不同的天空类型。

2)Fuzor 环境设计的类型

环境设计按照常用的分类分别设置。

①地形控制:Fuzor 提供了 6 种不同的地形,分别为草、泥土、混凝土、砖、海洋、湖,并且可以调整地形的海拔高度。

②放置配景:展开"内容"选项卡,在"材质库"选项卡中可选择各种行人、车辆、施工机械,放置到场景中;在"植物位置"选项卡中可选择各种植物,然后在场景中放置到合适的位置;在"Paths"选项卡中可创建路径,以方便放置行人、车辆、设备、植物等。

环境设计相关功能介绍

③放置特效：Fuzor 提供了火、烟、水、尘雾等不同的特效效果，用户还可根据个人需求进行自定义编辑。

④时间/天气设置：在"时间/天气"选项卡中，分别调整时间流逝的速度、时间、时区、城市（或者直接输入经纬度）、设置天气、在天空盒子中选择天空的类型。

3.3.3　任务实施

1）地形控制

单击菜单栏中的"更多选项"按钮 ⊞，展开更多选项列表，在"设计"选项卡中单击"地形控制" 🖼 按钮，打开地形控制界面，将地形启用状态设置为"打开"，地形类型切换为"草"，通过输入海拔高度值或点击"调整"将地形调整至贴合场景下方合理位置，如图 3-3-1 所示。

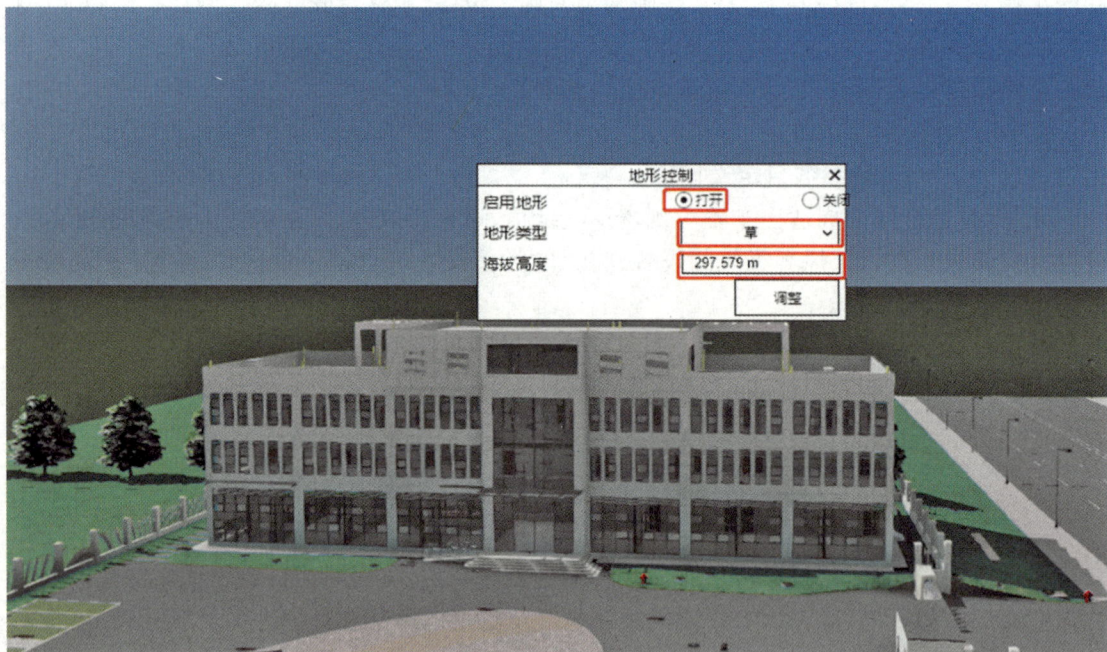

图 3-3-1　地形控制

2）道路车辆布置

单击菜单栏中的"更多选项"按钮 ⊞，展开更多选项列表，在"内容"选项卡中点击"Paths"（路径）按钮 🖇，展开路径编辑界面。路径类型选择"车辆"，单击"创建路径"，在操作区内依次点击各节点形成路径，如图 3-3-2 所示。注意路径方向要符合实际车辆行驶方向。

单击路径中任一节点，展开其路径设置界面，设置任务要求中各参数，最后单击"填充"即可在路径上自动布置填充所选类型车辆，如图 3-3-3 所示。

图 3-3-2　创建车辆路径

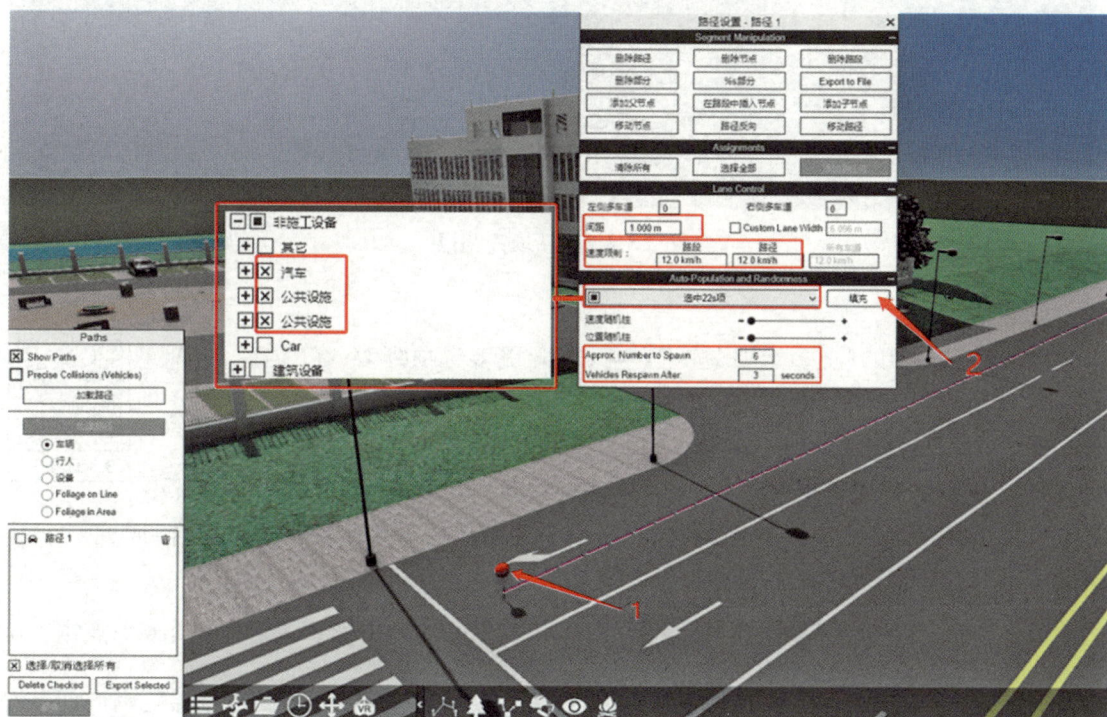

图 3-3-3　自动填充路径参数设置

　　填充所选类型车辆后随即可查看效果,若不满足需求,可随时调整各参数情况,然后单击"重新填充"按钮即可重新布置,如图 3-3-4 所示。

　　参照以上操作步骤及方法,继续创建其余车辆路径。

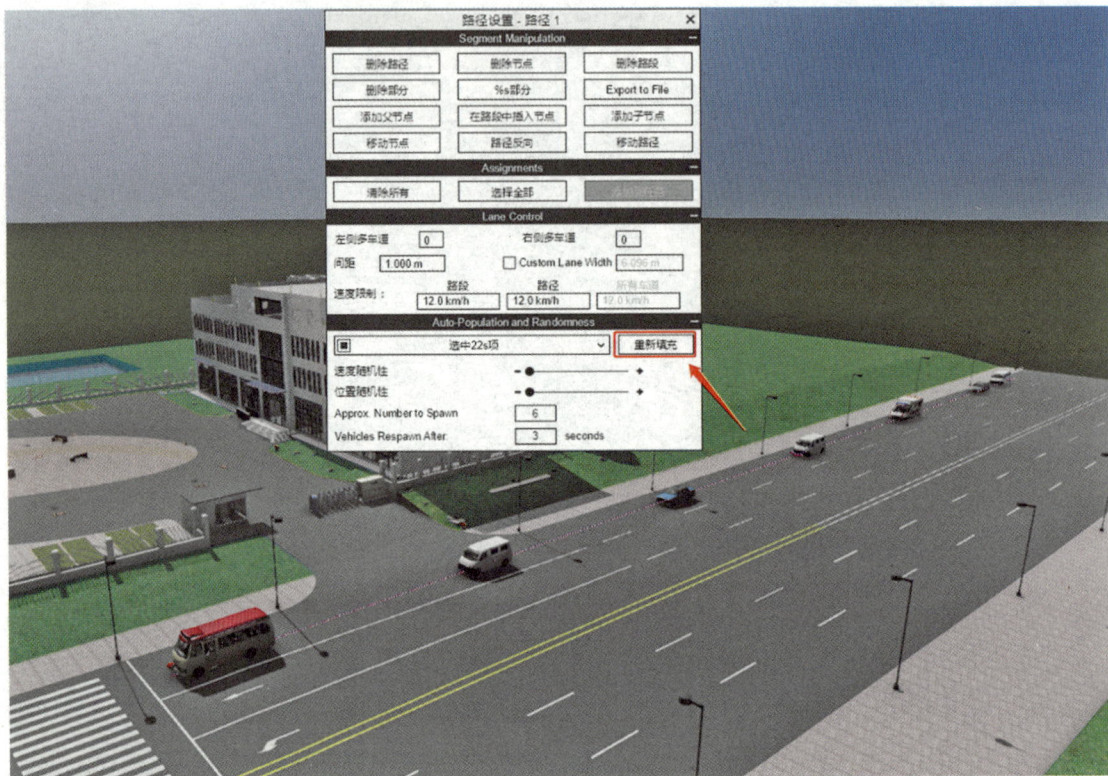

图 3-3-4　重新填充路径

3）绿植布置

单击菜单栏中的"更多选项"按钮▤，展开更多选项列表，在"内容"选项卡中点击"Paths"（路径）按钮，展开路径编辑界面。路径类型选择"Foliage on Area"（沿着面积放置植物），单击"创建路径"按钮，在操作区内依次点击各节点形成路径。创建最后一个节点时，点击第一个节点位置可使两个节点重合，形成一个封闭的区域，如图 3-3-5 所示。

单击菜单栏中的"更多选项"按钮▤，展开更多选项列表，在"内容"选项卡中点击"植物位置"按钮，展开植物素材库界面，找到名为"Agave"的植物布置到路径范围内（鼠标靠近路径，路径显示为黄色即可按路径布置）。点击任一路径节点即可展开路径设置，按照任务要求设置植物间距及植物高度后，路径范围内的植物实时产生变化，如图 3-3-6 所示。

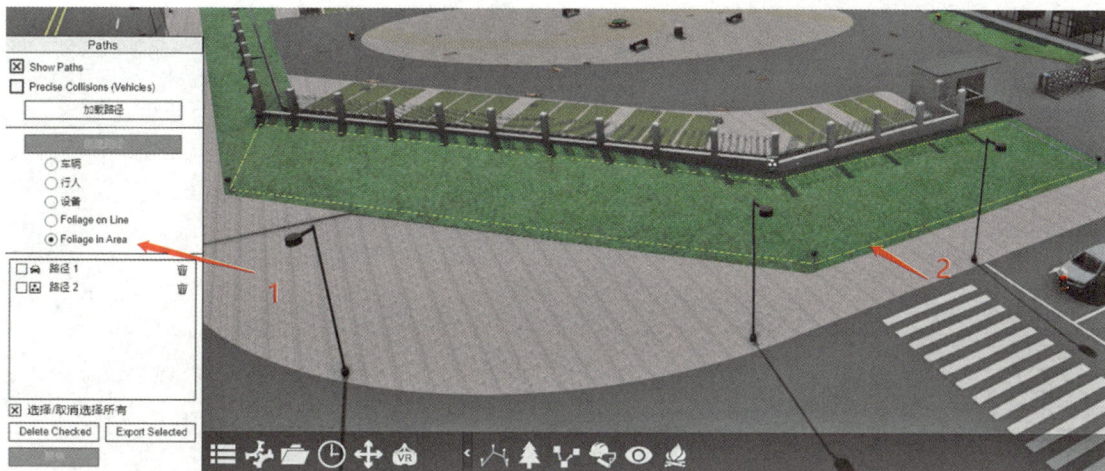

图 3-3-5　创建植物路径

图 3-3-6　布置绿植并设置参数

4）自定义布置场景并设置全景背景

在综合楼四周适当布置车辆、行人、绿植、喷泉特效等,丰富场景,此处可自行设计,要求设计切合实际、布置合理。

单击菜单栏中"时钟"图标 ⊕ ,打开"时间/天气"窗口,调整时间、天气、天空类型等参数。将"天空盒子"面板下的天空类型切换为全景背景,然后单击"加载全景图像"按钮,选择已提供的"高清全景图.jpg"作为全景背景,如图 3-3-7 所示。

图 3-3-7　设置全景背景

3.3.4　任务总结

1）总结

在布置车辆、植物等素材时，按住 Shift 键并移动鼠标可快速旋转构件，构件旋转到位后，松开 Shift 键，鼠标单击即可完成构件布置。

在进行场景布置时，巧妙运用路径功能进行区域车辆、植物等的布置，提高工作效率。放置特效时，可结合实际将特效与施工设备、植物等组合，实现多场景状态模拟。

2）拓展

在添加全景图片时，用户也可以自行添加各种类型的 HDRI 全景图，加载到项目中查看不同的效果，对比选择最佳匹配的全景背景。

在放置特效时，若没有自己想要的效果，也可以单击特效下方的"创建"按钮，自定义设计特效效果，用户可保存该特效并重复加载到不同的项目中使用，用户可根据需求自行研究。

任务 3.4　成果输出

3.4.1　任务要求

本节内容主要介绍成果的输出，包括输出高清截图、视点动画、漫游视频、∗.exe 文件等。保存视图功能有助于快速定位不同视角，在操作过程中应学会巧妙运用这些功能。

任务一:打开任务 3.3 中保存的成果文件"综合楼单体模型-环境设计.che",并及时将文件另存,名称为"综合楼单体模型-成果输出.che",输出 3 张综合楼外部效果图,尺寸为 1 920(pix)×1 080(pix),要求能表现出整个项目、环境配景、天气气候、场地环境等要素。输出 3 张综合楼内部细节效果图,尺寸为 1 920(pix)×1 080(pix),要求能够细致地表达模型及材质表现。

任务二:输出一个漫游视频,漫游路径由室外通过大门进入正厅,左转上楼梯至二楼休息室位置,可参照提供漫游视频路径操作。要求输出的漫游视频质量为中等,视频分辨率设置为 720 像素,视频宽高比设置为 16∶9,视频格式为 ∗.mp4。

任务三:输出一个视点动画,可参照提供视点动画操作。视点动画路径需要表现建筑物外观(场景效果中要求体现天气变化、昼夜交替等效果)、建筑物内部细节(展现各楼层走廊处设备情况),要求镜头之间切换尽量做到流畅、丝滑。输出视频质量为中等,8X,视频帧速度为 30 帧,视频分辨率为 720 像素,视频宽高比为 16∶9,保存格式为 ∗.mp4。

任务四:将项目文件导出一个 ∗.exe 格式的成果文件,名称为"综合楼单体模型-成果输出.exe",不需要显示建造时间轴,以"综合楼-效果图.jpg"作为 exe 文件的启动画面。

3.4.2　任务分析

在 Fuzor 软件中,成果输出主要包括图片、视频和可执行(∗.exe 格式)文件 3 类。

①输出图片:该任务是将某个场景镜头制作成"效果图",方便从不同的视角展现场景。

②输出视点动画:通过捕捉关键帧的方式,创建视频片段。其中输出的视点动画,可以较为精准地控制视频的路径、表现环境的状态等。

③输出漫游:利用鼠标、方向键控制人物行走路径及方向,从而生成漫游动画。这种方式与视点动画不同的是,不能精准地设计动画视频的路径,也不能灵活地表现环境场景的变化。

④生成 EXE 浏览器:将场景几乎所有的成果保存为一个能够被随意打开的"浏览器",方便用户在未安装 Fuzor 软件的情况下,也能打开该项目文件进行查看、交互。EXE 文件与 ∗.che格式的 Fuzor 文件最大的不同是,不可编辑,并且限制了部分功能。

1)高清截图

Fuzor 中自带高清截图导出功能,用于导出质量较好的高清图片。单击"更多选项" 展开菜单界面,选择"视频"选项卡下的"高清截图"功能 ,打开其功能窗口,如图 3-4-1 所示。在此可以进行高清截图的规格、单位以及是否"禁用天空盒子"等设置。完成尺寸等相关设置后,将视图调整到合适的位置,单击"抓取截图"按钮,可以将当前视图截取成为一张高清截图,并保存到指定文件夹中。

在选择参数单位时,Fuzor 中提供了两个单位可供选择,分别是"英尺"和"像素",一般建议选择"像素"单位,单击"像素"右侧的下拉按钮,即可调整选择。

在选择图片规格、样式时,在该项下拉菜单中,提供了多种图片质量和样式设置选项,主要包括不同质量的图片参数、VR 全景、360 全景等内容,如图 3-4-2 所示。

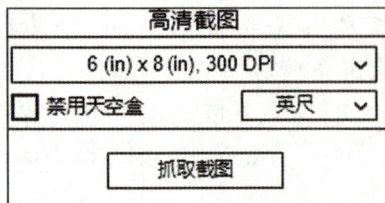

图 3-4-1　高清截图设置界面

图 3-4-2　截图规格及样式设置

其中,不同质量的参数主要提供了 3 个常用参数,以"像素"单位为例,分别是 2 400 (pix)×1 800(pix)、3 300(pix)×2 550(pix)、3 600(pix)×3 000(pix),数值越大,导出的图片质量越高,导出所需要的时间也会越长。除了 3 个常用参数外,还可以自定义输入截图参数输出、VR 全景或 360 全景等输出内容。

2) 漫游视频

在"更多选项"中,单击"视频-漫游"按钮 ,即可为场景开始创建漫游动画。其中录制视频的控件如图 3-4-3 所示。

图 3-4-3　录制视频控件

单击开始按钮 即可录制,可通过鼠标配合键盘方向键或 W、A、S、D 键,控制漫游路径。

单击结束按钮 即可结束录制。

单击播放按钮 即可预览刚才录制的视频,预览视频进度条如图 3-4-4 所示。

图 3-4-4　预览视频进度条

单击保存按钮 ,弹出保存面板,如图 3-4-5 所示,在此可以设置保存的视频质量、分辨率和宽高比。将录制好的视频保存/渲染为一个格式为 ∗.mp4 格式的文件。

单击关闭按钮 ,可将当前的漫游操作关闭。

3) 视点动画

在"更多选项"中,单击"视频-视点"按钮 ,即可打开视点动画窗口,激活视点动画的制作,如图 3-4-6 所示。

视点动画包括对场景效果、可视度、剖切面、注释、建造阶段、脚本动画和保存视图等多方面的调整与记录,如图 3-4-7 所示。

场景效果界面如图 3-4-8 所示。在场景效果中,可以设置视频的缩放、聚焦、光圈、曝光和泛光;还可以设置自然环境,如风雨、风向;可以调节时间状态,包括白天与夜晚、太阳的位置、天空的类型和加载全景图等;也可以选择是否锁定漫游的高度、切换小地图等设置。

　　可视度界面如图 3-4-9 所示。在可视度中,可以控制项目中各构件的显示状态、构件覆盖颜色、透明度等等。

图 3-4-5　视频保存面板

图 3-4-6　视点动画制作面板

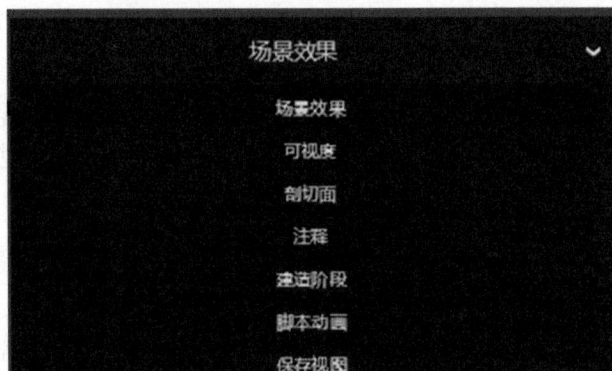

图 3-4-7　视点动画涉及调整模块

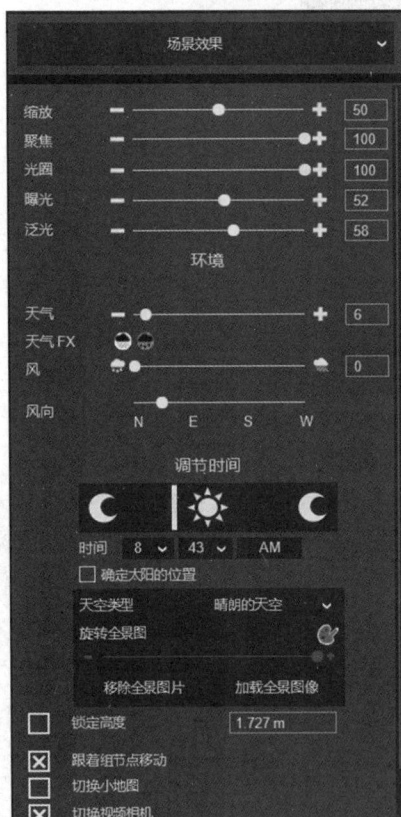

图 3-4-8　场景效果

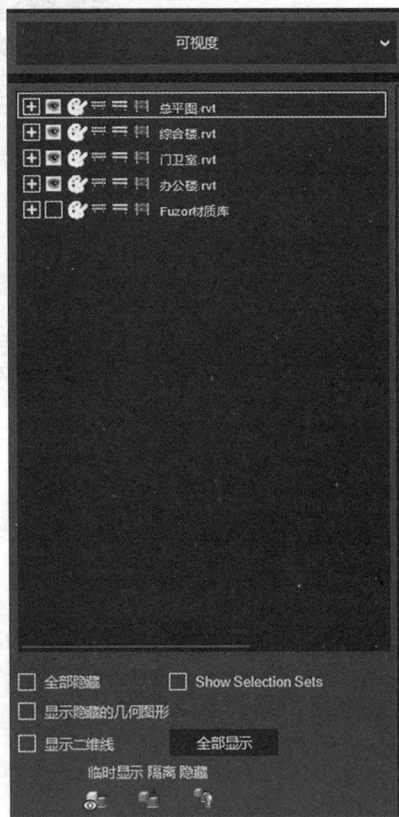

图 3-4-9　可视度

剖切面界面如图 3-4-10 所示。在剖切面中,可以启用剖切面功能对构件进行剖切显示。

注释界面如图 3-4-11 所示。在注释中,可以为画面添加全局标题并设置标题字体、样式、大小等;还可以使用测量工具并设置测量字体、样式、大小、显示距离等;也可以插入静态图像,调整图像大小、位置等。

建造阶段界面如图 3-4-12 所示。在建造阶段中,可以控制各关键帧对应的粗略或精细的建造时间(前提是 4D 模拟功能中已创建新项目),可以设置日期 & 时间、4D 计划表中各参数的显示状态。单击"自动生成 4D 电影视频"按钮后,将清除当前的视频,并自动创建一个新的视频,以显示完整的 4D 时间线。

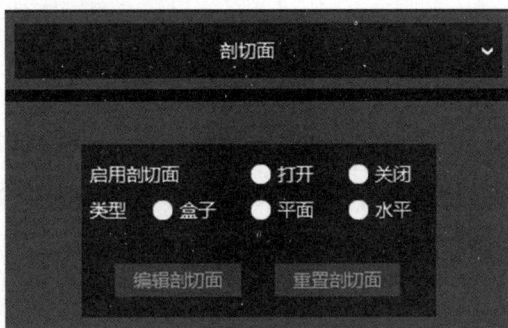

图 3-4-10　剖切面

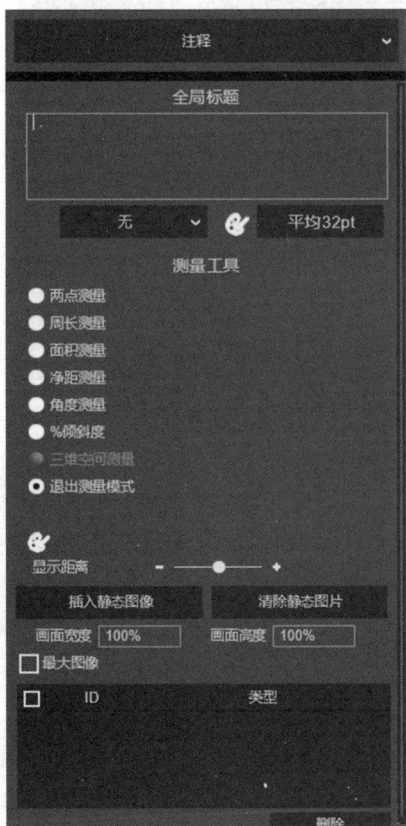

图 3-4-11　注释

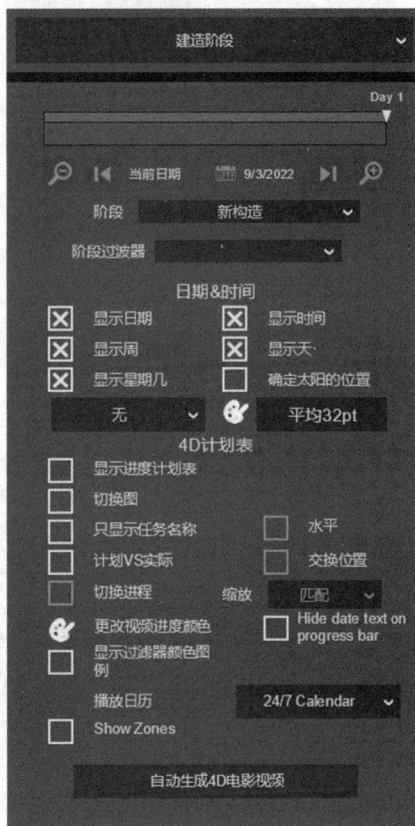

图 3-4-12　建造阶段

脚本动画界面如图 3-4-13 所示。在脚本动画中,可以记录序列动画、多轨动画、Fuzor 自带机械动画的各关键帧状态。

保存视图界面如图 3-4-14 所示。在保存视图中,可以通过保存的视图快速切换到不同的视角。

在制作视点动画控制栏中,鼠标单击空白关键帧位置,如图 3-4-15 所示,空白关键帧上方两个按钮功能有所区别,分别为添加新视点、添加剪辑视点功能。

①添加新视点功能:单击"添加新视点"按钮 [图标],即可捕捉当前视点为一个关键帧。选

择已创建的关键帧视点,其上方有 3 个按钮图标,分别为"更新所选视点" 、"删除所选视点" 、"复制节点" ,如图 3-4-16 所示。

②添加剪辑视点功能:单击空白关键帧上方的"添加剪辑视点"按钮 ,可添加一个剪辑视点,即将视点一分为二,选择其中一个视点,设置视点状态或调整视角等操作后,点击视点上方的 按钮,可更新所选视点,此方式可实现两个镜头间的无缝衔接,如图 3-4-17 所示。

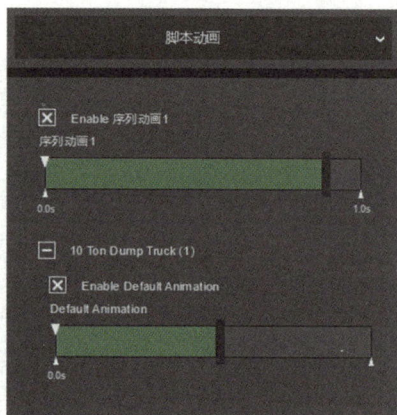

图 3-4-13　脚本动画

图 3-4-14　保存视图

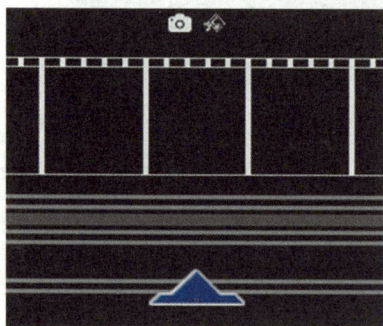

图 3-4-15　选择空白关键帧位置　　　图 3-4-16　已创建关键帧　　　图 3-4-17　添加剪辑视点

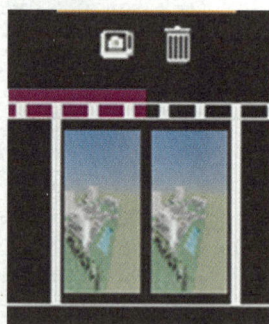

推进画面依次捕捉下一关键帧,各关键帧视点形成一个连续的动画,如图 3-4-18 所示。

单击"播放"按钮 ,可播放各关键帧形成的视频片段,单击"后退"按钮 ,则将当前关键帧切换到上一个关键帧。单击"向前"按钮 ,则将当前关键帧切换到下一个关键帧。

单击"新建"按钮,将放弃当前的视点动画的制作,开始一个新的视频项目制作。单击"打开"按钮,可打开一个已保存的格式为 *.fmp 的视点路径文件。单击"保存"按钮,可将当前视点动画路径保存为一个格式为 *.fmp 的文件。单击"关闭"按钮,可关闭当前视点动画制作界面。单击"渲染"按钮,弹出视频参数设置面板,如图 3-4-19 所示,在此可调整视频质量、视频帧速率、视频分辨率和视频宽高比等参数。参数设置完成后单击"保存"按钮,可将当前制作好的视点动画渲染出一个格式为 *.mp4 的视频片段,视频时长越长,画面越复杂,渲染时间越长。

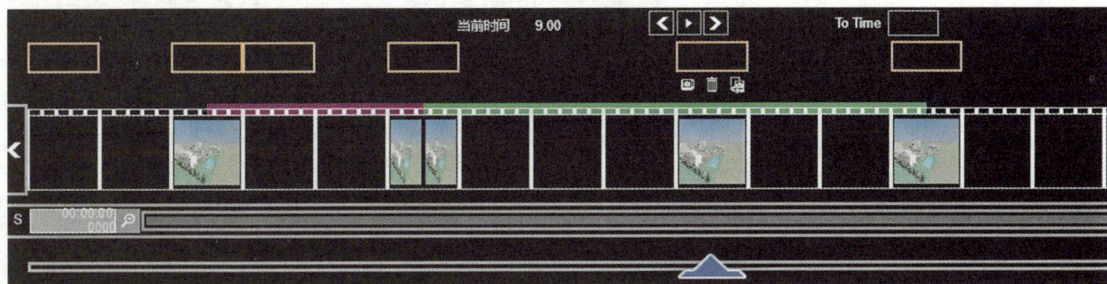

图 3-4-18　创建连续关键帧

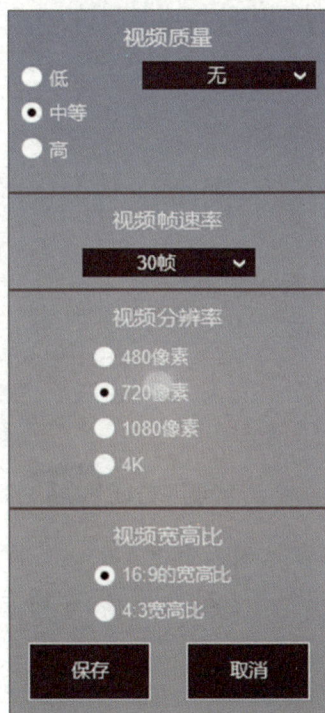

图 3-4-19　渲染参数设置面板

图 3-4-20　生成 EXE 浏览器

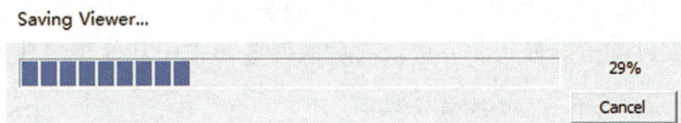

图 3-4-21　导出 *.exe 文件

4)生成 EXE 浏览器

在"更多选项"菜单栏的"协同"选项卡中,点击"生成 EXE 浏览器"图标，打开生成 EXE 浏览器界面,如图 3-4-20 所示。

单击"创建 EXE 浏览器"按钮,可以将当前项目文件导出 *.exe 文件,导出进度如图 3-4-21 所示。

导出前可设置启动画面、显示建造时间轴。单击"选择启动画面",可以为 *.exe 文件设置一个启动画面,例如以本项目效果图作为启动画面。单击"删除 LOGO"按钮,即可移除自定义启动画面, *.exe 文件将以 Fuzor 默认的画面作为启动画面,如图 3-4-22 所示。

图 3-4-22　Fuzor 默认 exe 启动画面

勾选"显示建造时间轴"选项,可以在 ＊.exe 文件中显示施工动画中的建造时间轴。

Fuzor 中生成的 ＊.exe 文件具有以下几个特点:

①用户只可进行查看,不可进行编辑。

②用户不需要安装 Fuzor 软件,双击即可运行 ＊.exe 项目文件。

③用户可进行添加注释、测量、保存视图、定制主人物等操作,方便多用户之间协同合作。

④＊.exe 文件比.che 文件更小,便于传输、查看,对电脑的配置要求较低。

3.4.3　任务实施

1)任务一:输出高清截图

单击"更多选项" ▤ 展开菜单界面,选择"视频"选项卡下的"高清截图"功能 📷,打开其功能窗口,将截图类型切换为"自定义输入",单位切换为"像素",输入宽度 1 920,高度 1 080,单击"抓取截图"按钮,将当前视角输出为一张高清图片,如图 3-4-23 所示,保存到指定文件夹下。使用此方法依次截取任务要求中其他高清效果图。

2)任务二:输出漫游视频

漫游是在人物模式下进行的,因此在进入漫游模式前,需要先单击"导航控制" ✛ 将控制模式调整为"人物控制",或直接单击"放置人物"将人物放置到合适位置(根据任务要求可将人物放置在大门外),可直接进入人物控制模式,如图 3-4-24 所示。

在人物控制模式下,展开"更多选项",单击视频选项卡下的漫游按钮 🎬,单击开始按钮 ⬤ 即可录制,录制过程中利用鼠标右键控制镜头方向,并配合键盘方向键或 W、A、S、D 键,控制漫游路径,漫游完成后单击停止按钮 ▣ 停止录制。单击播放按钮 ▶ 预览漫游视频,漫游视频符合要求后,单击保存按钮 💾,并设置视频质量参数。最后单击"保存"按钮,将漫游视频输出,格式为 ＊.mp4,如图 3-4-25 所示。

图 3-4-23　输出高清截图

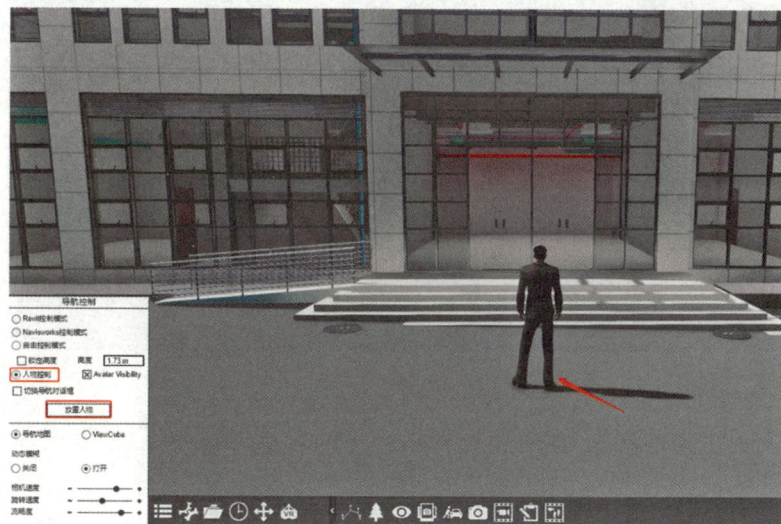

图 3-4-24　切换至人物控制模式

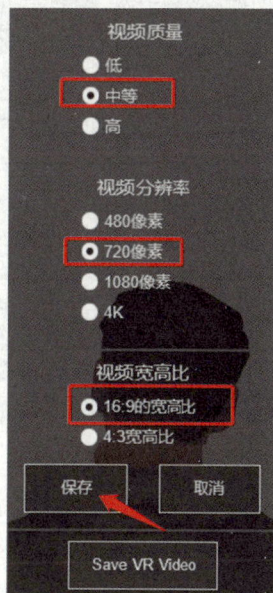

图 3-4-25　输出漫游视频

3）任务三：输出视点动画

在"更多选项"中，单击"视频-视点" ，打开视点动画制作界面，点击第一关键帧位置，调整视角，可适当结合左上角场景效果、可视度等功能调整视图内展现内容，如图 3-4-26 所示，单击"添加新视点" 将当前视角状态记录下来，依次添加各关键帧形成视点动画。

将视点下方的进度条拖动至最右边，单击最后一个视点，可查看视点对应时间，即视点动画总时长，同理也可单击其他视点，查看各视点对应的时点，如图 3-4-27 所示。

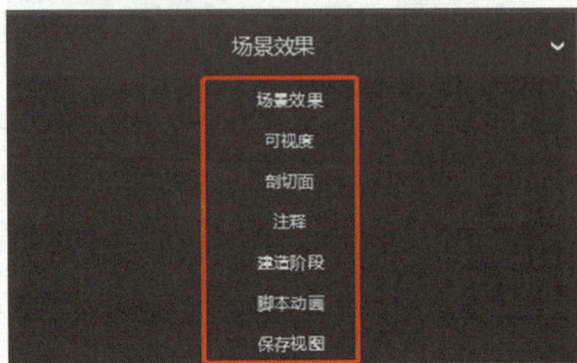

图 3-4-26　结合调整视图内容功能

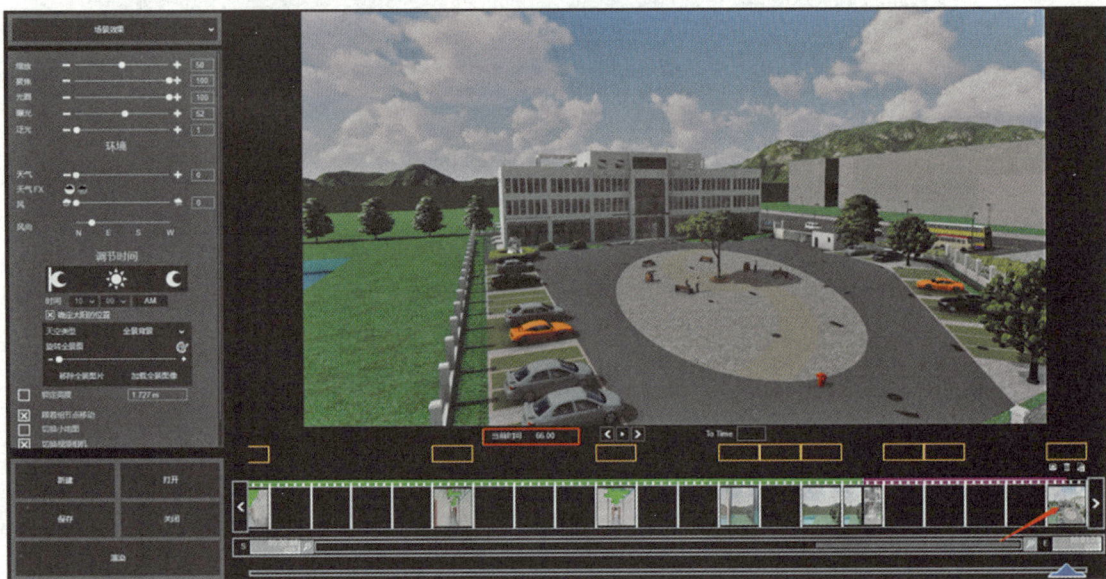

图 3-4-27　查看视点动画时长

　　单击播放按钮 ▶ 可预览视点动画效果，在制作过程中应不断地预览视频，以便及时发现问题并进行调整。

　　若想要制作多个不同风格、不同状态的视点动画，切记单击"保存"按钮将当前已完成的视点路径备份为一个 ＊.fmp 路径文件，如图 3-4-28 所示。

　　然后单击"新建"按钮开始制作新的视点动画，如图 3-4-29 所示。

　　各视点创建完成，且预览效果符合要求后，应养成良好习惯将路径保存。单击"渲染"按钮，并按照任务要求设置各视频质量参数后，单击"保存"输出视点动画，格式为 ＊.mp4，如图 3-4-30 所示。

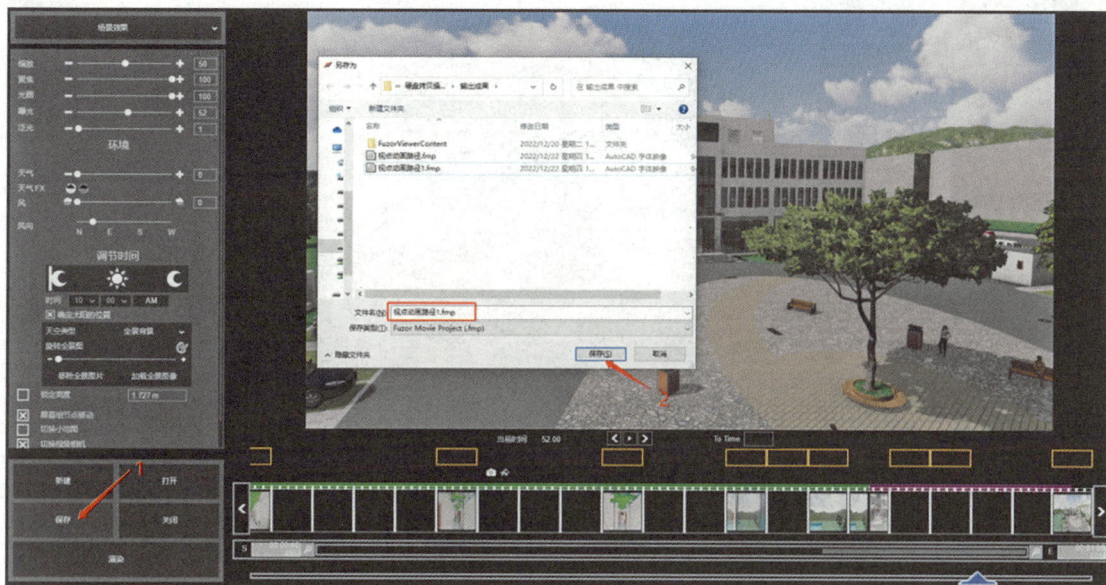

图 3-4-28　保存视点动画路径文件

图 3-4-29　创建新的视点动画

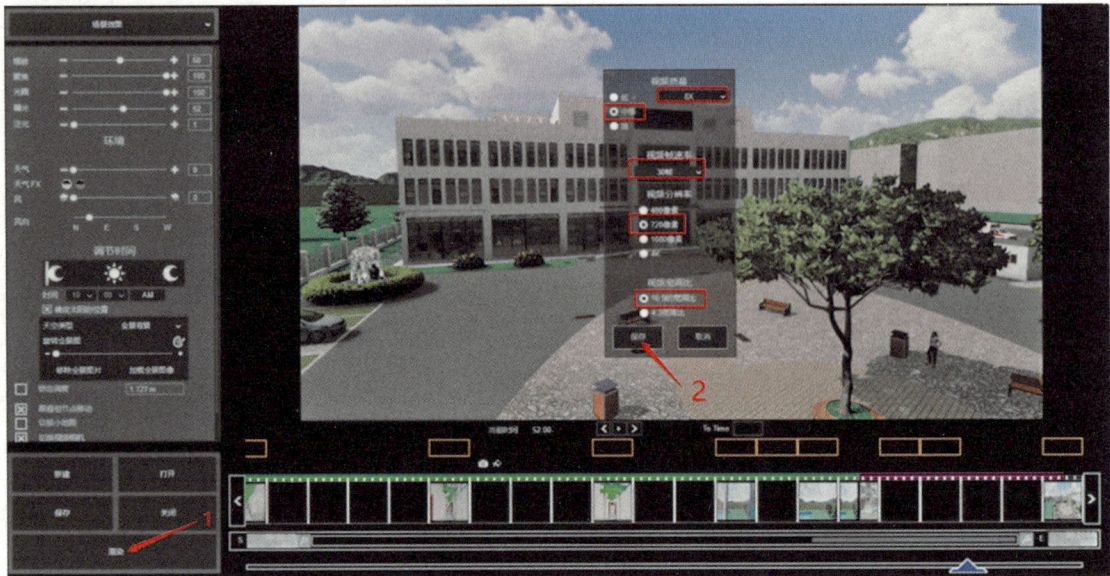

图 3-4-30　输出视点动画

4）任务四：输出 ＊.exe 文件

在"更多选项"菜单栏的"协同"选项卡中，单击"生成 EXE 浏览器"图标 ，打开生成 EXE 浏览器界面。取消勾选"显示建造时间轴"选项，单击"选择启动画面"，添加"综合楼-效果图.jpg"作为 exe 文件启动画面，最后单击"创建 EXE 浏览器"按钮，将当前项目文件导出 ＊.exe 文件，命名为"综合楼单体模型-成果输出.exe"。

3.4.4　任务总结

在输出高清截图时，巧妙运用"保存视图"功能，方便多角度效果图之间的快速切换与对比及输出；在制作视点动画时，巧妙运用"保存视图"功能，方便快速跳转到提前设定视角下并将其保存为一个关键帧，以提高工作效率。

制作视点动画时，不考虑后期剪辑，可巧妙使用"添加剪辑视点"功能，实现镜头之间的无缝衔接。

模块 4 分析协同

育人主题	学时	素质目标	知识目标	能力目标
研习行业标准，培养学生的职业素养，促进专业能力和专业技能的共同进步	10	通过安全分析等，培养学生知规范、懂规范、守规范等正确的职业素养和正确的价值观	熟悉冲突分析参数设置的含义；熟悉安全分析参数设置的含义；熟悉净高分析参数设置的含义	能熟练完成冲突分析并调整冲突部分；能熟练完成安全分析；能熟练完成净高分析

任务 4.1 冲突分析

4.1.1 任务要求

本节内容主要介绍冲突分析工具的使用，以及对冲突部分进行修改，包括以下两个任务。

任务一：打开 2.4 任务二中生成的"综合楼-单体模型.che"，对综合楼-机电模型中的电缆桥架和综合楼-结构模型中的结构框架进行冲突分析，冲突项目名称为"综合楼电缆桥架与结构框架冲突分析"，公差范围设置为 0.001 m，生成 *.html 格式的测试报告，以"冲突分析报告.html"命名保存。

任务二：根据任务一的冲突分析结果，将综合楼-机电模型中的电缆桥架进行修改，解决其与结构框架的冲突问题，在 Fuzor 和 Revit 软件中双向进行，并将修改结果更新同步至 Fuzor 中，将更新后的 Fuzor 文件另存为"综合楼电缆桥架与结构框架冲突分析修改.che"，保存修改后的综合楼-机电模型。

4.1.2 任务分析

1）冲突分析对象选择的分类

冲突分析对象的选择分为选择 1 和选择 2，可对选择 1 和选择 2 中分别勾选的对象进行冲突分析或碰撞检查。而选择 1 和选择 2 中的模型分类方式有 4 种，分别为类别、楼层、过滤器、图层，如图 4-1-1 所示。

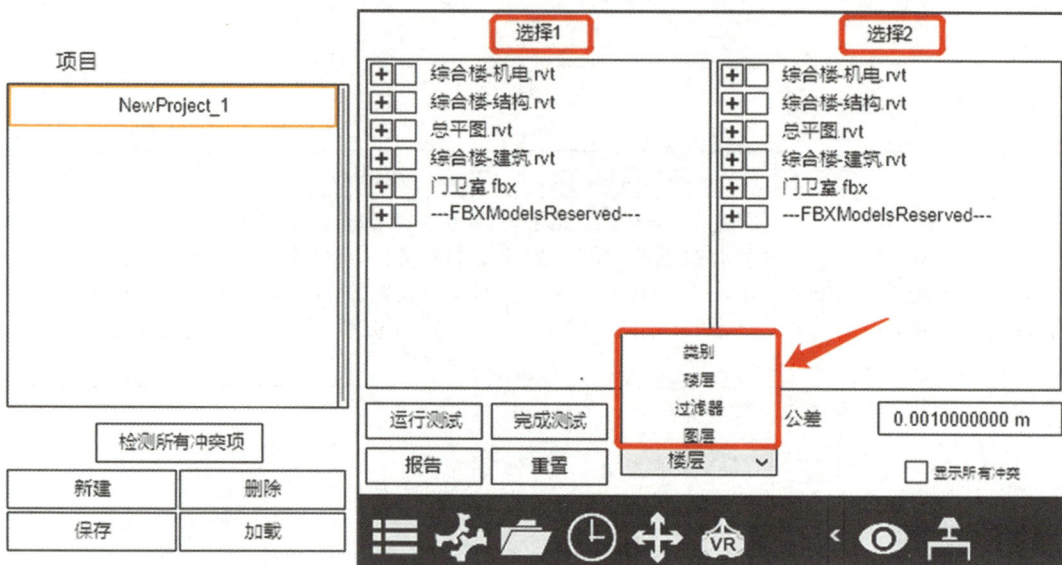

图 4-1-1 模型分类方式

模型按照类别分类，如图 4-1-2 所示。

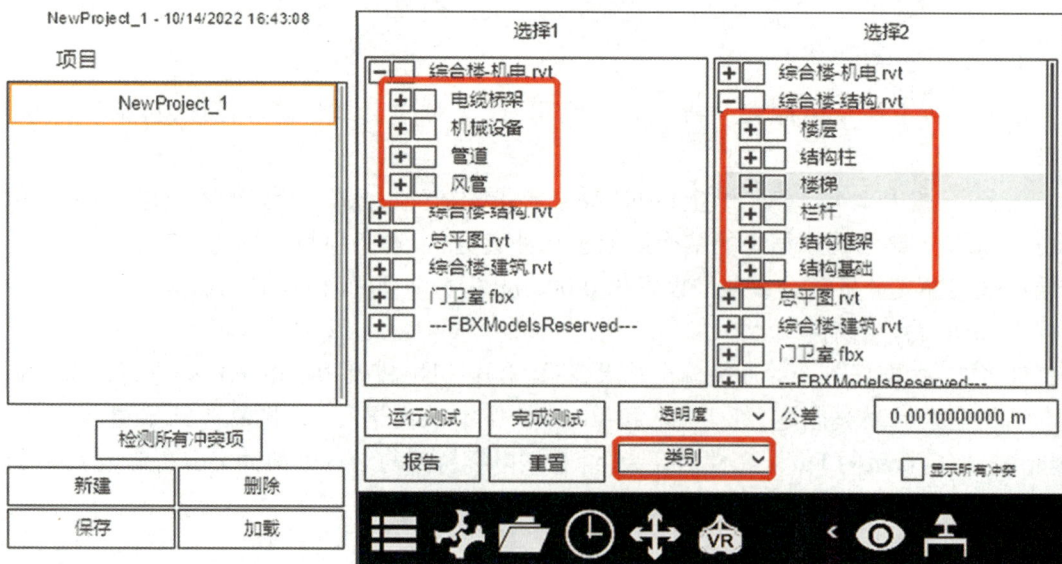

图 4-1-2 模型按照类别分类

模型按照楼层分类,如图 4-1-3 所示。

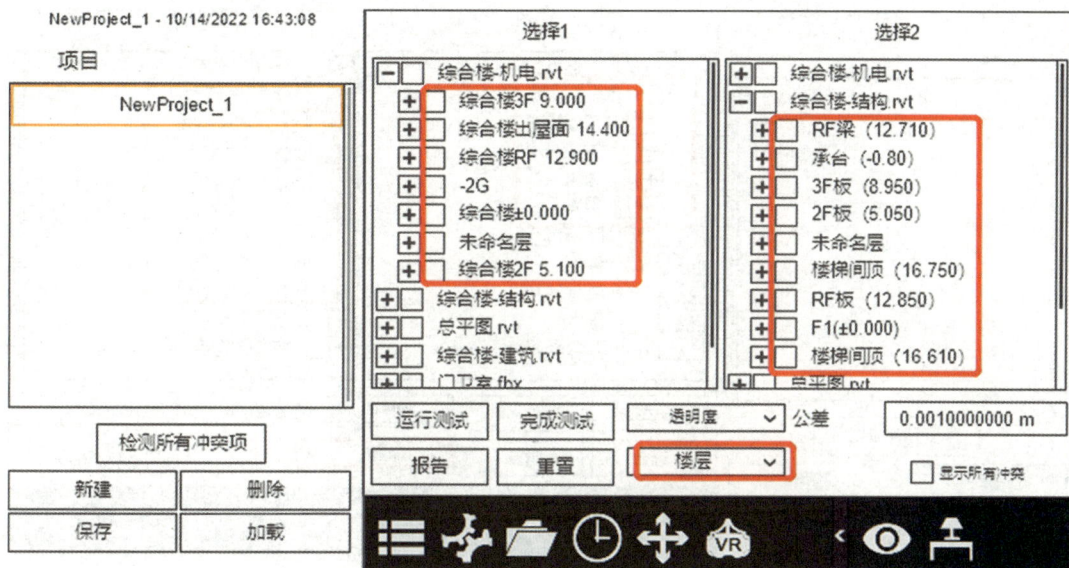

图 4-1-3 模型按照楼层分类

模型按照过滤器分类,如图 4-1-4 所示。

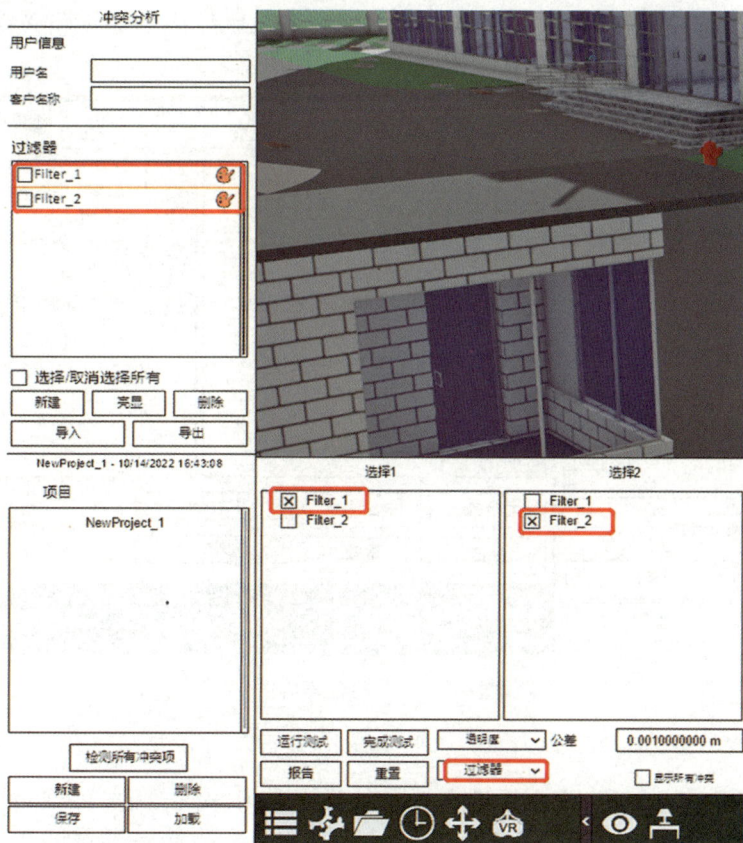

图 4-1-4 模型按照过滤器分类

模型按照图层分类,如图 4-1-5 所示。

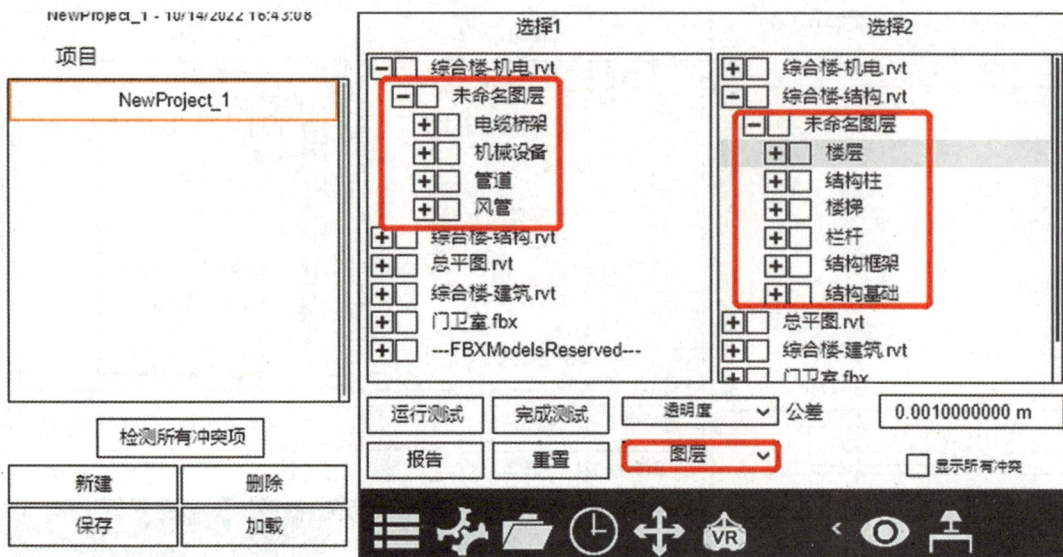

图 4-1-5　模型按照图层分类

2)设置冲突分析公差

选择 1 与选择 2 中勾选的对象在设置公差的数值范围以内的碰撞将忽略,不显示在冲突分析结果中,如图 4-1-6 所示。

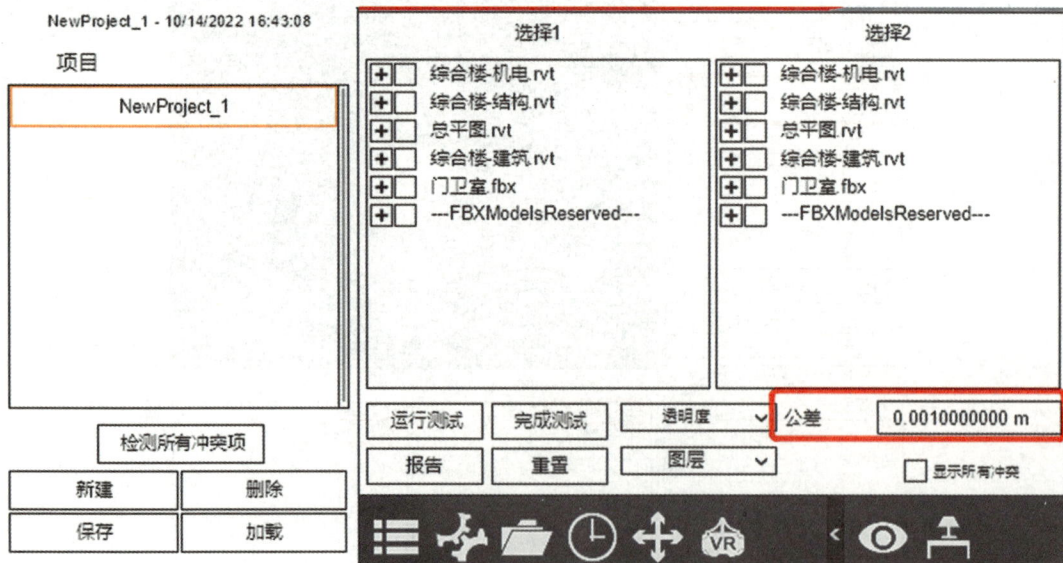

图 4-1-6　设置公差界面

3)编辑冲突对象

单击冲突名称,在其下方可查看冲突对象的类别和 ID 号,单击"编辑对象"图标 🔄 驱动打开冲突对象所在的 Revit 文件,实现 Revit 与 Fuzor 的实时同步,如图 4-1-7 所示。

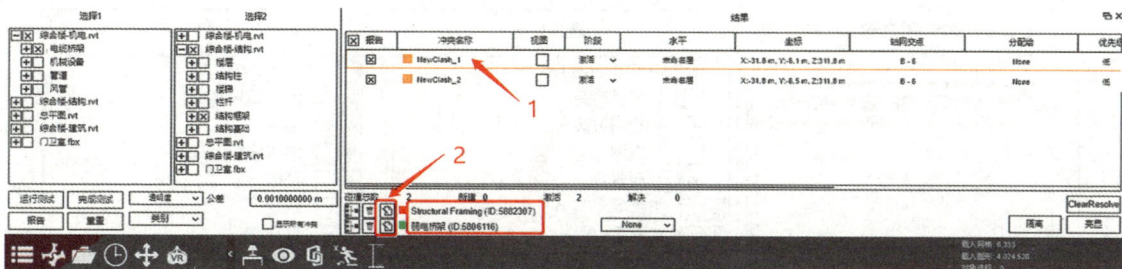

图 4-1-7 在 Fuzor 中打开 Revit 文件

4.1.3 任务实施

1）新建冲突分析项目

打开 2.4 任务二中保存的"综合楼单体模型.che",展开更多选项列表 ▤ ，单击冲突分析 ，展开其功能窗口,单击"新建"按钮新建冲突分析项目,重命名为"综合楼电缆桥架与结构框架冲突分析",如图 4-1-8 所示。

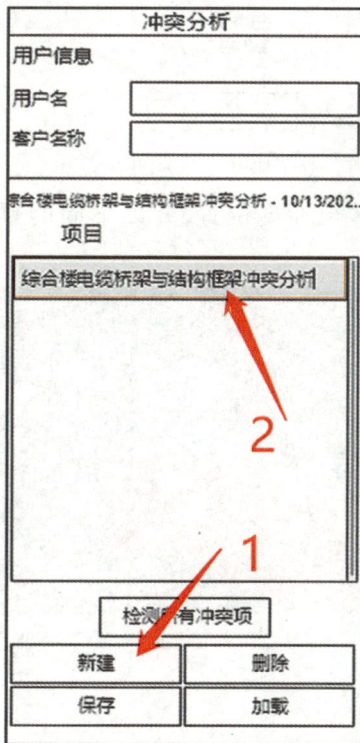

图 4-1-8 新建冲突分析项目

将模型按照类别分类,公差设置为 0.001 m,将综合楼-机电.rvt、综合楼-结构.rvt 模型展开,选择 1 和选择 2 分别勾选电缆桥架、结构框架(可调换位置),最后单击"运行测试"按钮进行冲突分析,如图 4-1-9 所示。

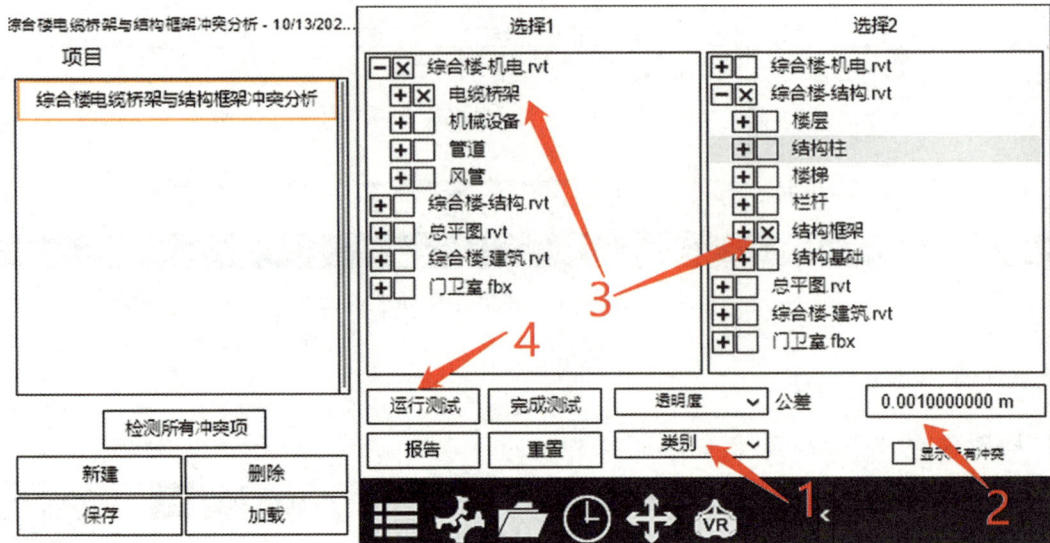

图 4-1-9　筛选冲突分析对象

弹窗显示冲突个数,如图 4-1-10 所示,单击"确认"按钮关闭窗口。

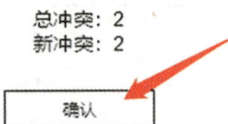

图 4-1-10　显示冲突数量

单击冲突名称,视图可跳转至冲突位置,并以不同的颜色亮显、区分冲突对象,如图 4-1-11所示。

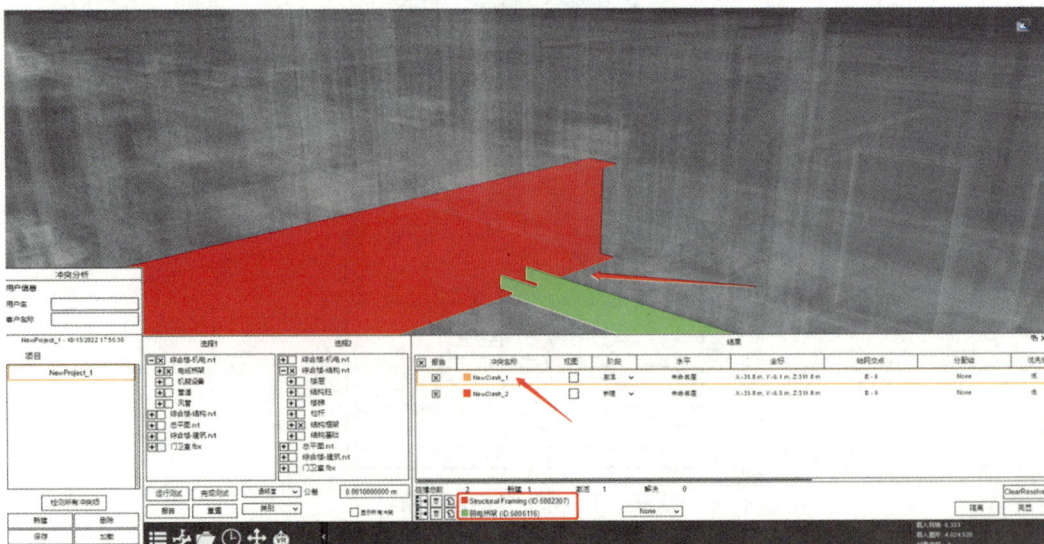

图 4-1-11　查看冲突对象

可以明显观察到,未查看的冲突与已查看的冲突是有区别的:对于未查看的冲突,其冲突名称前的填充色块为洋红色,阶段默认为"新建";对于已查看的冲突,其冲突名称前的填充色块为橙色,阶段更新为"激活"状态,如图 4-1-12 所示。依次单击所有冲突名称查看冲突情况。

图 4-1-12　查看冲突对象

2) **导出冲突分析报告**

单击"报告"按钮,生成 ∗ .html 格式的冲突分析报告,如图 4-1-13、图 4-1-14 所示,报告命名为"冲突分析报告.html"。

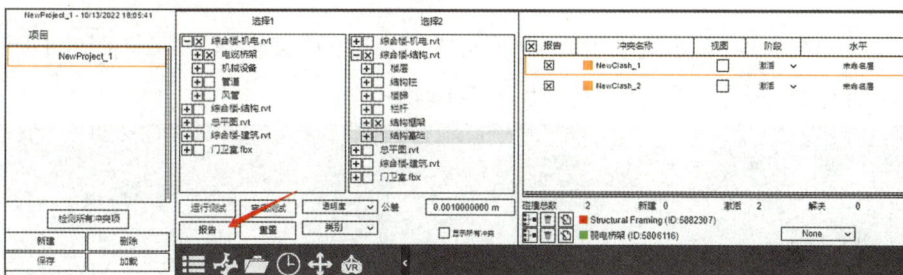

图 4-1-13　生成冲突分析报告

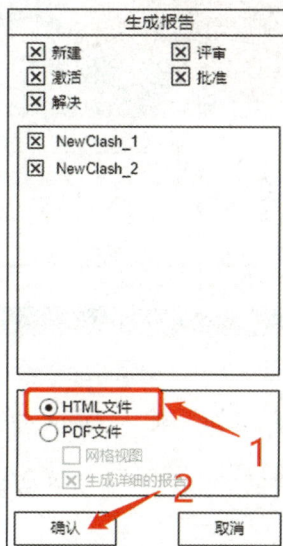

图 4-1-14　生成冲突分析报告选项设置

双击导出的"冲突分析报告"冲突分析报告.html，在网页上打开冲突分析报告，如图 4-1-15 所示。

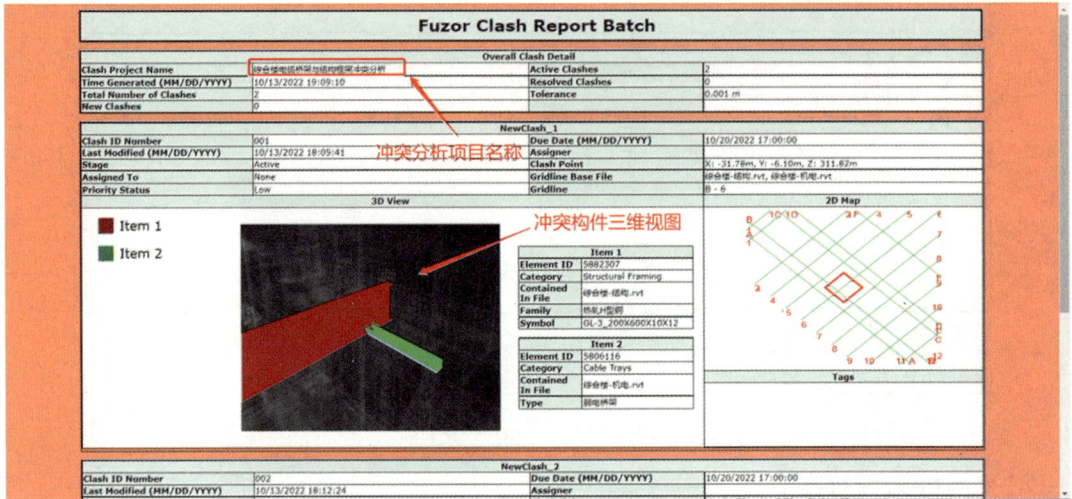

图 4-1-15　冲突分析报告

3) 修改冲突对象并重新同步保存

选择对应冲突名称，单击需要修改的弱电桥架左边的"编辑对象"图标，即可打开弱电桥架对应所在的综合楼-机电模型，如图 4-1-16 所示。

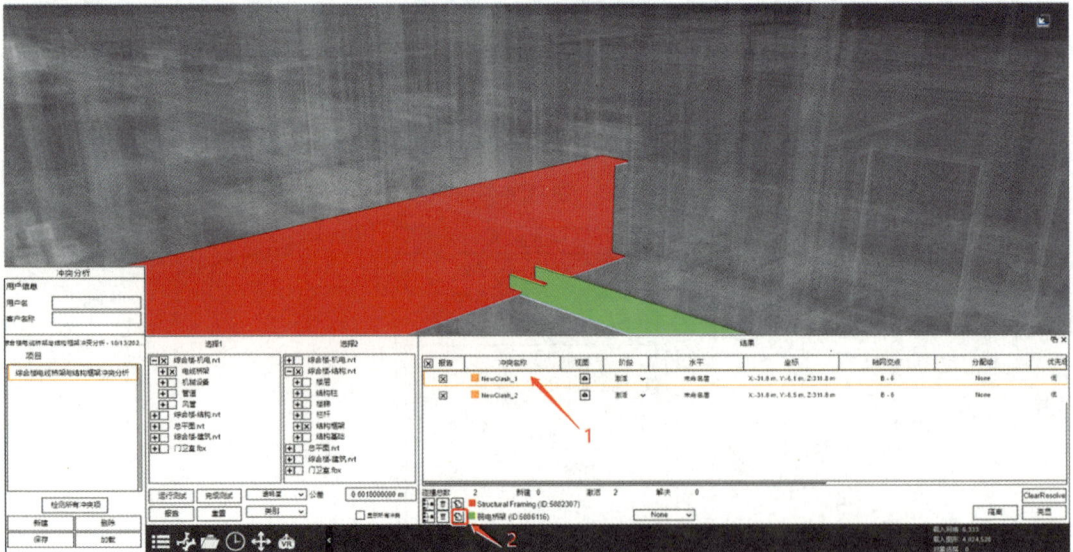

图 4-1-16　编辑冲突对象

打开"管理"选项卡，单击"按 ID 选择"，输入 Fuzor 冲突分析界面中显示的弱电桥架 ID 号，单击"显示"按钮，可选中对应构件，如图 4-1-17 所示。

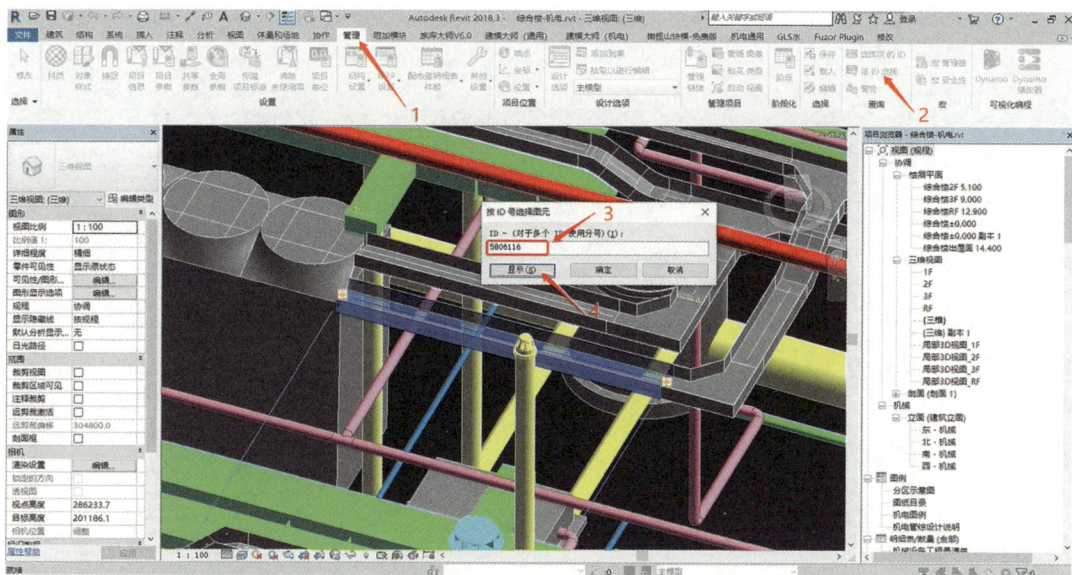

图 4-1-17　按 ID 选择构件

单击"确定"按钮关闭弹窗,编辑调整构件,如图 4-1-18 所示;

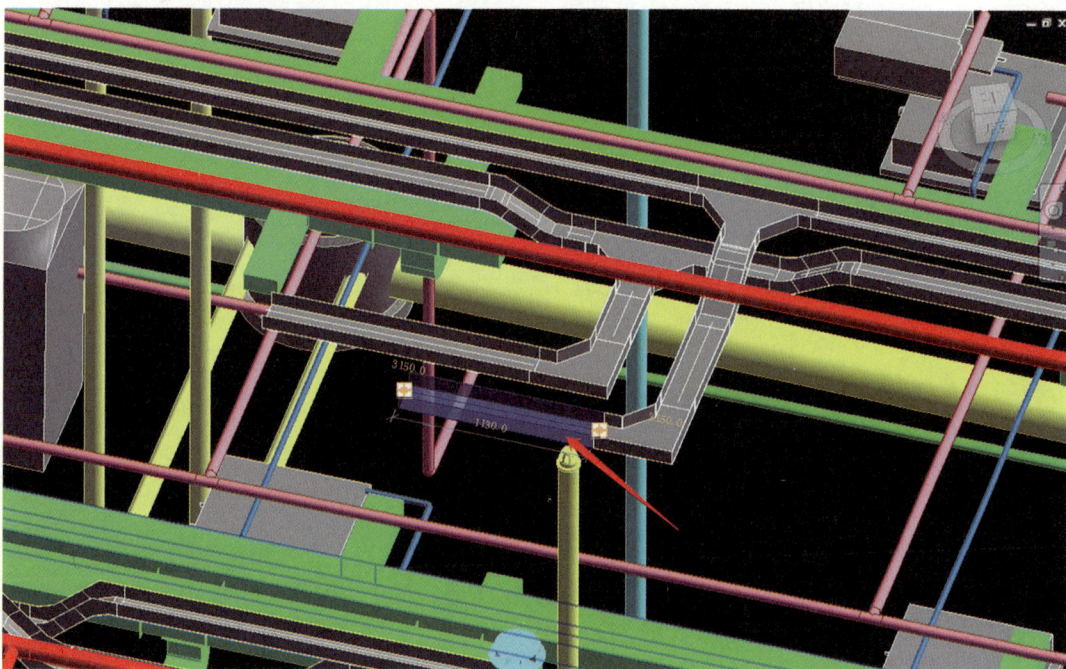

图 4-1-18　编辑冲突对象

采用同样的方式选择其余发生碰撞的弱电桥架并编辑,编辑完成后,展开"Fuzor Plugin"选项卡,单击"Launch Fuzor",更新同步,如图 4-1-19 所示;

出现类似图 4-1-20 所示的弹窗,依次单击"确定",等待图 4-1-21 所示的"准备合并对话框"进度加载完成,Revit 中出现图 4-1-22 所示的弹窗,单击"关闭"按钮关闭弹窗。

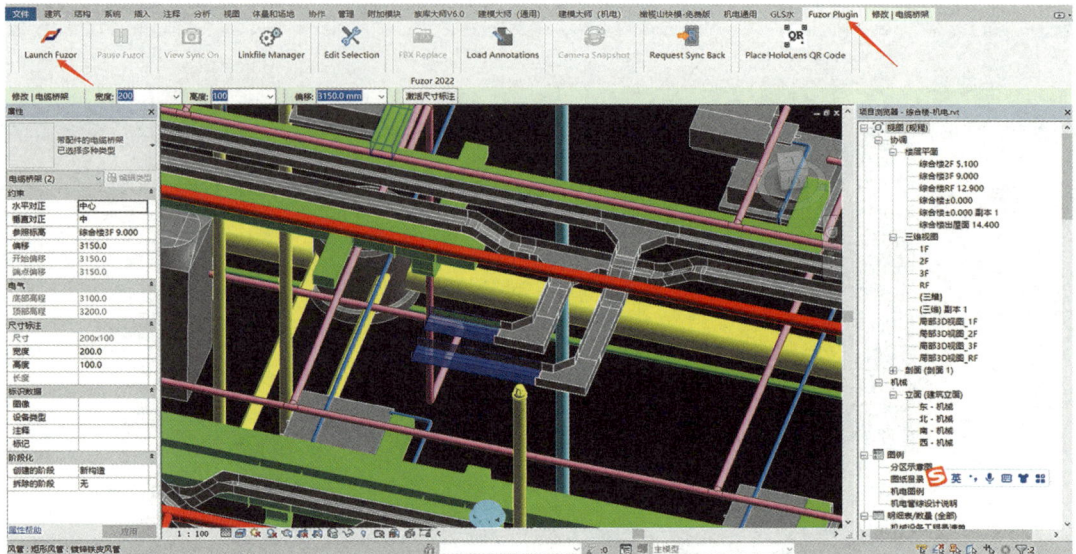

图 4-1-19　同步界面

GetDetailStatus 3

确定

图 4-1-20　同步过程弹窗

准备合并对话框

59%

图 4-1-21　准备合并对话框进度加载

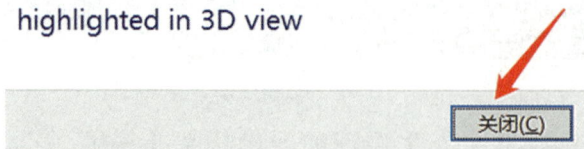

Fuzor - No Suitable Plan View Found ✕

No Suitable Plan View Found - Element is highlighted in 3D view

关闭(C)

图 4-1-22　Revit 弹窗

　　"Fuzor 项目文件合并"窗口中采用默认设置，不做任何更改，直接单击"完成"，如图 4-1-23所示。

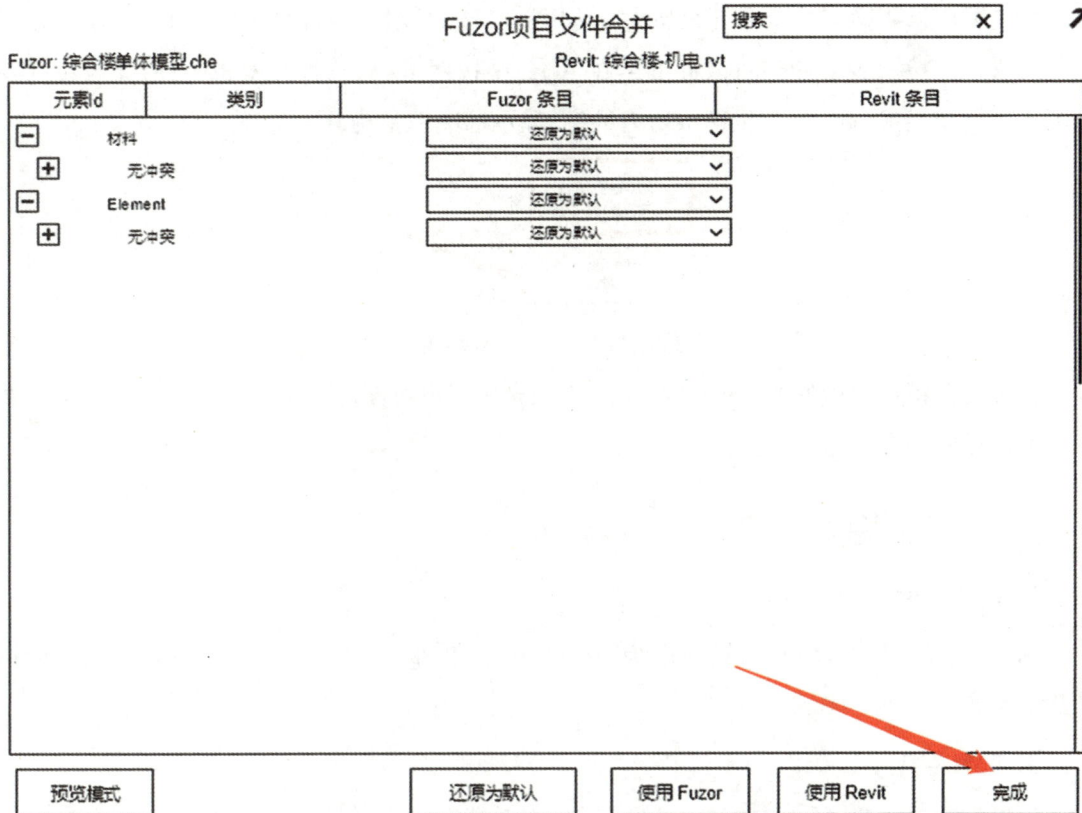

图 4-1-23　Fuzor 重新同步界面

　　更新同步完成后，在冲突分析功能界面中单击"重置"，重新单击"运行测试"，进行电缆桥架与结构框架的冲突分析，如图 4-1-24 所示。

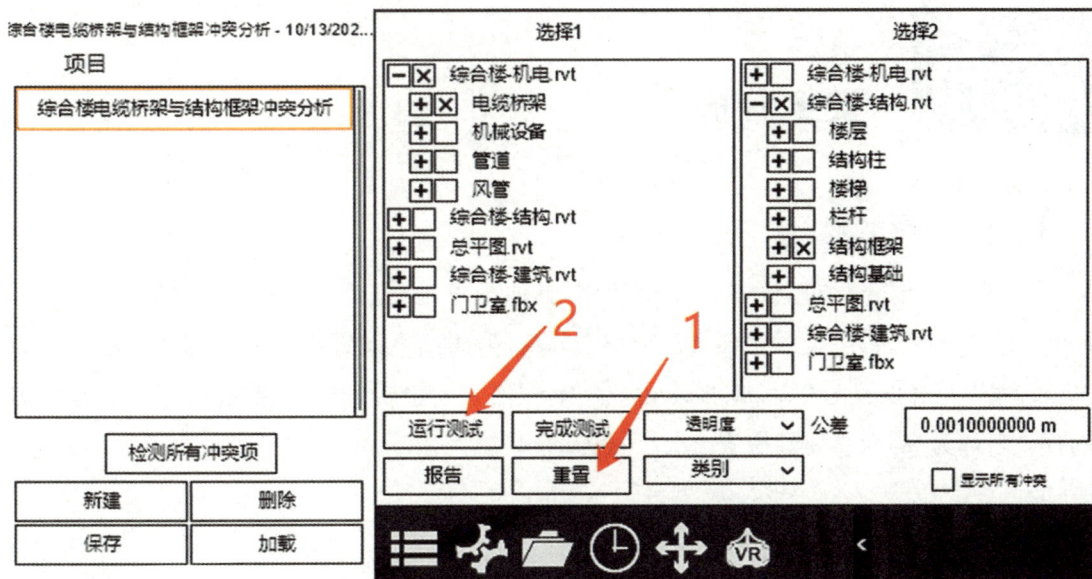

图 4-1-24　重新进行冲突分析

冲突分析结果弹窗显示冲突数量为 0,如图 4-1-25 所示,即解决冲突问题。若还存在冲突,参照以上方法,查看冲突对象并继续在 Revit 中按照 ID 号选择并编辑构件,修改过程中自动更新同步至 Fuzor 中,直至解决所有冲突,显示冲突数量为 0。

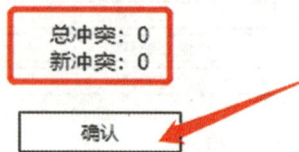

图 4-1-25　显示冲突数量

将冲突分析修改后的 Fuzor 文件另存为"综合楼弱电桥架与结构框架冲突修改.che",并保存修改后的综合楼-机电模型。

4.1.4　任务总结

1)步骤总结

第一步,新建冲突分析项目;第二步,导出冲突分析报告;第三步,修改冲突对象并重新同步保存文件。

2)方法总结

导出分析报告前,须依次单击"冲突名称"查看冲突对象,保证导出的冲突分析报告中显示所有冲突对象的三维视图;编辑冲突对象选择从 Fuzor 中驱动冲突对象所在的 Revit 模型文件打开,编辑完成后重新双向同步至 Fuzor 中。

任务 4.2　安全分析

4.2.1　任务要求

本节内容主要介绍安全分析工具的使用,具体任务是:打开 2.4 任务二中生成的"综合楼-单体模型.che",对综合楼屋顶层进行安全分析,障碍高度设置为 0.6 m,初始间距设置为 0.25 m,障碍半径设置为 0.25 m,要求生成 *.html 格式的报告,报告中需显示标记和显示边线,报告名称为"综合楼屋顶层安全分析报告.html"。

4.2.2　任务分析

1)安全分析相关参数

对当前所创建的房间进行安全分析,是为了找出有安全隐患的边界,如边界没有设置围挡或者边界围挡高度不足等问题。

①障碍高度：即安全防护的高度值，不足设定值的，属于防护高度不足的构件。

②间距：即安全分析间距，每隔此间距设定值进行一次安全分析检测。

③障碍半径：小于此设定值则不满足安全要求。

④工人高度：一般按照常规设置为 1.75 m。

2）施工区域管理

只有将"启用区域编辑"切换为"打开"模式，才能进行创建、删除或编辑安全分析范围框等操作，如图 4-2-1 所示。

图 4-2-1　打开"启用区域编辑"

"启用区域编辑"在"打开"模式下，模型透明显示，"关闭"模式下模型实体显示。

4.2.3　任务实施

1）设置安全分析相关参数

打开 2.4 任务二中保存的"综合楼单体模型.che"，展开更多选项列表 ，

单击"安全分析"选项 ，展开其功能窗口，根据任务要求设置安全分析参数，如图 4-2-2 所示。

安全分析	
障碍高度	0.600 m
初始间距	0.250 m
细化间距	0.025 m
阈值下降	0.500 m
工人高度	1.700 m
障碍半径	0.250 m

图 4-2-2　设置安全分析参数

2）创建安全分析范围框

将"启用区域编辑"切换至"打开"模式，单击"创建"按钮创建安全分析范围框（在操作区中点击两点形成一个立面，点击第三点形成一个立方体），如图 4-2-3 所示。

单击"编辑"按钮 编辑 调整安全分析范围框，勾选"中心轴"，将坐标中心点设置在范围框中心，以方便调整。勾选"Enable Views"显示平面与立面视图，辅助调整，利用"移动工具"和"缩放工具"调整范围框至房屋顶层，调整完成后单击"完成"按钮即可，如图 4-2-4 所示。

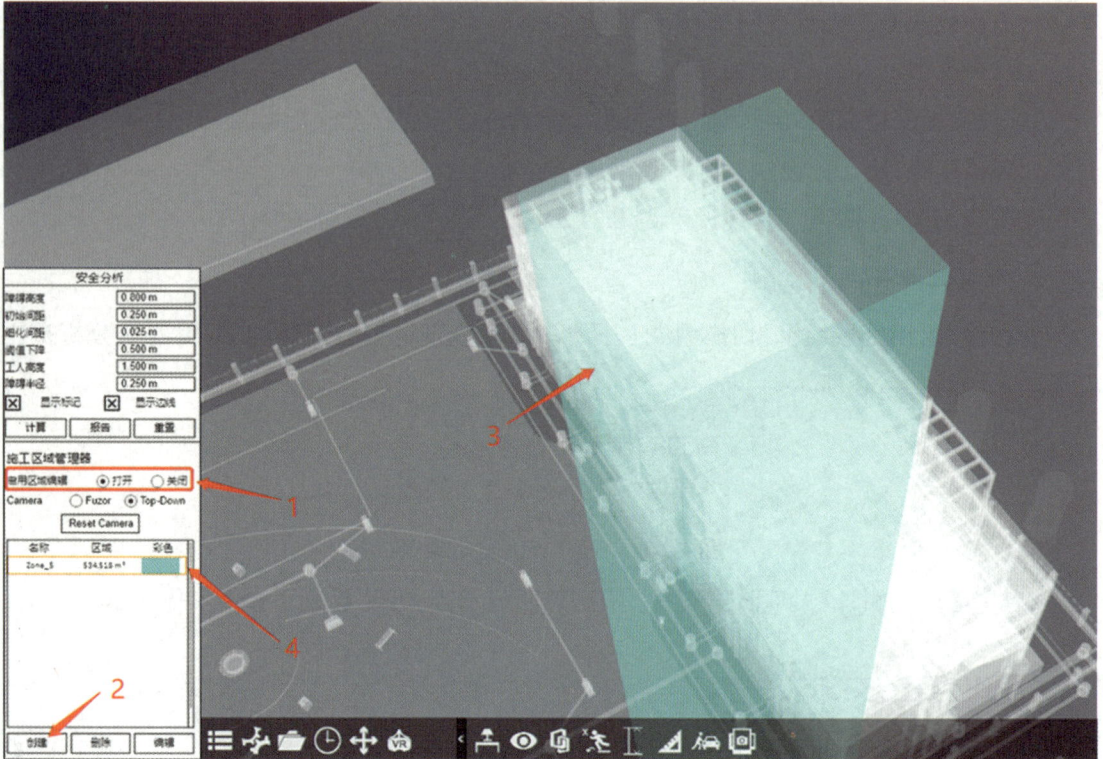

图 4-2-3　创建安全分析区域

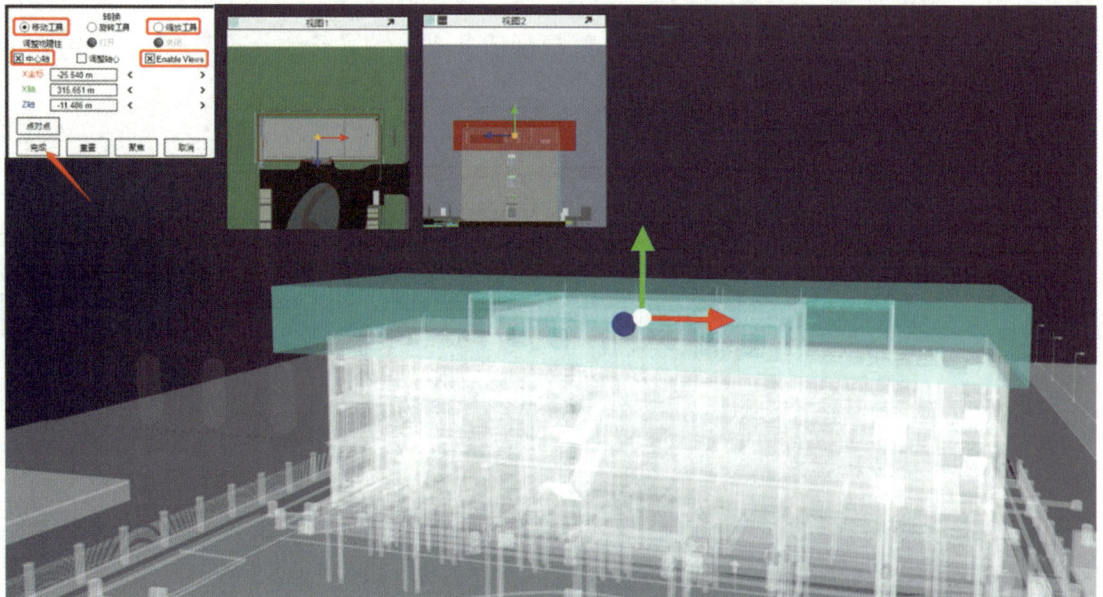

图 4-2-4　调整安全分析范围框

3）计算安全分析结果

调整好安全分析范围框之后，将"启用区域编辑"切换为"关闭"状态，选择创建好的安全分析范围框,单击"计算"进行检测。计算完成后,在三维视图中软件会把有安全隐患的边界标记出来,以红色箭头和红色边界线标记,如图 4-2-5 所示。

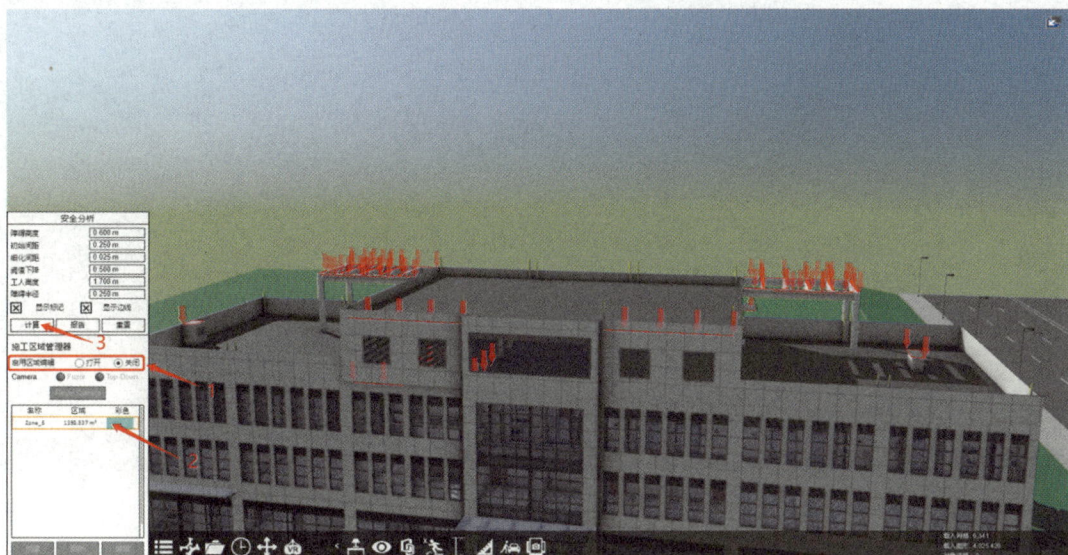

图 4-2-5　计算安全分析结果

用户还可以控制标记和边线的可见性,如图 4-2-6、图 4-2-7 所示。

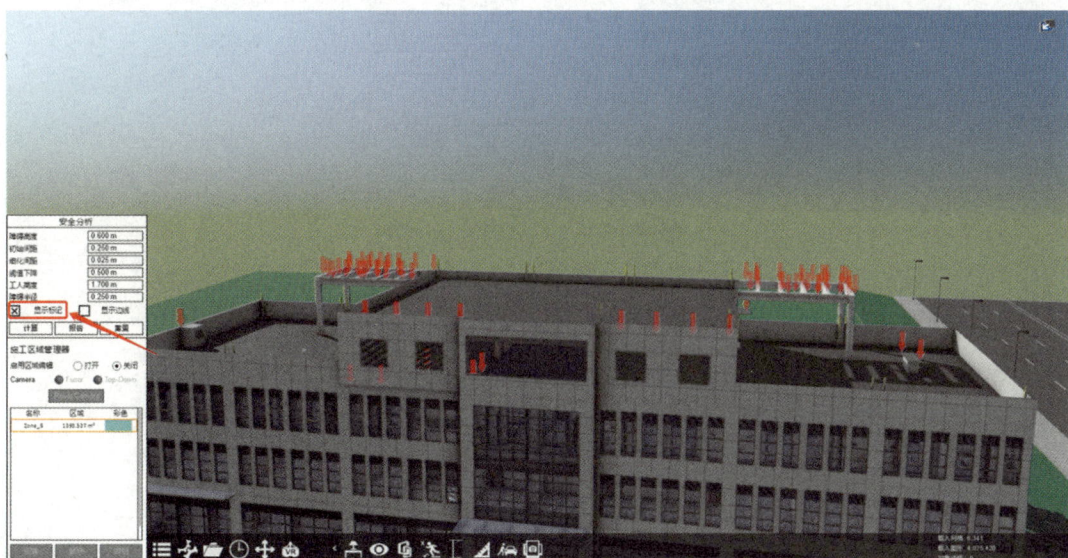

图 4-2-6　仅显示标记

4)导出安全分析报告

安全分析计算完成后,根据任务要求勾选"显示标记" ☒ 显示标记 和"显示边线" ☒ 显示边线 ,最后单击"报告"生成安全分析报告,名称为"综合楼屋顶层安全分析报告 .html",如图 4-2-8、图 4-2-9 所示。

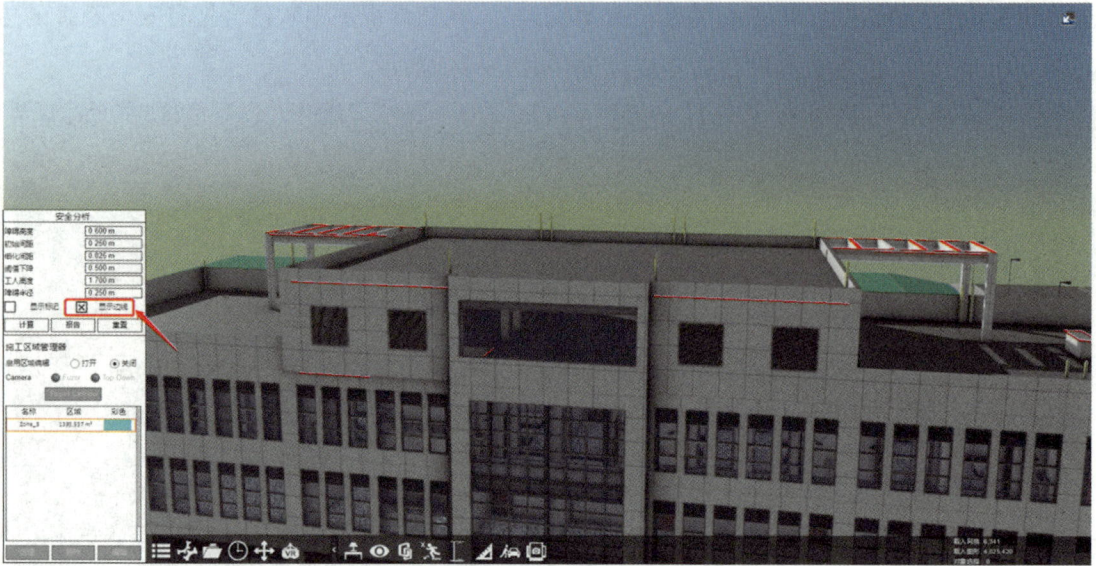

图 4-2-7　仅显示边线

图 4-2-8　生成安全分析报告

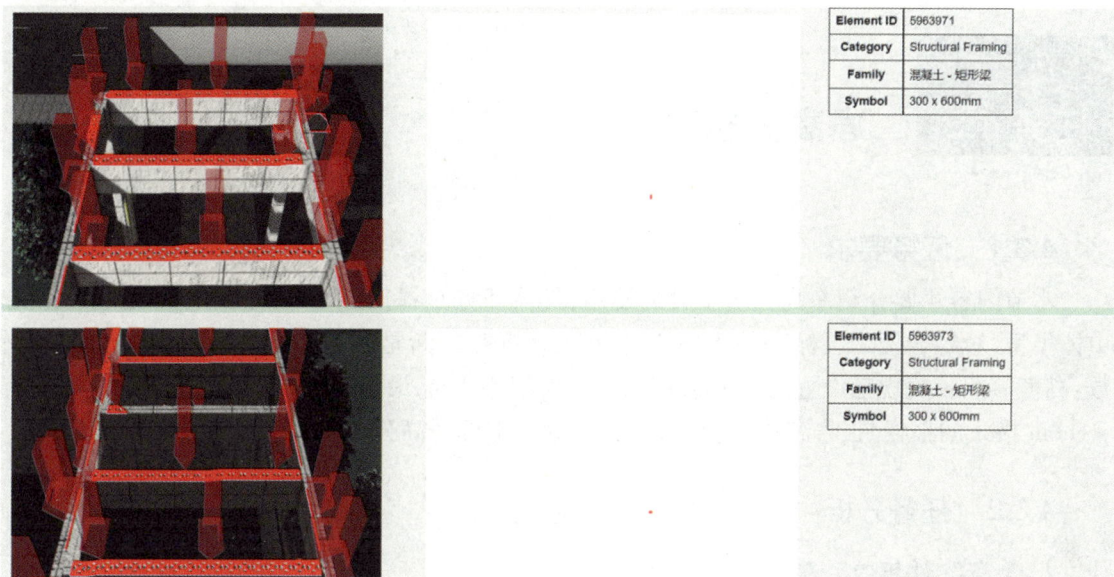

Element ID	5963971
Category	Structural Framing
Family	混凝土 - 矩形梁
Symbol	300 x 600mm

Element ID	5963973
Category	Structural Framing
Family	混凝土 - 矩形梁
Symbol	300 x 600mm

图 4-2-9 安全分析报告

4.2.4 任务总结

1)步骤总结

第一步,设置安全分析相关参数;第二步,创建安全分析范围框;第三步,计算安全分析结果;第四步,导出安全分析报告。

2)方法总结

创建安全分析范围框的前提是,需将"启用区域编辑"切换为"打开"模式;生成报告前须完成安全分析计算,否则会出现弹窗提示,如图 4-2-10 所示。

图 4-2-10 报告弹窗提示

单击"重置"按钮 重置 可将计算结果清除,若安全分析相关参数发生变化,直接重新输入参数值,再次单击"计算"按钮 计算 可重新计算结果。

任务 4.3 净高分析

4.3.1 任务要求

本节内容主要介绍净高分析工具的使用,具体任务是:打开 2.4 任务二中生成的综合楼单体模型,对综合楼二层标高的走廊进行净高分析并判断是否合理,根据下列要求设置参数:高度参照相关规范设置为 2.5 m,初始间距设置为 1 m,最小阈值设置为 1.5 m,要求生成 *.html 格式的报告,报告名称为"综合楼二层标高走廊净高分析.html"。

4.3.2 任务分析

1)净高分析相关参数

①高度检查:净高低于设定值,则判定为不满足净高要求,将被检测出来。

②初始间距:即检查间距,每隔当前设定值会进行一次检测。

③最小阈值:净高低于设定值的构件将不予检查,如有出现桌椅、沙发等高度比较小的构件不需要检测其净高值时,可适当调整最小阈值使其大于构件高度,将这些构件排除到检测范围以外。

总而言之,介于最小阈值与高度检查设定值之间的净高值会被检测出来,检测间距为初始间距设定值,如图 4-3-1 所示。

高度检查	2.500 m
初始间距	0.500 m
最小阈值	1.000 m

图 4-3-1 净高分析相关参数

2)净高分析检测范围

(1)Reivt 中创建的房间

在房间列表中可查看 Reivt 中创建的房间,只能看到房间对应的楼层,房间编号和房间名称不显示,如图 4-3-2 所示(若 Revit 中没有创建房间,则房间列表为空白)。

房间列表

水平	房间	名称
一层标高		
一层标高		
三层标高		
三层标高		

图 4-3-2 房间列表

单击房间,可选择房间对象,视角切换至对应楼层对应房间,弹出白色方框表示房间边界,高亮房间区域,在构件属性中可查看房间名称及编号,如图 4-3-3 所示。

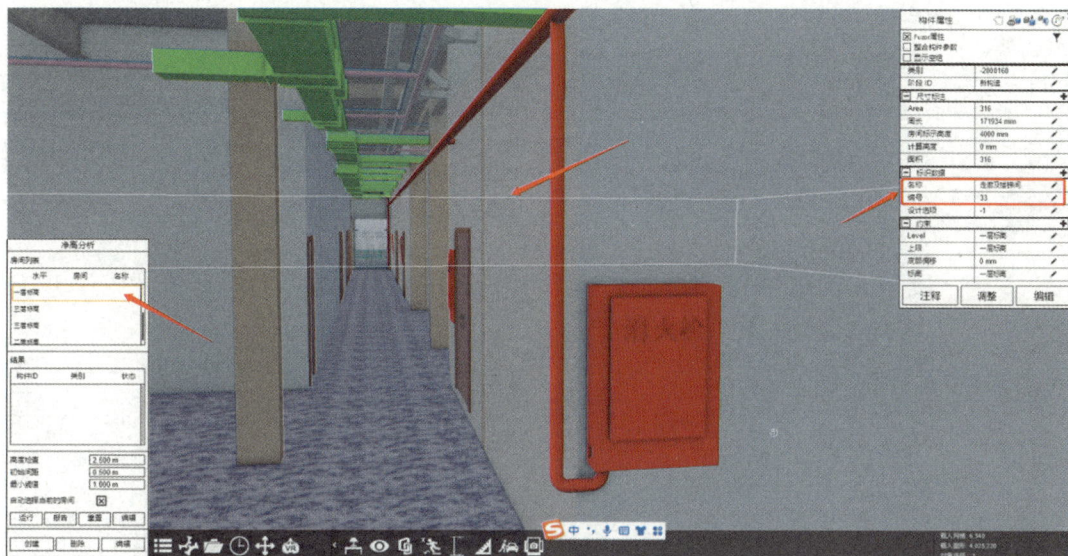

图 4-3-3　房间相关信息

(2)Fuzor 中创建的房间

在 Fuzor 中自行创建房间,单击净高分析界面中的"创建",在操作区中点击两点形成一个立面,点击第三点形成一个立方体,即 Fuzor 中创建的"房间",如图 4-3-4 所示。

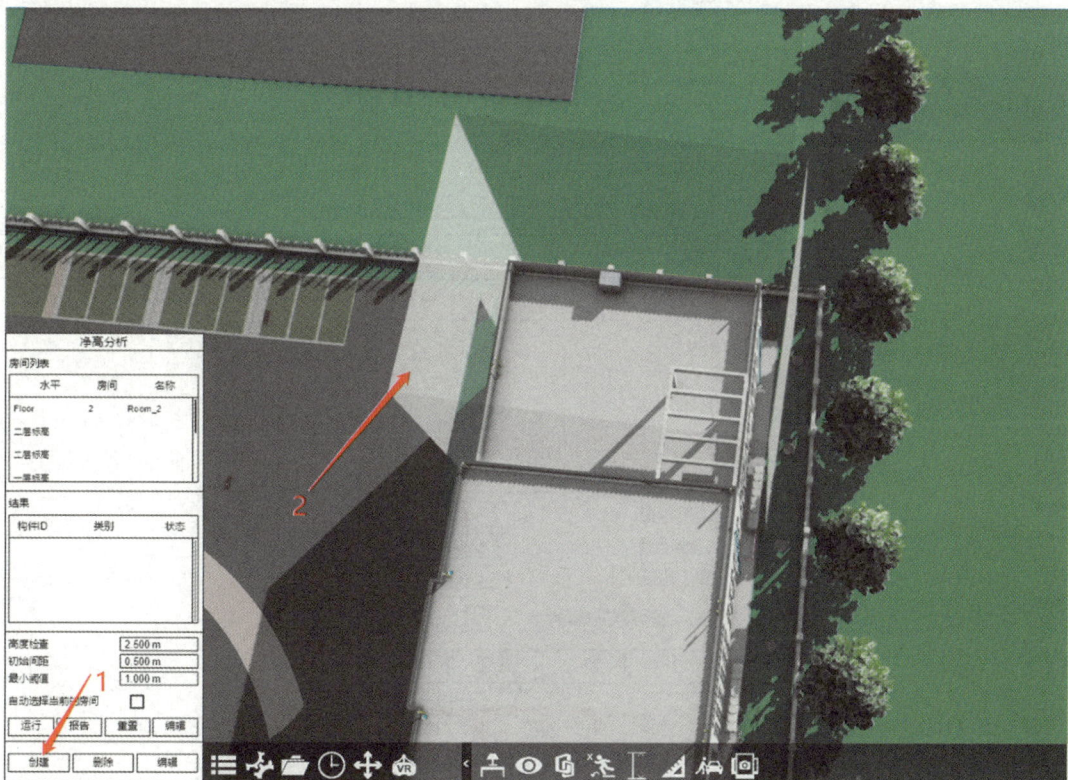

图 4-3-4　Fuzor 中创建房间

Fuzor 中创建的房间信息会更新在房间列表中,如图 4-3-5 所示。

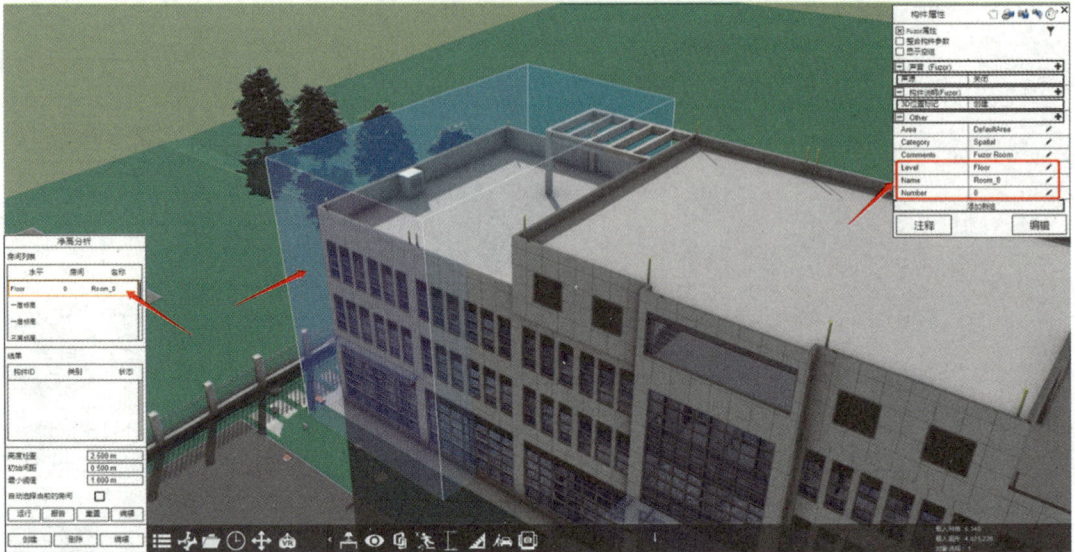

图 4-3-5　Fuzor 中创建的房间相关信息

选择 Fuzor 中创建的房间,单击"删除"可将其删除,单击"编辑",可调整检测范围,如图 4-3-6、图 4-3-7 所示。

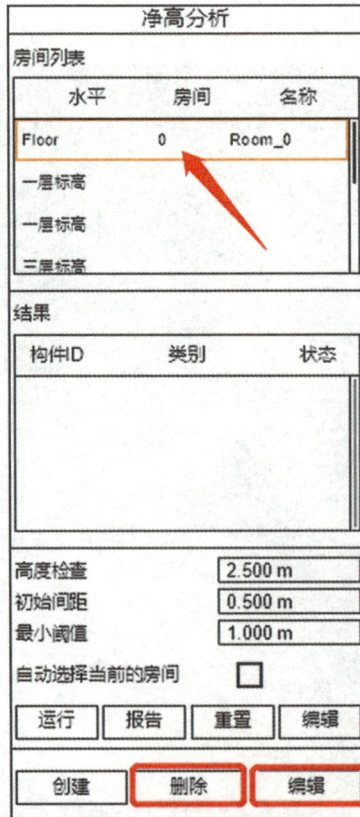

图 4-3-6　删除及编辑房间

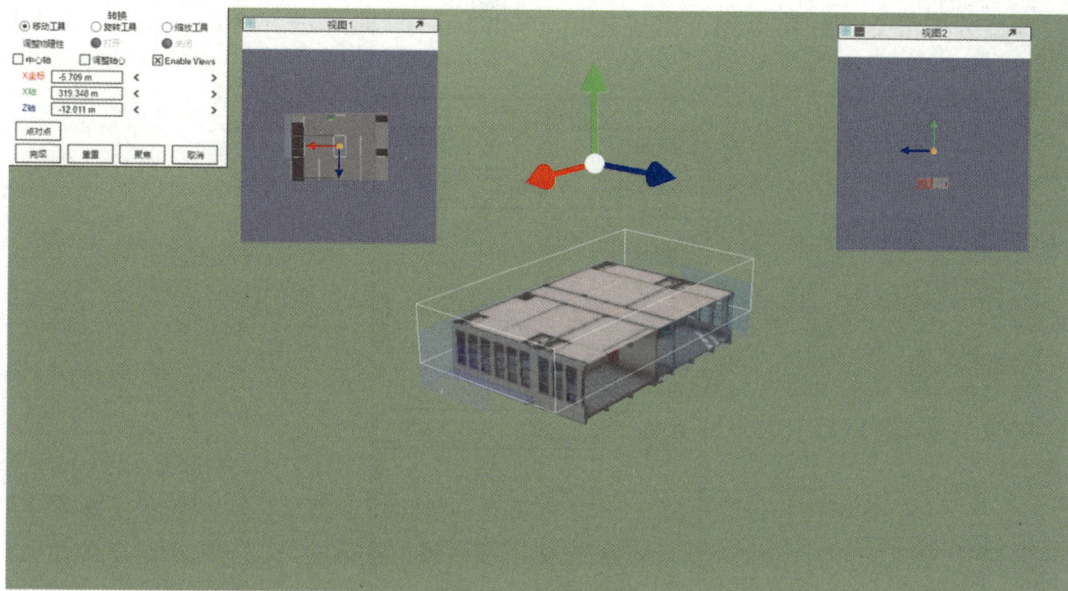

图 4-3-7　编辑范围框

3）净高分析

选择净高分析范围有两种方式：第一种，直接在房间列表中选择对应房间；第二种，勾选"自动选择当前的房间"选项，当视角切换到已创建的房间中时，会自动选择对应的房间，如图4-3-8所示。

图 4-3-8　自动选择当前房间设置

净高分析相关参数和检测范围确定后,单击"运行"即可进行净高分析,如图 4-3-9 所示。

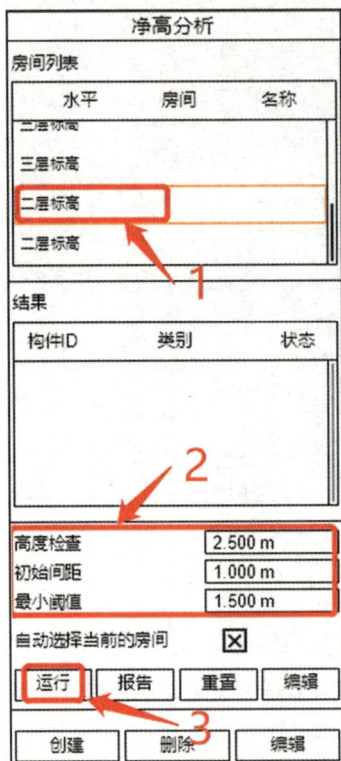

图 4-3-9　净高分析相关设置

4)净高要求

《办公建筑设计标准》(JGJ/T 67—2019)规定,结合项目情况(单元式办公+中央空调),项目办公室净高不应低于 2.5 m,因此高度设置为 2.5 m。

4.3.3　任务实施

1)确定净高分析范围

打开 2.4 节任务二中保存的"综合楼单体模型.che",展开更多选项列表 ▤ ,单击"净高分析" ⬛ ,展开其功能窗口,在房间列表中依次点击二层标高的房间,找到二层标高中设置为"走廊"的房间。

由于房间列表中看不到房间名称,可在构件属性中查看房间名称,若名称显示为"房间",可单击构件属性中的"编辑",打开房间所在的 Revit 文件,查看其房间名称,如图 4-3-10、图 4-3-11 所示。

2)设置净高分析参数

根据任务要求输入净高分析参数值,如图 4-3-12 所示。

图 4-3-10　打开房间所在的 Revit 文件

图 4-3-11　Revit 中查看房间名称

高度检查	2.500 m
初始间距	1.000 m
最小阈值	1.500 m

图 4-3-12　设置净高分析参数

3）净高分析

净高分析相关参数和检测范围确定后，单击"运行"按钮 运行 进行净高分析，经过检测，净高不满足参数要求的构件会显示在"结果"中，单击构件列表里的构件，三维视图中对应构件会高亮显示，并且以绿色标注其真实净高值，未选中的构件对应净高值以红色标注，如图 4-3-13 所示。

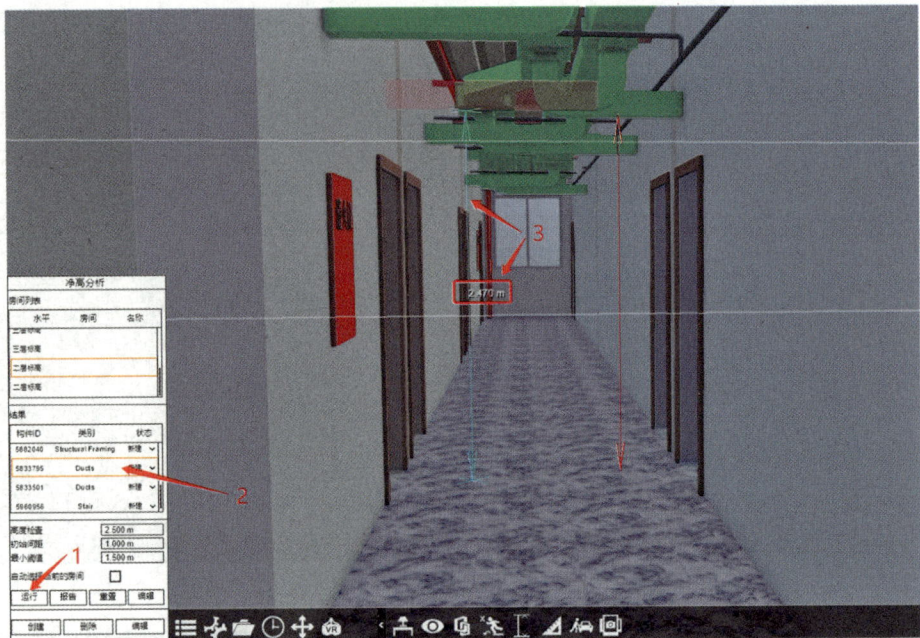

图 4-3-13　查看不满足净高要求的构件

4）导出净高分析报告

依次单击不满足净高要求的构件，调整到合适的视角查看（查看的视角即保存到报告中的视角），查看完毕后，单击"报告"按钮 [报告] 生成净高分析报告，并命名为"综合楼二层标高走廊净高分析.html"，导出的净高分析报告如图 4-3-14 所示。

Element ID	5834413
Category	Ducts
MEP System	送风管

Number of Potential Hazards : 1
Average Clearance : 2.470 m
Minimum Clearance : 2.470 m

Element ID	5845114
Category	Ducts
MEP System	送风管
Level	综合楼2F 5.100

Number of Potential Hazards : 1
Average Clearance : 2.490 m
Minimum Clearance : 2.490 m

图 4-3-14　净高分析报告

4.3.4 任务总结

1）步骤总结

第一步,确定净高分析范围;第二步,设置净高分析参数(第一步与第二步可调换顺序);第三步,运行净高检测;第四步,查看净高检测结果,导出净高分析报告。

2）方法总结

可以在属性中查看房间名称,若属性中名称为"房间",则考虑从 Fuzor 中选择打开房间所在的 Revit 文件查看房间名称。

模块 5 4D 施工模拟

育人主题	学时	素质目标	知识目标	能力目标
通过构建虚拟现实场景,帮助学生将对理论知识的理解与现实的感悟相融合,拓展教学的广度与深度	20	通过施工动画模拟培养学生正确的劳动价值观和良好的劳动品质	熟悉施工进度计划编制的原理及步骤;熟悉不同种类动画的适用范围	能熟练创建进度计划;能熟练完成施工模拟动画制作;能熟练输出施工模拟成果

任务 5.1 创建进度计划

5.1.1 任务要求

本节内容主要介绍在 Fuzor 中创建、导入、编辑和导出进度计划的相关操作,主要包括以下四个任务。

任务一:打开任务 3.3 中保存的成果文件"综合楼单体模型-环境设计.che",将其另存为"综合楼单体模型-创建进度计划.che",以此文件作为该任务操作文件。创建某综合楼项目的主体施工进度计划,起止时间为"2022 年 7 月 28 日 0:00:00 至 2022 年 9 月 20 日 0:00:00",工期共计 55 天。手动创建以下进度计划,正确选择任务类型,并设置合适的施工时间(图 5-1-1)。

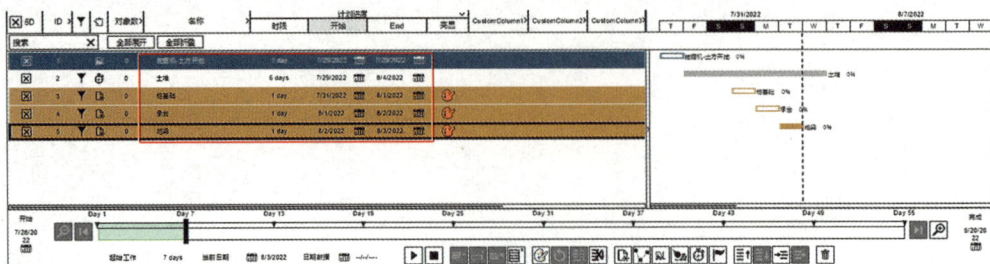

图 5-1-1 手动创建进度计划内容

任务二:导入附件中的某综合楼进度计划表(＊.csv 格式进度计划),将其附加到"任务一"中的进度计划中,并按照图 5-1-2 将手动创建的任务条顺序调整到合适位置。

图 5-1-2　手动创建任务条正确位置

任务三:调整导入附件中的进度计划类型,将进度时间表蓝框部分调整为"机械任务"、红框部分调整为"吊装任务"、绿框部分调整为"序列动画任务"(图 5-1-3、图 5-1-4)。

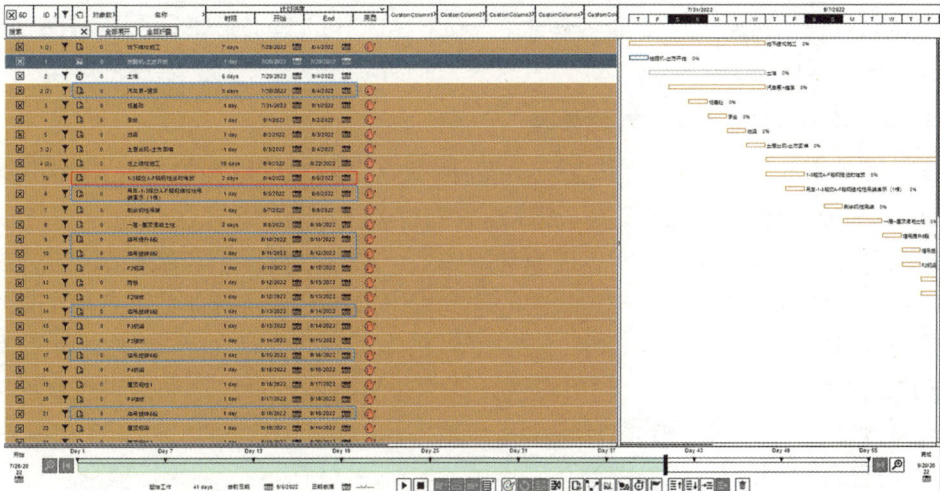

图 5-1-3　调整任务类型部分(一)

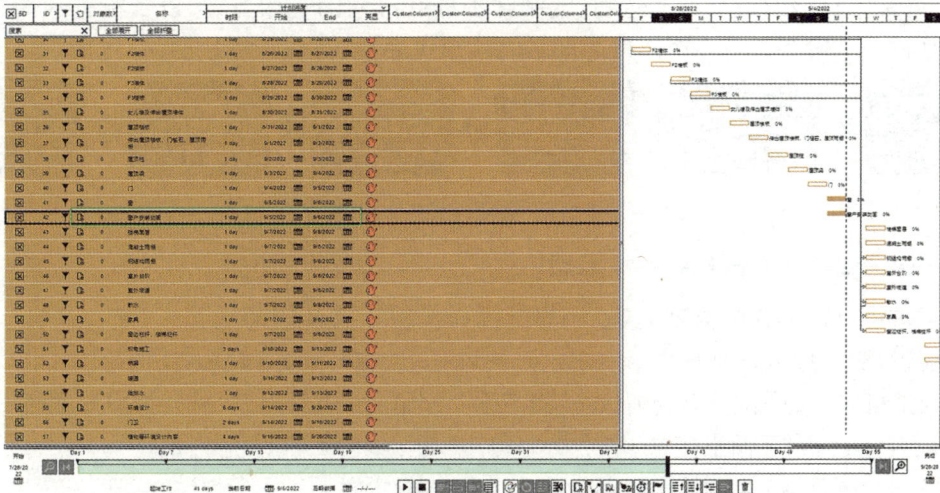

图 5-1-4　调整任务类型部分(二)

129

将任务条"地下结构施工""地上结构施工""建筑施工""机电施工""环境设计"等五个以外的任务条降级,将整个进度计划表划分为"地下结构施工""地上结构施工""建筑施工""机电施工""环境设计"等五个模块。

任务四:将上述三个任务完成后的进度计划从 Fuzor 中导出,文件格式为"＊.csv",名称为"某综合楼项目导出进度计划表"。

5.1.2 任务分析

1)施工进度计划的种类

施工进度计划的种类和施工组织设计相适应,分为总进度计划和单位工程施工进度计划。施工总进度计划包括建设项目(企业、住宅区等)的施工进度计划和施工准备阶段的进度计划。它按生产工艺和建设要求,确定投产建筑群的主要和辅助的建筑物与构筑物的施工顺序、相互衔接和开竣工时间,以及施工准备工程的顺序和工期。单位工程施工进度计划是总进度计划有关项目施工进度的具体化,一般土建工程的施工组织设计还考虑了专业和安装工程的施工时间。

2)施工进度计划的编制原理和步骤

施工进度计划的编制原则是:从实际出发,注意施工的连续性和均衡性;按合同规定的工期要求,做到好中求快,提高竣工率;追求综合经济效果。

施工进度计划的编制是按流水作业原理的网络计划方法进行的。流水作业是在分工协作和大批量生产的基础上形成的一种科学的生产组织方法。这样既保证了各施工队组工作的连续性,又使后一道工序能提前插入施工,不但充分利用了空间,还争取了时间,缩短了工期,使施工能快速而稳定地进行。利用网络计划方法编制施工进度计划则可将整个施工进程联系起来,形成一个有机的整体,反映出各项工作(工程或工序)的工艺联系和组织联系,能为管理人员提供各种有用的管理信息。

进度计划的编制步骤主要包括划分施工过程、计算工作量、确定劳动量和机械台班数量、确定各施工过程的持续施工时间、编制施工进度计划的初始方案,以及检查和调整施工进度计划初始方案等。每一个步骤之间具有前后关联性,流程示意如图 5-1-5 所示。

图 5-1-5 进度计划编制步骤

3)Fuzor 施工进度计划的任务类型

施工进度计划的任务类型主要用于控制 4D 模拟中的各个动画起止时间、表现形式,主要包括建造任务、序列动画任务、机械任务、拆除任务、临时任务和吊装任务等。

①建造任务:关联构件后,构件会在此任务"开始时间"后出现;构件默认动画为竖向构件(如柱、墙等)为自下而上生长,水平受力构件(如梁、板等)为水平生长。

②序列动画任务:加入的序列动画会在此任务中播放。

③机械任务:只能关联 Fuzor 中自带的机械设备,机械动画会在此任务中播放。

④拆除任务:关联的构件会在此任务中进行拆除,会在此任务"结束时间"后消失;动画形式同建造任务。

⑤临时任务:关联的构件只会在此任务"开始时间"至"结束时间"范围内出现,动画形式同建造任务。

⑥吊装任务:又称堆放任务,关联的构件会在此任务"开始时间"至"结束时间"范围内堆放在指定位置,一般配合机械任务使用,任务前保持在构件初始位置,任务后保持在机械吊装后指定的位置(如原始位置、临时位置、自定位放置位置)。

4)Fuzor4D 模拟界面介绍

(1)界面介绍

进度计划是 4D 施工模拟动画的基础内容,因此在进行 4D 施工动画模拟编辑前,需要首先了解 Fuzor 中创建进度的相关界面操作命令。

展开"更多选项"界面,单击"建筑设备"选项卡中的"4D 模拟"功能按钮 ，打开 4D 模拟界面,如图 5-1-6 所示。4D 模拟界面中包括"新建进度计划""加载进度计划""保存进度计划"等功能,可根据需要进行选择。

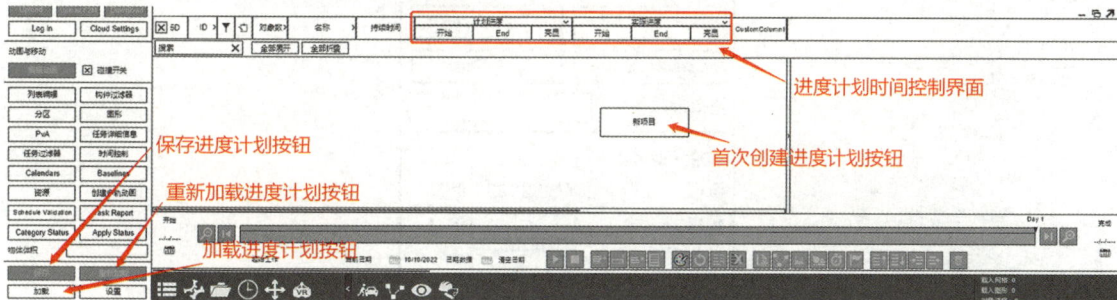

图 5-1-6　4D 模拟选项卡中的进度计划部分

(2)4D 模拟播放时长控制

打开 4D 模拟界面,单击"时间控制"展开其设置界面,可以在该界面中控制 4D 模拟播放的时长,主要功能包含"仿真速度""回放时间""调整动画播放"等(图 5-1-7)。

①仿真速度:拖动滑块或点击加减号可以控制整体 4D 进度计划的仿真速度。

②回放时间:勾选"使用时间"选项,可设置整个 4D 进度计划播放总时长,各任务条在此时间范围内匀速播放。

③调整动画播放:勾选"调整动画播放"选项,则 4D 进度计划中的序列动画播放时长为各关键帧时长总和,Fuzor 自带机械动画为各机械对应动画时长,其余 4D 进度计划仍按照仿真速度或回放时间匀速播放。当不勾选"调整动画播放"选项时,所有进度计划均按照仿真速度或回放时间均匀分配。

图 5-1-7 4D 模拟播放时长控制

5.1.3 任务实施

打开任务 3.3 中保存的成果文件"综合楼单体模型-环境设计.che",将其另存为"综合楼单体模型-创建进度计划.che",在此文件中进行本小节内容的操作。

Fuzor 中已经内置施工日历,通常情况下使用默认即可。若需要调整日历相关设置,可以单击"Calendars"(日历)按钮,展开日历相关设置界面。本次操作使用默认施工日历,即默认施工时间 12:00AM 至 12:00AM,无节假日(图 5-1-8)。

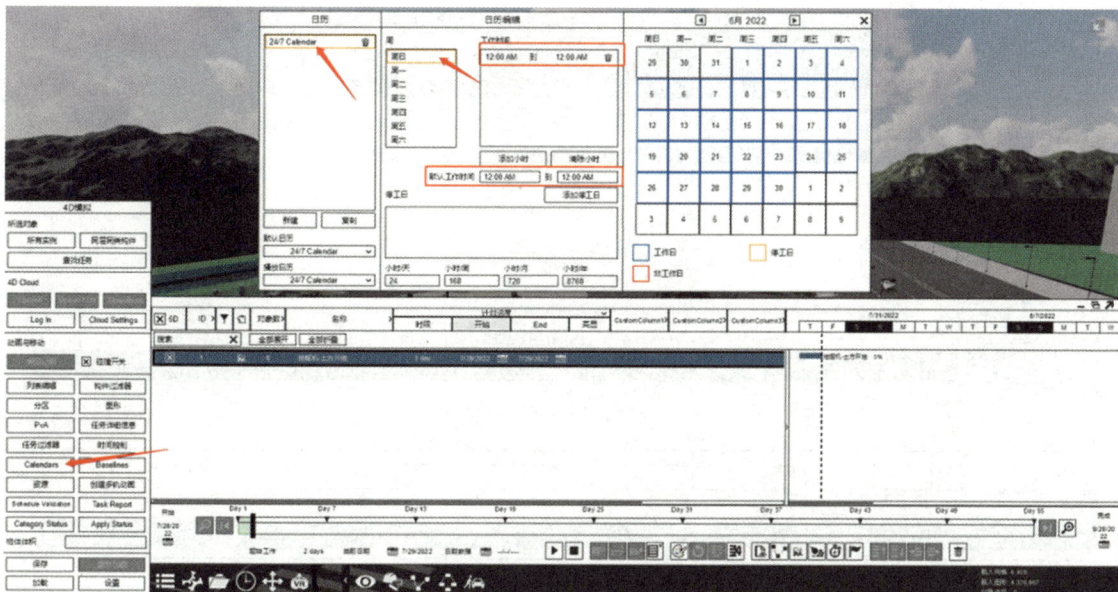

图 5-1-8　查看施工日历相关设置

1）手动创建进度计划

展开"更多选项" 界面，单击"建筑设备"选项卡中的"4D 模拟"功能按钮 4D模拟，打开
4D 模拟界面，在弹出的进度计划框中单击"新项目"按钮（也可单击左下角/右下角的开始时
间/结束时间），在弹出的日期选择器中将项目开始时间设置为 2022 年 7 月 28 日 0:00:00，
将完成时间设置为 2022 年 9 月 20 日 0:00:00，设置完成后单击"OK"，如图 5-1-9 所示。

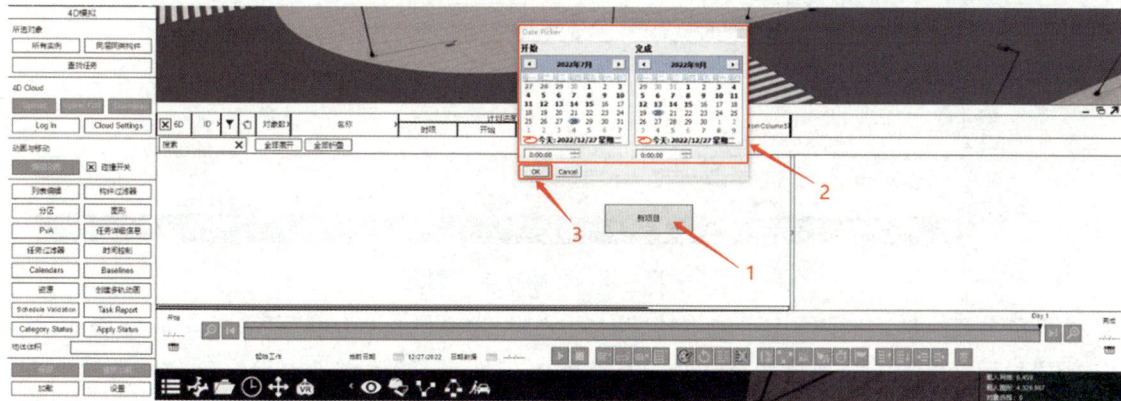

图 5-1-9　创建 4D 模拟新项目

在进度计划框中单击"机械任务"按钮，生成第一个任务，默认名称为"New
Equipment Task_1"，双击默认名称可进行重命名，将其修改为"挖掘机-土方开挖"，计划开始
时间设置为 2022 年 7 月 28 日 0:00:00，计划结束时间设置为 2022 年 7 月 29 日 0:00:00（图
5-1-10、图 5-1-11）。

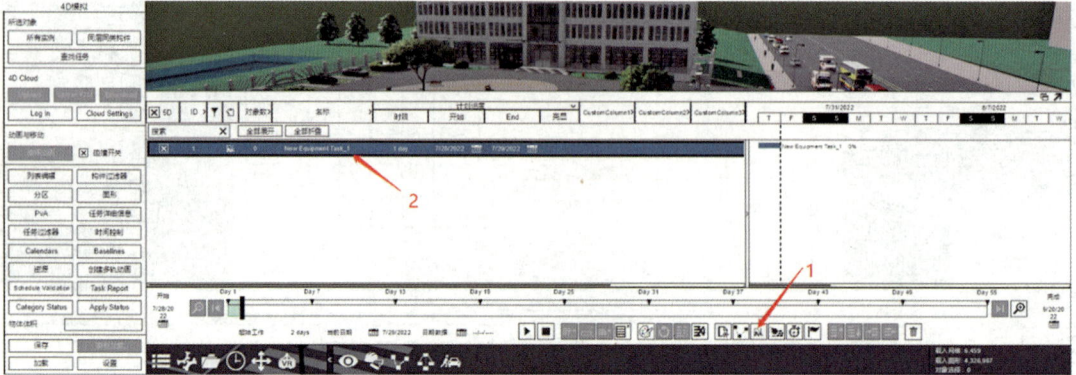

图 5-1-10 创建机械任务

图 5-1-11 双击任务名称重命名

在进度计划框中单击"临时任务"按钮 ⏲ ,生成第二个任务,默认名称为"New Temp Task_2",双击默认名称将其修改为"土堆",计划开始时间设置为 2022 年 7 月 29 日 0:00:00,计划结束时间设置为 2022 年 8 月 4 日 0:00:00(图 5-1-12)。

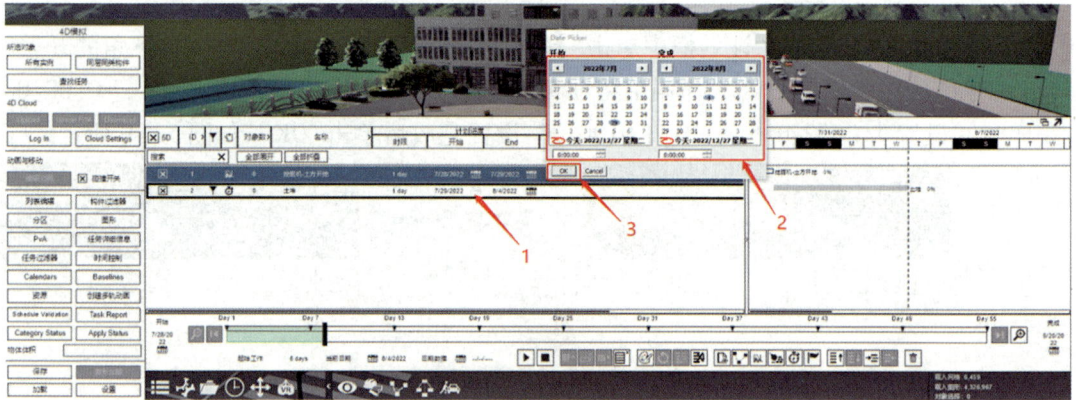

图 5-1-12 修改任务条施工时间

需要注意的是,"时限"表示施工持续时间(以天为单位),"土堆"任务施工时间修改后,"时限"显示变为"1 day",显然持续时间与实际施工情况不符(图 5-1-13),因此需要进行时间关联设置。

图 5-1-13 自动关联时间前持续时间显示状态

在4D模拟的工具中,单击"设置"展开设置窗口,勾选"自动关联时间"选项☒自动关联时间,弹出警告对话框,如图5-1-14所示,单击"是",自动计算计划进度的持续时间,此时可以看到"土堆"任务的时限变为了"6 days",符合实际情况。

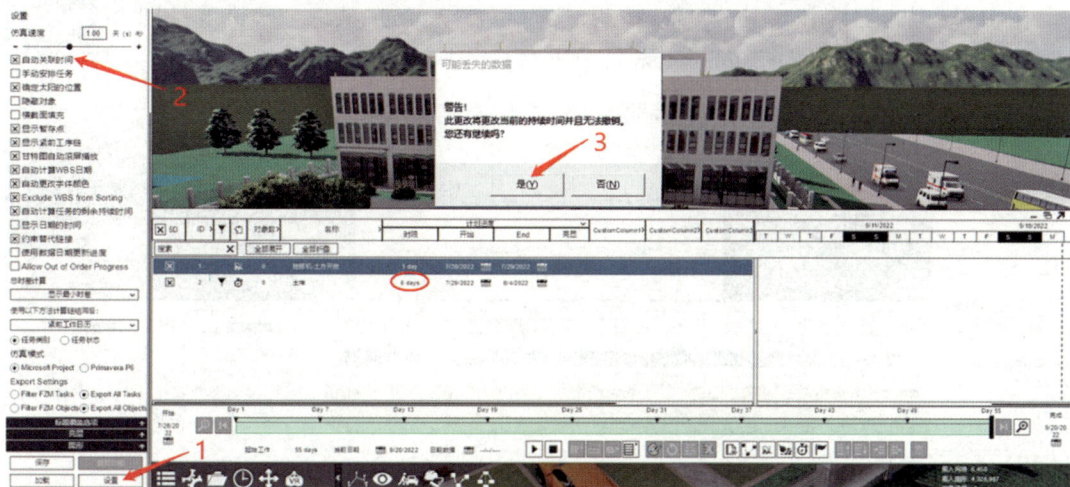

图5-1-14　自动关联时间

在进度计划框中点击"新建任务"按钮 ▣,生成第三个任务,默认名称为"New Construction Task_3",双击默认名称将其修改为"桩基础",计划开始时间设置为2022年7月31日0:00:00,计划结束时间设置为2022年8月1日0:00:00(图5-1-15)。

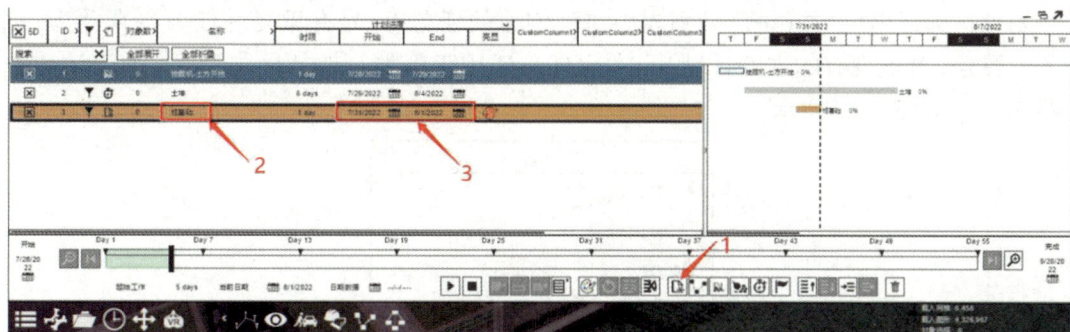

图5-1-15　创建建造任务

依照上述"桩基础"任务的创建方法,继续完成土堆、承台、地梁等任务的创建和设置(图5-1-16)。

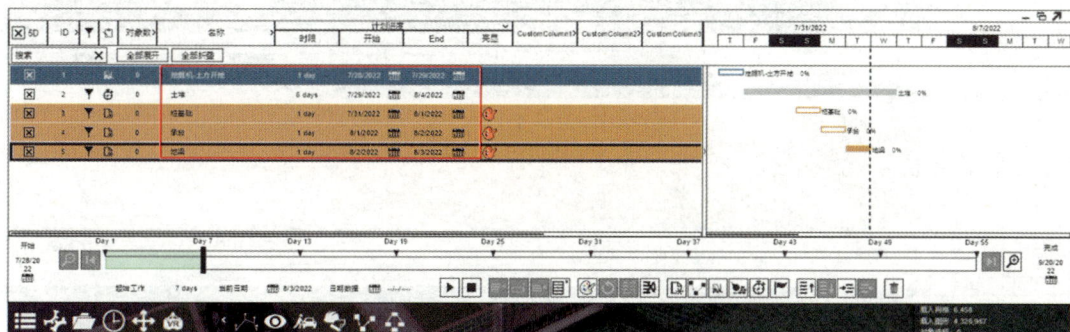

图5-1-16　手动创建进度计划部分

2）导入外部进度计划并调整各任务条顺序

（1）导入外部进度计划

在 4D 模拟的工具中，单击"加载"按钮，选择需要导入的"某综合楼进度计划表"（可支持导入的格式有＊.xml、＊.csv），单击"打开"按钮，如图 5-1-17 所示。

5.1任务二

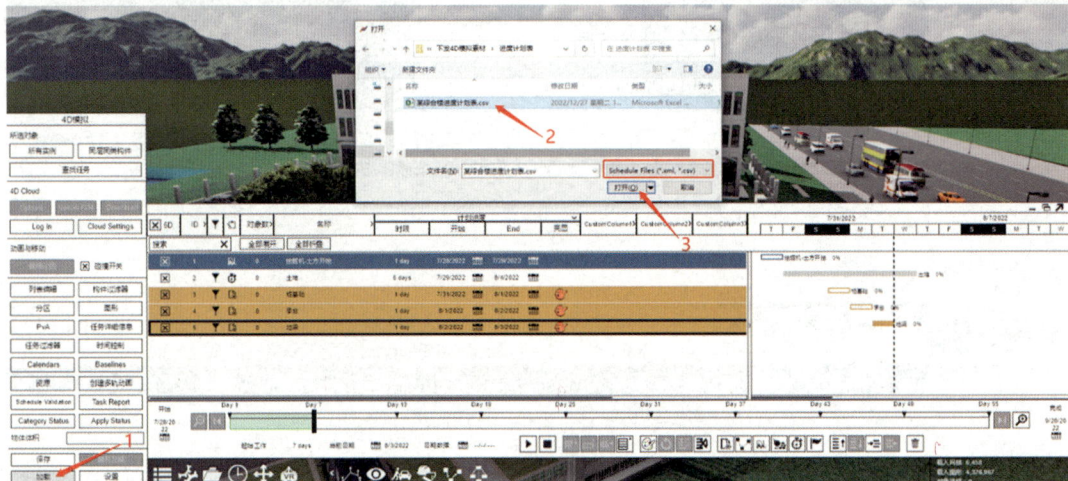

图 5-1-17　导入进度计划表

弹出"加载选项"窗口，有 3 个导入的方式，分别为附加（在现有的进度计划后面导入进度计划表）、通过 ID 合并（进度计划表中与已创建的任务 ID 号有重复的任务将合并为一个任务）、覆盖（覆盖现有的进度计划）。本次任务适用于附加，点击"附加"导入进度计划表，如图 5-1-18、图 5-1-19 所示。

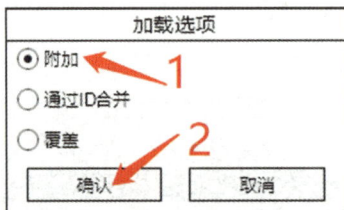

图 5-1-18　导入进度计划表选项

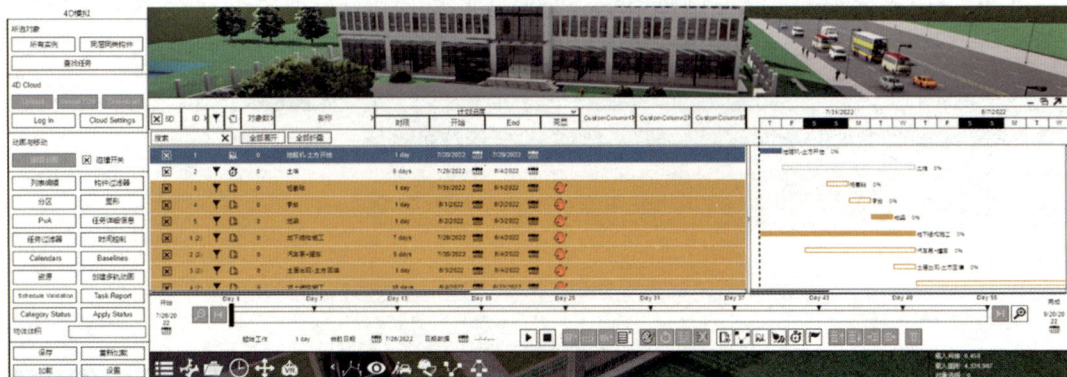

图 5-1-19　成功导入进度计划表

（2）调整各任务条顺序

首先选择需要调整顺序的任务条,然后单击进度计划表下方的"向上移动选定的任务"按钮 ▤↑ 或"向下移动选定的任务"按钮 ▤↓,即可将选定的任务向上或向下移动（图 5-1-20、图 5-1-21）。

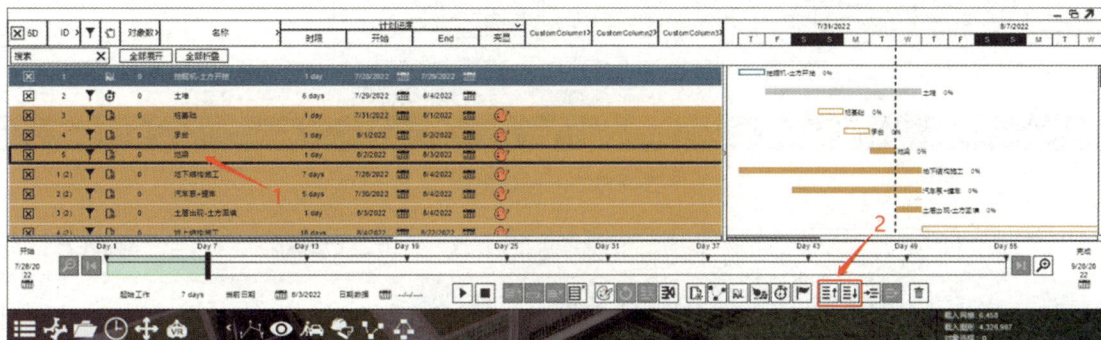

图 5-1-20　调整任务条顺序

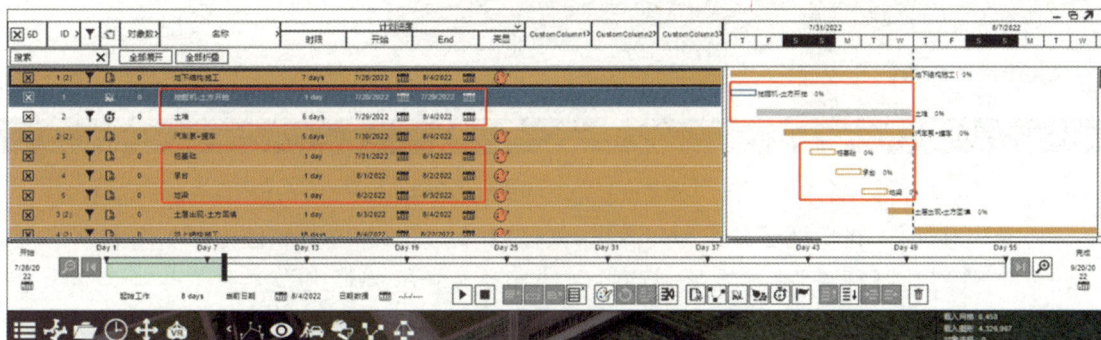

图 5-1-21　调整顺序后的任务条位置

3）调整任务类型并将指定任务降级

（1）调整任务类型

在进度计划表中,单击"汽车泵+罐车"任务的"任务类型"图标,展开所有任务类型选择,点击"机械任务"图标 ▦,即可修改当前任务类型（图 5-1-22—图 5-1-24）。

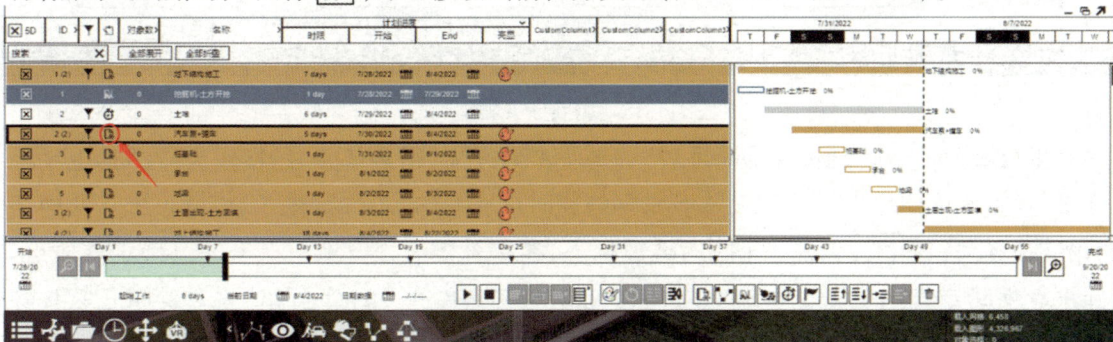

图 5-1-22　任务类型图标

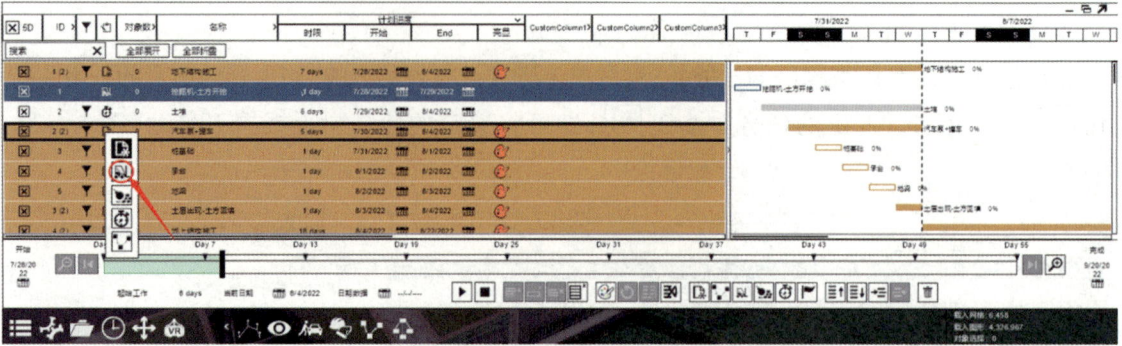

图 5-1-23　修改任务类型

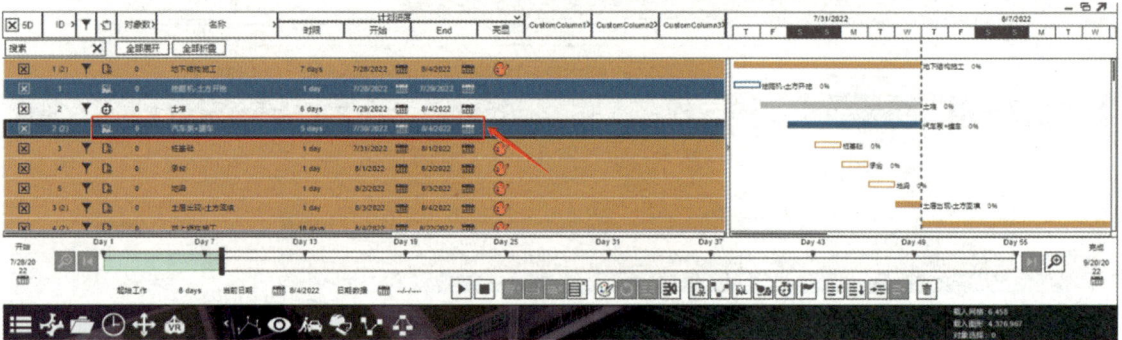

图 5-1-24　修改后任务条

　　需要注意的是,在切换任务类型列表里,仅显示"建造任务""机械任务""拆除任务""临时任务""序列动画任务"5 个任务类型,无法实现对"吊装任务"这一任务类型的切换(图 5-1-25),因此需要对"吊装任务"进行单独设置。

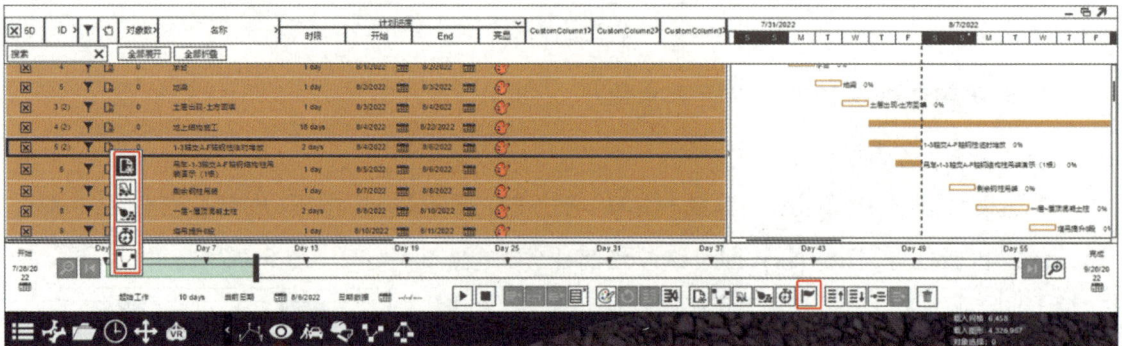

图 5-1-25　切换任务类型列表

　　将"1-3 轴交 A-F 轴钢柱临时堆放"任务类型修改为"吊装任务"的操作为:在"地上结构施工"任务条或原导入"1-3 轴交 A-F 轴钢柱临时堆放"任务条后新建一个"吊装任务"(单击"吊装任务"按钮 $\boxed{\bowtie}$,出现一个临时堆放标志,在综合楼前方空地上点击即可确定堆放点,确定堆放点后弹出的"临时区域"窗口先默认设置不做修改,单击"关闭"将其关闭),将任务名称重命名为"1-3 轴交 A-F 轴钢柱临时堆放",施工时间设置为 2022 年 8 月 4 日 0:00:00,完成时间设置为 2022 年 8 月 6 日 0:00:00(图 5-1-26、图 5-1-27)。

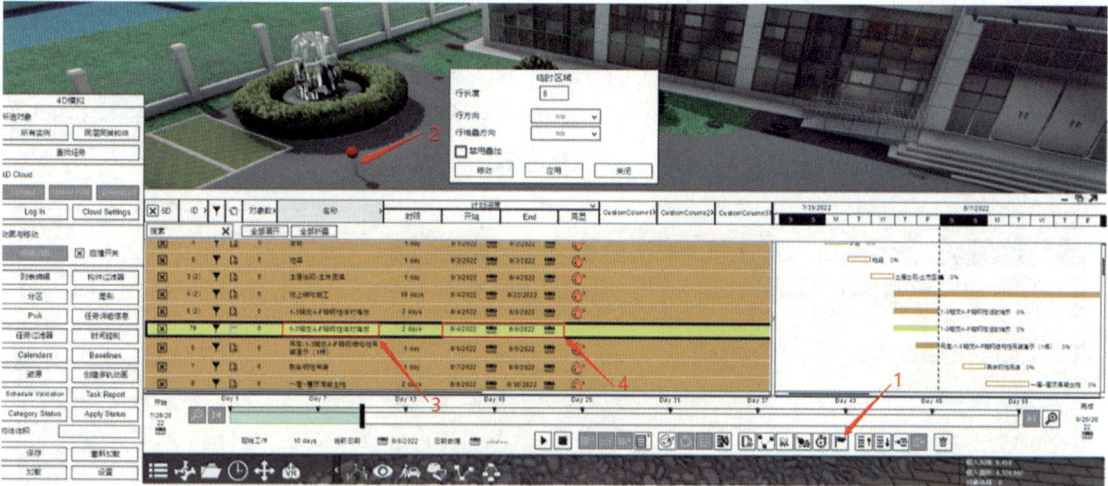

图 5-1-26 新建"吊装任务"

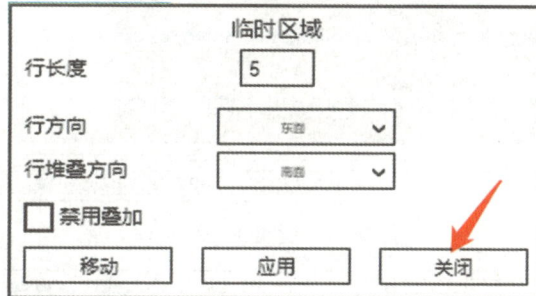

图 5-1-27 关闭"临时区域"窗口

随后选择原导入"1-3 轴交 A-F 轴钢柱临时堆放"任务条（建造任务），单击"删除"按钮 🗑 将其删除（图 5-1-28）。

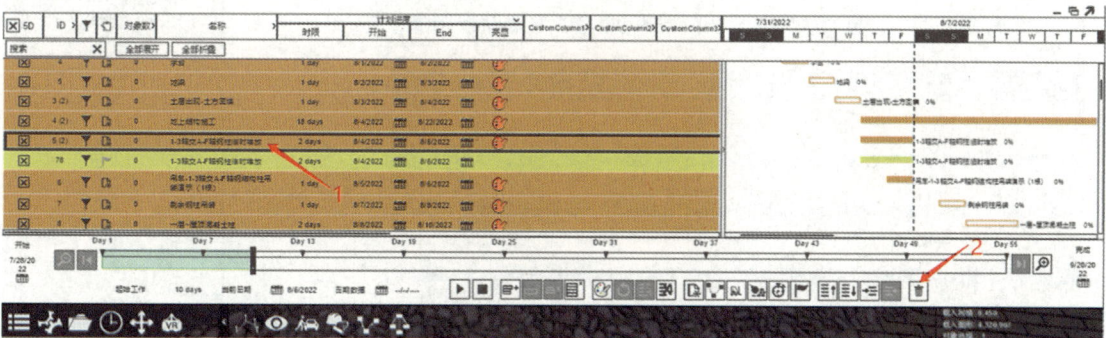

图 5-1-28 删除原导入进度条

其余任务类型修改方法同"汽车泵+罐车"任务。

(2) 降级指定任务

选择需要降级的任务条（单击第一个要降级的任务条，按住 Shift 键不放，单击最后一个要降级的任务条，即可连续选择多个任务条。如存在多选任务条的情况，按住 Ctrl 键不放，点击多选的任务条,即可取消选择),单击"降级选定的任务"按钮 ,即可将选定的多个任务(作为子任务)降级到其上一个未选定任务(成为根任务)目录下,且根任务时间会跟随子任务中的时间发生变化,即根任务的开始时间变为子任务中的最早开始时间,结束时间变为子任务中的最晚结束时间。其余需降级任务条操作同上(图5-1-29、图5-1-30)。

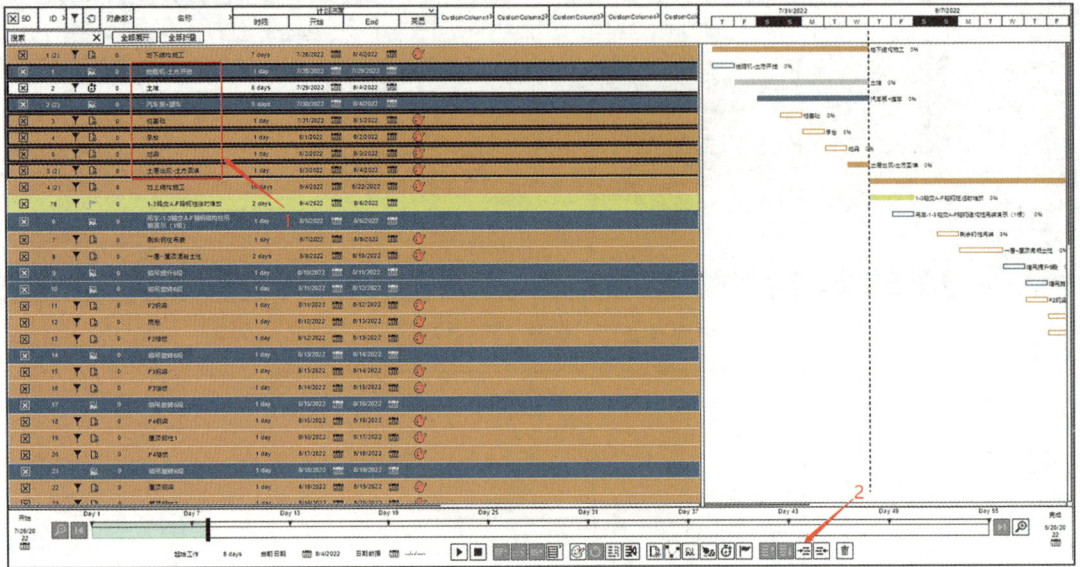

图 5-1-29　降级选定的任务

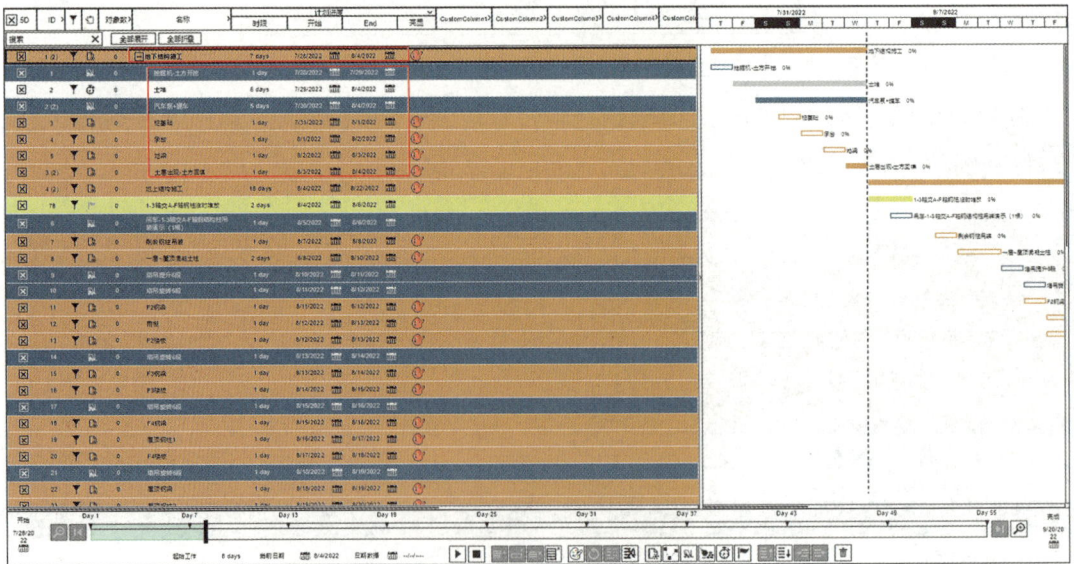

图 5-1-30　降级后的进度计划表形式

单击"根任务"名称前的减号图标 ,可以将其子任务列表收起,单击"根任务"名称前的加号图标 ,可将其子任务列表展开。此操作可以在整体操作中根据个人需求切换使用(图5-1-31、图5-1-32)。

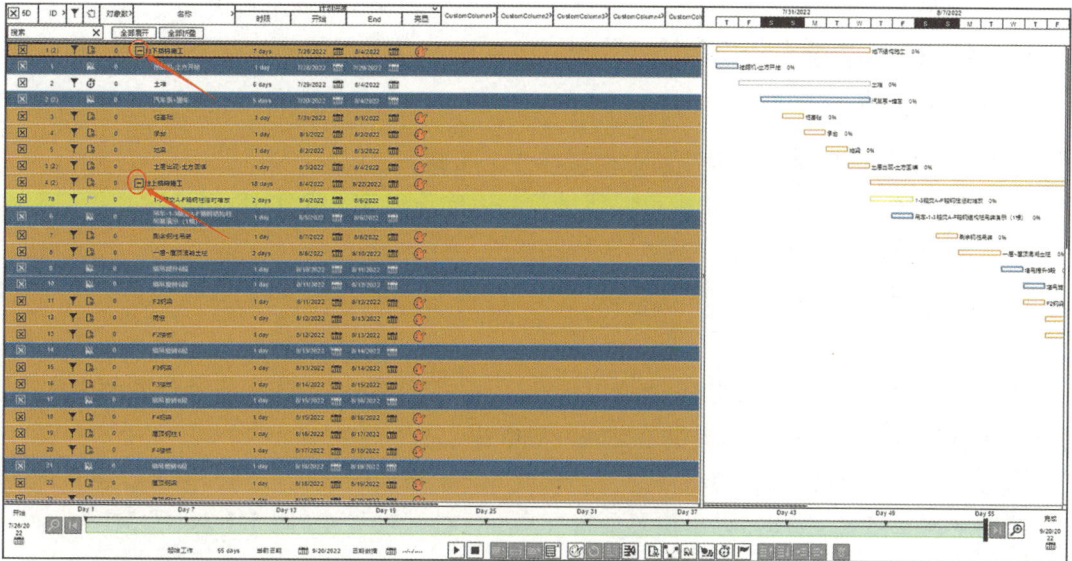

图 5-1-31　收起子任务列表操作

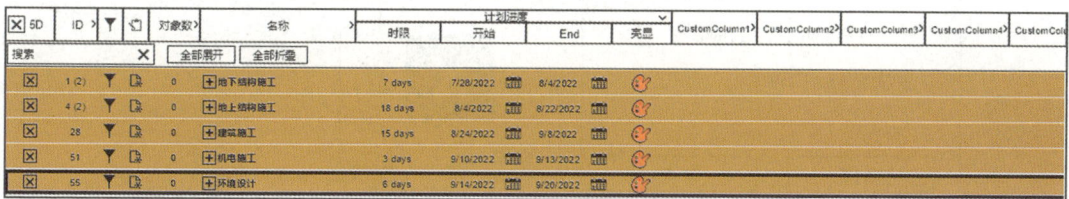

图 5-1-32　所有子任务收起表现

4）导出在 Fuzor 中编辑调试好的进度计划

单击 4D 模拟中的"保存"按钮,弹出保存进度计划对话框(图 5-1-33),选择"保存为 Fuzor CSV"并勾选"保存非建造任务"(可以将所有任务类型导出),单击"保存",文件名保存为"某综合楼项目导出进度计划表"。

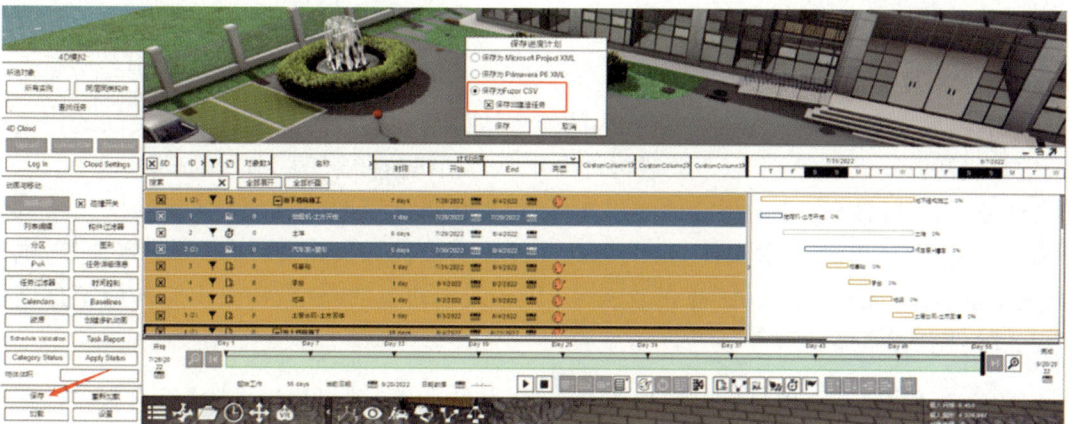

图 5-1-33　导出当前进度计划表

5.1.4　任务总结

1）步骤总结

在 Fuzor 中创建和导出进度计划主要包括三个步骤：

第一步：创建进度计划（此步骤可以将已有的进度计划导入软件中）；

第二步：编辑调整进度计划；

第三步：导出相应格式的进度计划表。

2）方法总结

通过完成创建/导入进度计划、调整进度计划，能够在 Fuzor 中得到科学完整的进度计划内容，为创建 4D 施工进度动画提供基础时间轴数据。

通过完成导出进度计划，能够得到 ∗.xml 或 ∗.csv 格式的进度计划。需要注意的是，导出前两项 ∗.xml 格式文件时，导出位置要选择桌面才能成功导出（图 5-1-34、图 5-1-35）。

图 5-1-34　导出进度计划表选项　　　　图 5-1-35　导出进度计划表格式

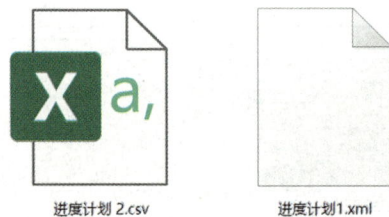

任务 5.2　关联构件

5.2.1　任务要求

本节内容主要介绍在 Fuzor 中将导入的模型构件与创建好的进度计划相关联的相关操作，主要包括以下五个任务（以下关联构件操作不包括机械任务、序列动画任务）。

任务一：打开任务 5.1 中保存的成果文件"综合楼单体模型-进度计划创建.che"，将其另存为"综合楼单体模型-关联构件.che"，以此文件作为该任务操作文件，将门卫室建筑、电动门、大门及"任务 3.3 环境设计"中的任务三、任务四中布置的绿植、特效内容与施工进度计划相关联（图 5-2-1）。

任务二：利用 Fuzor 可见性过滤功能 将"某综合楼"项目模型中除"综合楼-结构"外的模型构件隐藏（图 5-2-2），并将结构构件（基础、承台、柱、梁、板等）分别与施工进度计划相关联。

任务三：将"某综合楼"项目模型中的建筑主体部分（墙、楼板、楼梯等）与施工进度计划

图 5-2-1　门卫室、电动门、大门构件

图 5-2-2　隐藏"综合楼-结构"以外的模型

相关联。

任务四:将"某综合楼"项目模型中的机电部分(桥架、风管等)与施工进度计划相关联。

任务五:将其余未添加入任务的构件依次关联,主要关联地下结构施工模块下的"土堆""土层出现-土方回填"任务构件(图 5-2-3)。

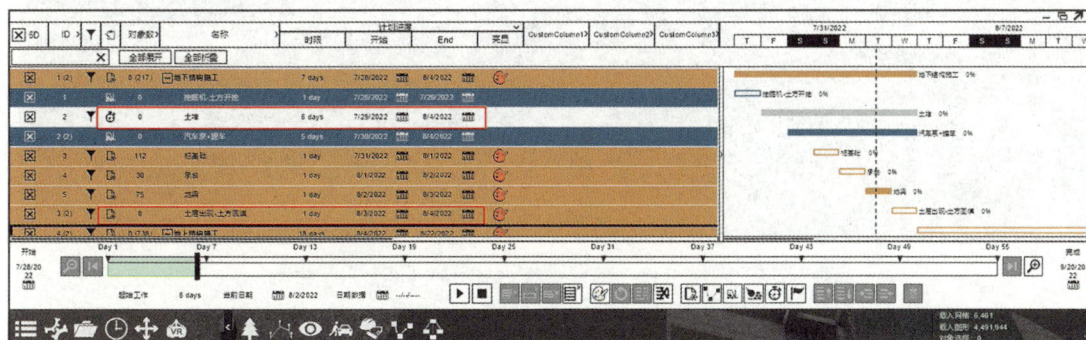

图 5-2-3　关联"土堆""土层出现-土方回填"任务构件

其中,土堆临时任务需将"土堆.fbx"文件通过拖拽方式加载到文件中。土堆位置见图5-2-4。

图 5-2-4　土堆位置

将"综合楼-建筑"模型文件中的"土方"构件原位复制一个构件,并将其中一个构件关联至"土层出现-土方回填"任务中,另一个构件不关联至任何任务,但需将其调整为半透明状态(图5-2-5)。

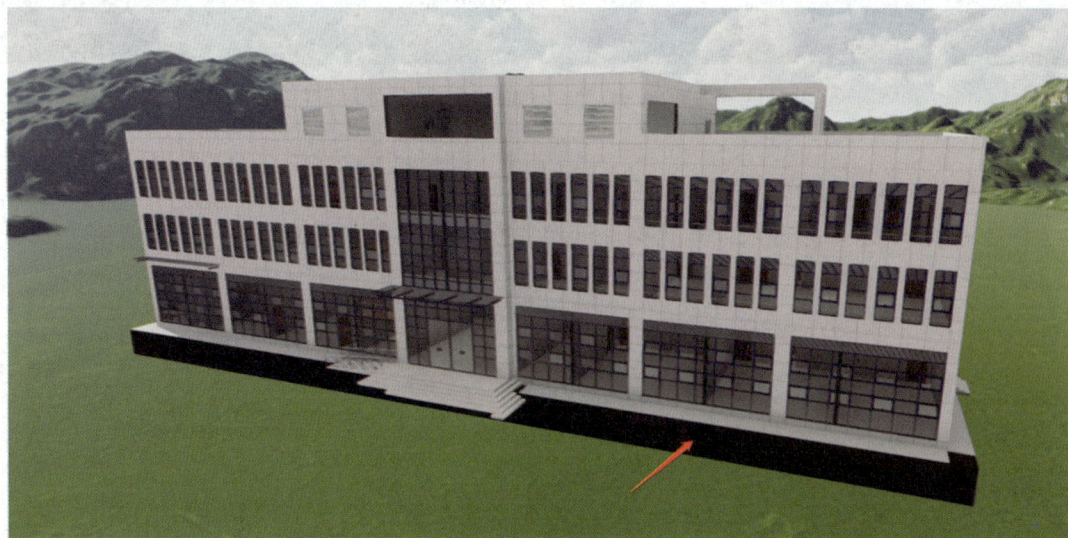

图 5-2-5　"综合楼-建筑"模型文件中的"土方"构件

所有任务要求构件关联过程及完成后,及时保存文件"综合楼单体模型-关联构件.che"。

5.2.2　任务分析

1）可见性过滤功能

先单击"更多选项"按钮 ，再单击"可见性过滤"按钮 ，便可打开"可见性过滤"对话框，实现对模型构件显隐的控制（图 5-2-6），在选择构件时，可巧妙运用此功能。

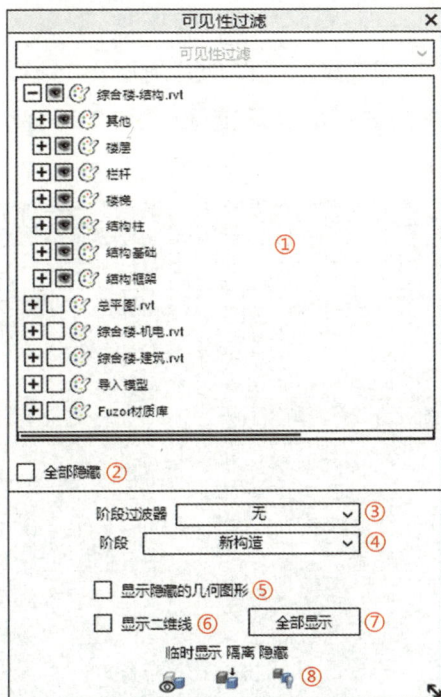

图 5-2-6　可见性过滤对话框

①过滤器主界面：单击文件名称前的眼睛按钮 ，可以实现整个文件内模型构件显隐控制；通过左侧的"＋"和"－"按钮，点击下拉菜单内具体构件旁的眼睛按钮，可以实现对具体构件的显隐控制。

②全部隐藏：勾选"全部隐藏"选项 ，可以将所有模型构件全部隐藏，在要特定打开少量构件时，可以利用此功能快速实现对所有构件的隐藏。取消勾选"全部隐藏"选项后，可显示所有模型构件。

③阶段过滤器：此参数读取自 Revit，可以在不同阶段过滤器之间切换显示模型（图 5-2-7）。

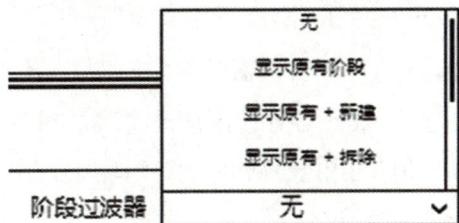

图 5-2-7　阶段过滤器

④阶段：此参数读取自 Revit，在 Revit 中可以将各图元归类到不同的阶段分类下（图 5-2-8）。

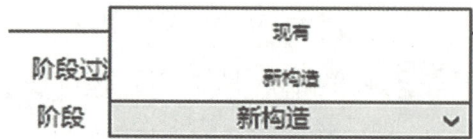

阶段过滤	现有
	新构造
阶段	新构造 ▾

图 5-2-8　阶段的分类

⑤显示隐藏的几何图形：勾选"显示隐藏的几何图形"选项 ☒ 显示隐藏的几何图形 后，可以让被隐藏的模型构件以网格形式粗略显示范围（图 5-2-9），此操作需要耗费大量显存，通常不会长时间开启。

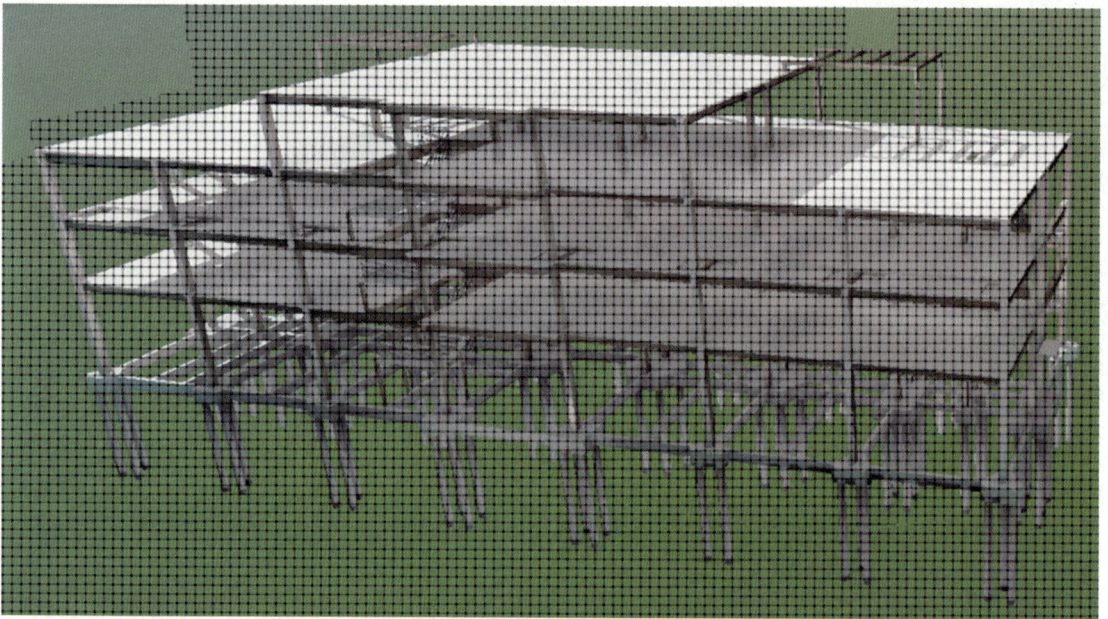

图 5-2-9　显示隐藏的几何图形

⑥显示二维线：显示模型的边框线。

⑦全部显示：单击"全部显示"按钮，可以将所有模型构件全部显示。

⑧临时显示/隔离/隐藏：单击"显示全部"按钮 👁，可以将所有被隐藏的对象显示；单击"隔离选定对象"按钮 📥，可以将选定的对象独立显示，而将其余未选中的对象隐藏，在不取消选择当前对象状态下，再次单击"隔离选定对象"按钮，可以将所有被隐藏的对象显示；单击"隐藏选定对象"按钮 👎，可以将选定的对象隐藏，在不取消选择当前对象状态下，再次点击"隐藏选定对象"按钮，可以将当前选择且被隐藏的对象显示。此功能按钮与构件属性窗口上方显隐控制功能按钮的使用效果相同（图 5-2-10）。

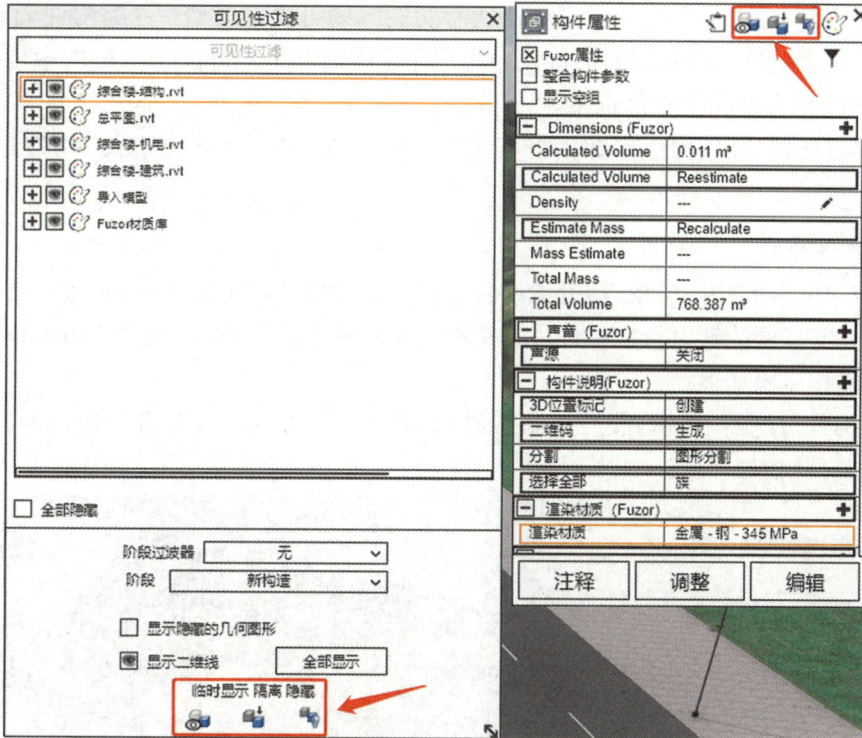

图 5-2-10 可见性过滤与构件属性窗口中的临时显示/隔离/隐藏功能

2)4D 模拟中的选择构件方法

在 4D 模拟的关联构件操作中,需要对同类型的构件进行选中操作。Fuzor 软件提供了多种构件选择的方式,以便应对不同的类型构件特征(图 5-2-11)。

图 5-2-11 选择构件的 3 种方法

①所有实例：选中某一构件后，单击"所有实例"，则可以将模型中这类构件全部选中。

②同层同类构件：选中某一构件后，单击"同层同类构件"，可以将与被选中构件带有相同"楼层属性"信息的构件全部选中。

③构件过滤器：利用构件参数信息实现构件的选择，具体操作见下文"构件过滤器"的介绍。

3）构件过滤器

为了应对复杂的构件关系，精确选中特定类型的构件，Fuzor 在 4D 模拟选项中提供了构件过滤器功能，以便能够对特定构件进行精准筛选过滤。以"顶部高程 304 610 mm 梁筛选"为例，具体操作步骤如下：

单击"构件过滤器"按钮，展开过滤器界面，单击"新建"按钮，即可添加过滤器，且自动弹出"过滤条件"窗口（图 5-2-12）。

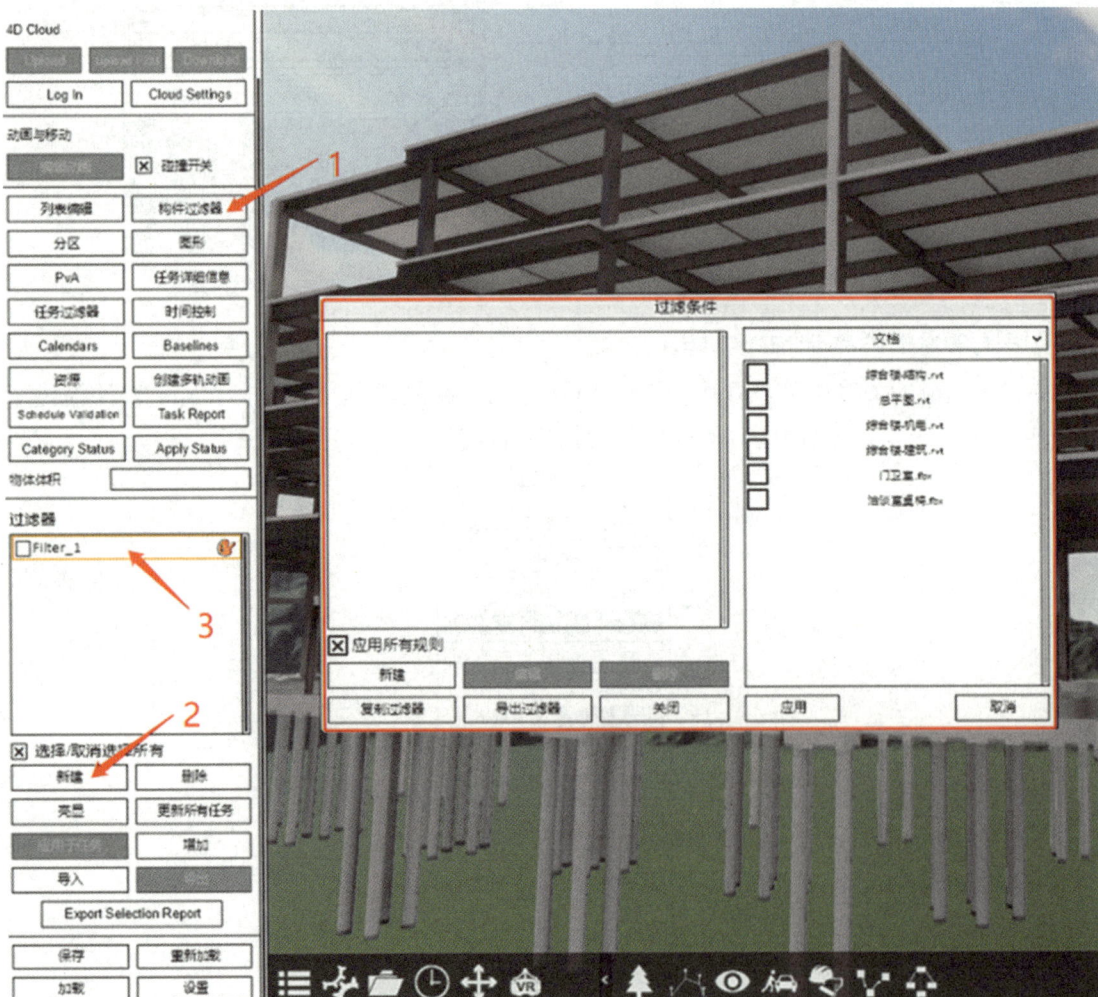

图 5-2-12　新建过滤器

首次新建过滤器名称默认为"Filter_1"，双击其名称可重命名（图 5-2-13）。

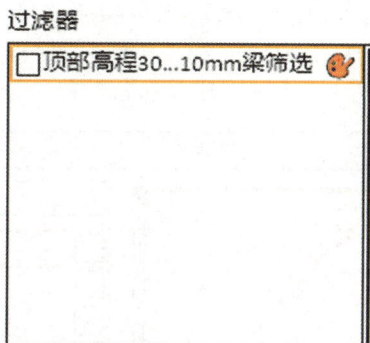

图 5-2-13　重命名过滤器名称

单击"过滤条件"对话框下的"新建"按钮,右侧弹出筛选条件对话框(图 5-2-14)。Fuzor 共包含如下 5 种筛选条件:

①文档筛选:根据导入的 BIM 模型文件名称进行筛选(如本例中的"综合楼-结构.rvt""综合楼-建筑.rvt""门卫室.fbx"等)。

②区域筛选:根据施工区域进行筛选,须预先设置施工区域后方能使用此选项,如何设置施工区域见本章节第四部分。

③水平筛选:根据 Revit 模型中创建的标高进行筛选。

④类别筛选:根据构件类别属性进行筛选(如柱、梁、墙等),以英文显示。

⑤参数筛选:根据各个构件的各类参数进行筛选(如标高、尺寸、材质等),此部分筛选条件内容较多,包含了各类构件的各个参数信息,是最精准的筛选方式。

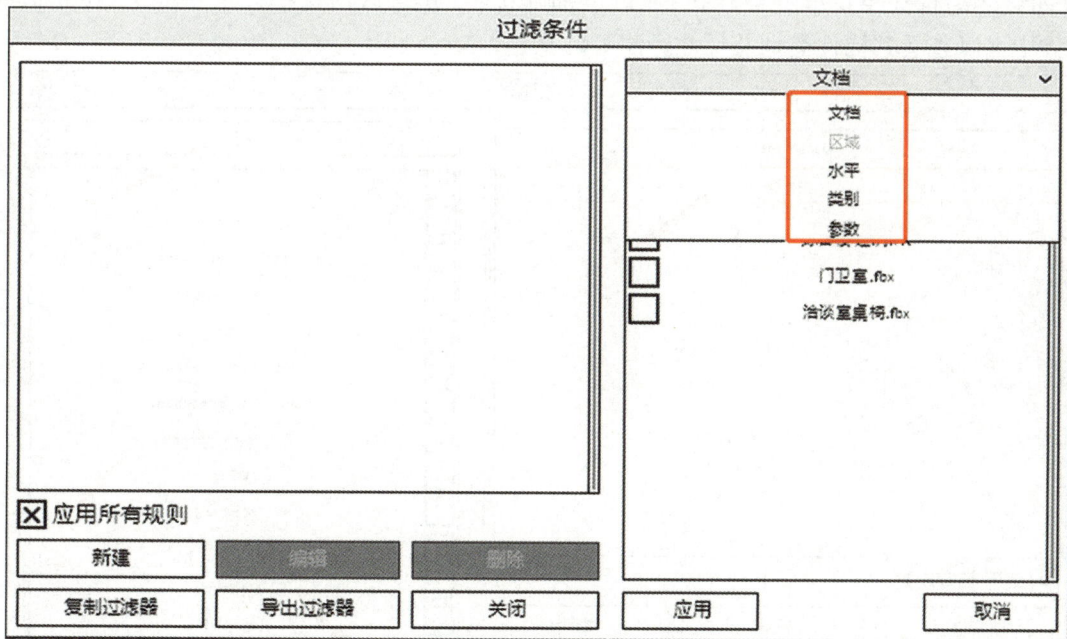

图 5-2-14　过滤器筛选条件

首先单击"文档筛选"选项,可以看到本示例中的所有模型文件名称,由于"梁"属于结构构件,位于"综合楼-结构.rvt"模型文件中,勾选"综合楼-结构.rvt",单击"应用",完成文档筛选(图5-2-15)。

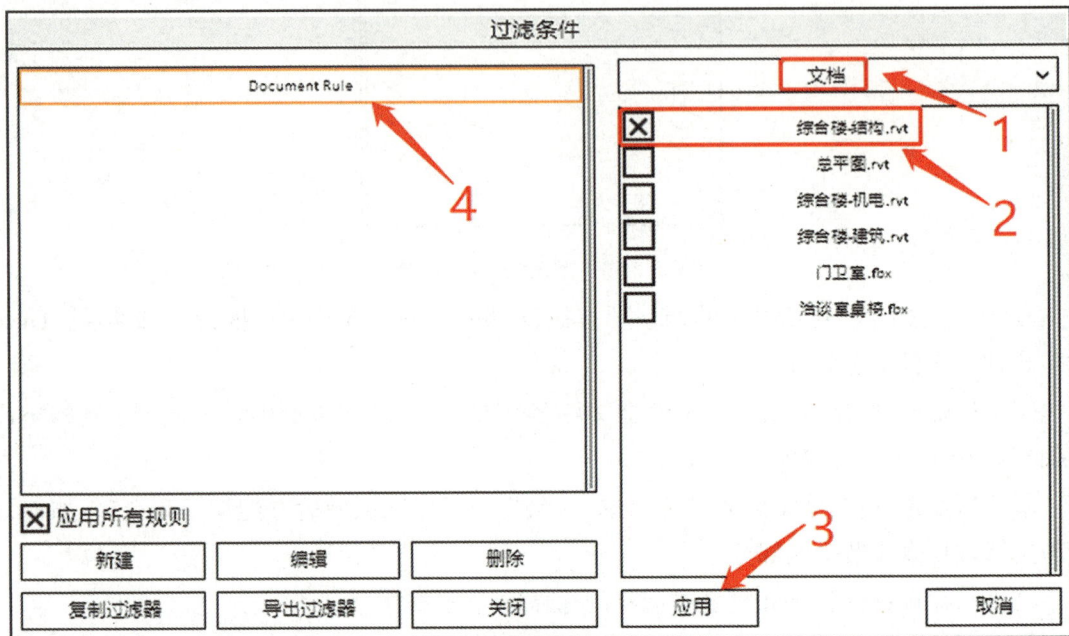

图 5-2-15　添加"文档筛选"过滤条件

如图 5-2-16、图 5-2-17 所示,继续增加过滤条件,单击"类别筛选"选项,勾选"Structural Framing"(结构框架),单击"应用",完成类别筛选(在操作区内选择任意一根梁,在其构件属性中可以查看其构件类别及尺寸标注等信息)。

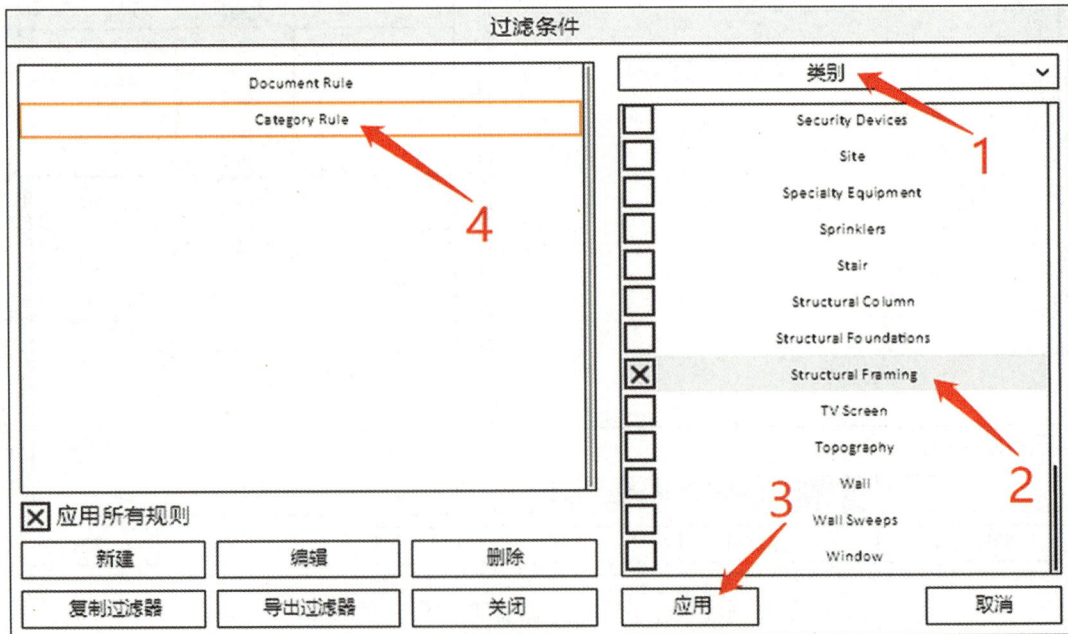

图 5-2-16　添加"类别筛选"过滤条件

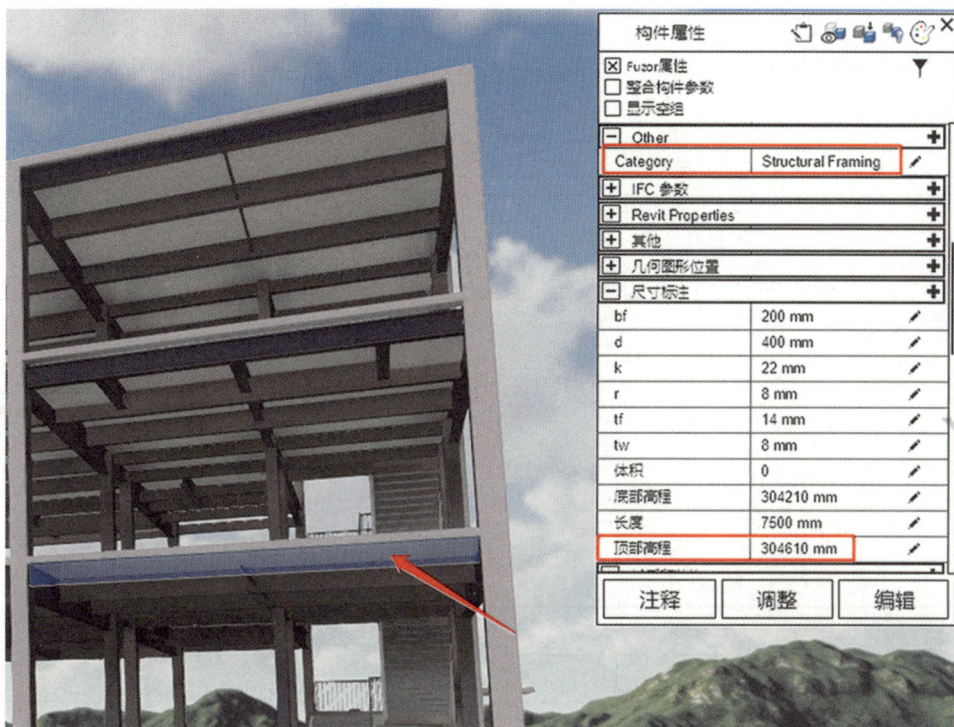

图 5-2-17   查看构件信息辅助筛选构件

在设置筛选条件的过程中,可以随时查看筛选的情况。单击过滤器名称选中对应过滤器,单击"亮显"按钮,可以看到在目前的筛选条件下,各个楼层的梁都被选中,但还未能单独筛选出对应标高的梁结构,需要进一步设置筛选条件(图 5-2-18)。

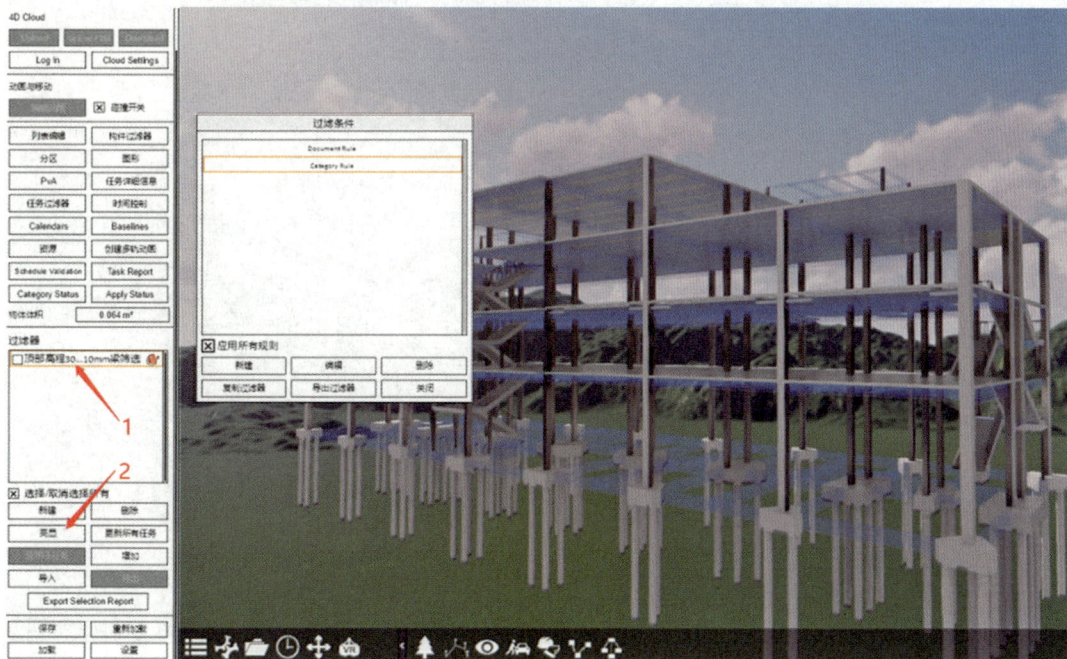

图 5-2-18   查看筛选情况

单击"参数筛选"选项,在"筛选条件"下拉菜单中选中"顶部标高"选项,"运营商"选择"等于","值"下拉菜单中选择对应顶部高程"304 610 mm"数值,单击"应用",完成参数筛选(图 5-2-19)。

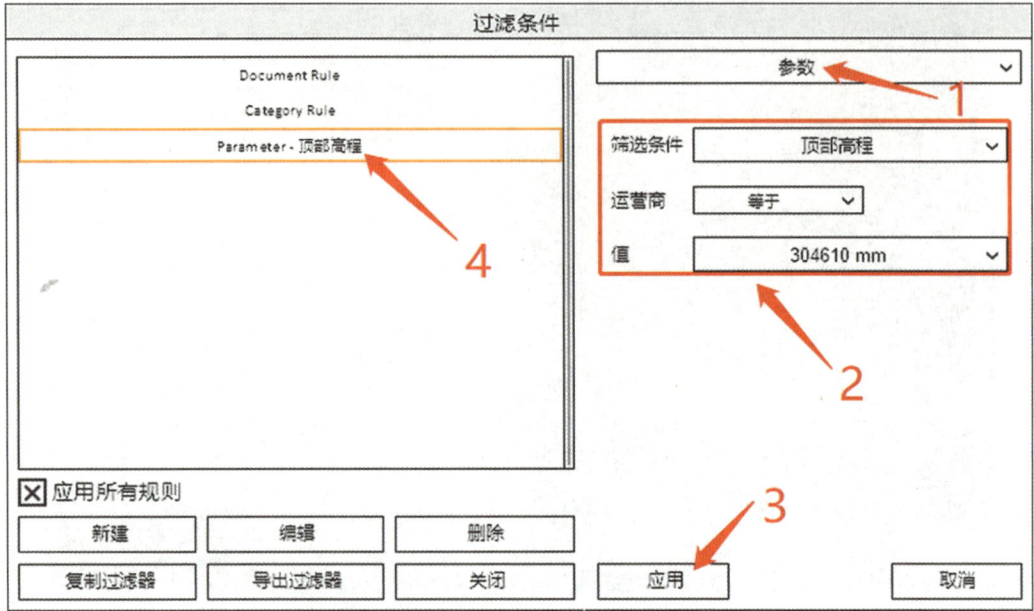

图 5-2-19　添加"参数筛选"过滤条件

单击过滤器名称,单击"亮显"按钮,可以看到在目前的筛选条件下,顶部高程为 304 610 mm 的梁已被选中,操作完成(图 5-2-20)。

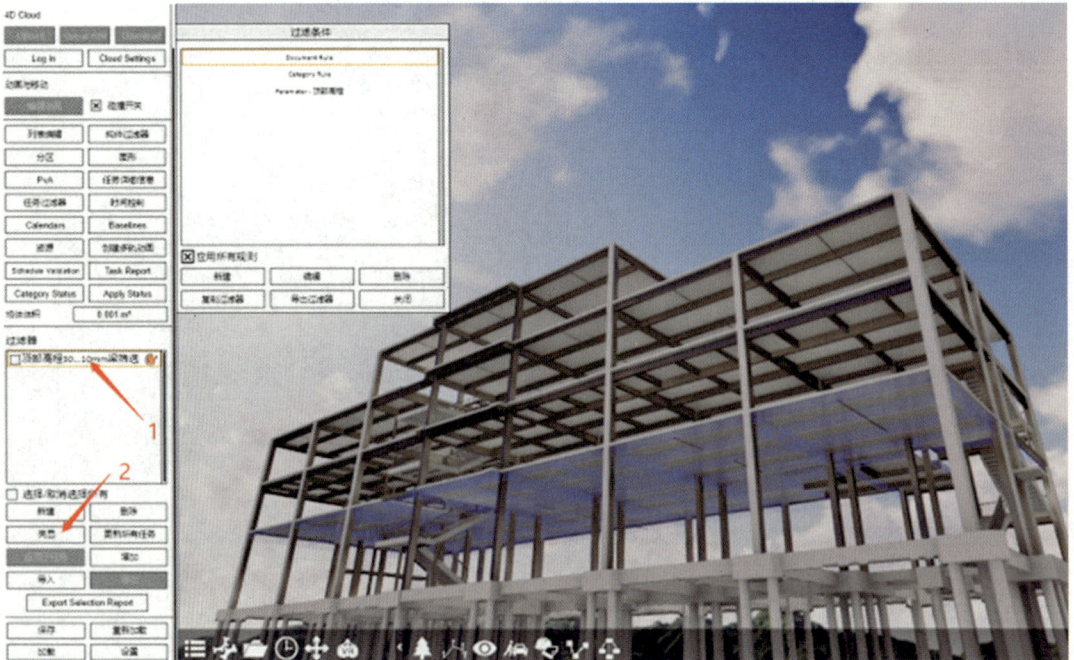

图 5-2-20　查看最终筛选情况

4）分区功能

在 4D 模拟工具中，单击"分区"功能按钮可展开"施工区域管理器"界面（图 5-2-21）。

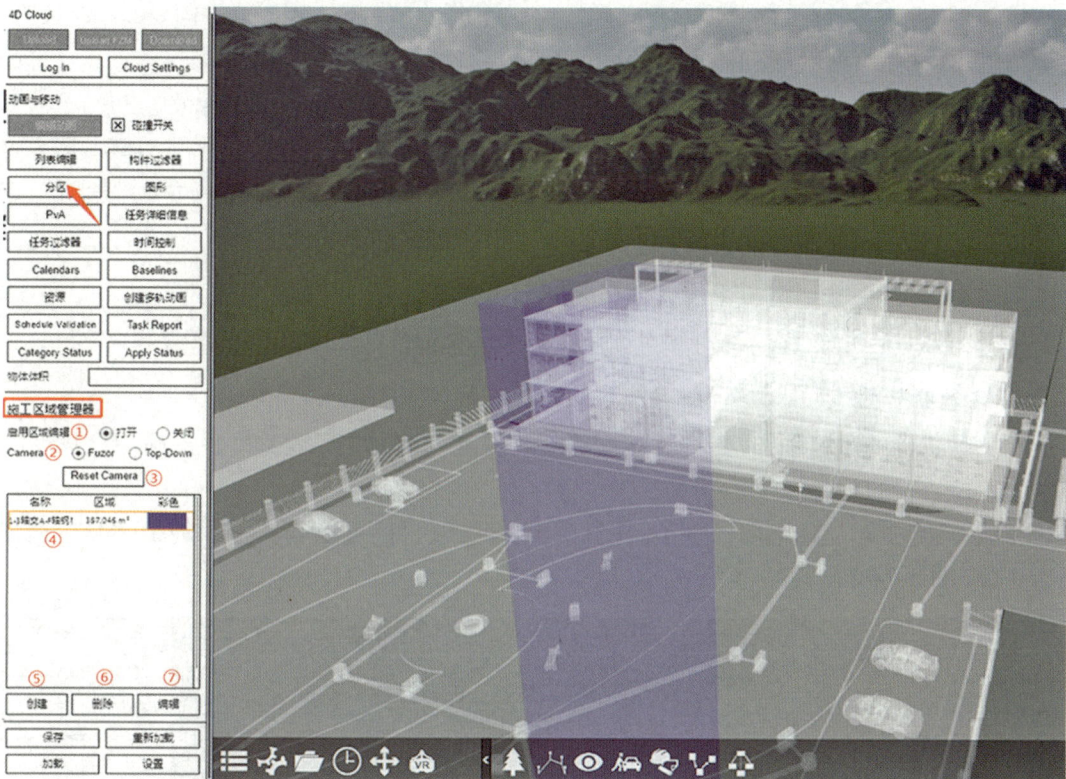

图 5-2-21　施工区域管理器界面

①启用区域编辑：单击"打开"进入"颜色渲染模式"，所有模型构件透明显示，可在操作区内创建施工区域等操作；单击"关闭"退出"颜色渲染模式"，恢复启用区域编辑前的模式。

②Camera（相机视角）：单击"Fuzor"切换到 Fuzor 主视图，单击"Top-Down"切换到俯视图，对两个模式下的视角都可以进行调整。

③Reset Camera：单击"Reset Camera"按钮可以将当前勾选模式的视角（Fuzor 或 Top-Down）恢复到其初始状态。

④施工区域列表：显示已创建的施工区域，显示属性有名称、区域、彩色。双击名称可重命名；区域即面积，不可编辑；单击彩色下的色块可展开颜色设置面板，编辑该施工区域的亮显颜色。

⑤创建：单击"创建"按钮后，在操作区内依次点击 4 个点即可形成施工区域。

⑥删除：单击"删除"，可删除当前选择施工区域。

⑦编辑：单击"编辑"，可调整当前选择施工区域位置及范围。

5）构件关联至进度计划

将相关构件与进度计划相关联，这是创建施工进度计划的基础。关联后的构件可以在 Fuzor 中生成进度动画，从而直观地反映构件的施工时间、施工顺序等流程。

利用 Fuzor 软件 4D 施工模拟中的"添加选择" ![添加选择按钮] 功能,可以快速实现构件与进度计划的关联。具体步骤如下:

第一步,在已经建立好的进度计划中选中需要关联构件的任务条;

第二步,选中需要关联到任务条的构件(可以多选);

第三步,点击"添加选择"按钮 ![添加选择按钮] ,即可将已选择构件与进度计划相关联。

可重复上述步骤分批将构件绑定到进度计划。

对于已关联至进度计划中的构件,若需要将其取消关联,具体步骤如下:

第一步,在已经建立好的进度计划中选中已关联构件的任务条;

第二步,选中需要取消与该任务条已关联的构件;

第三步,点击"清除选择"按钮 ![清除选择按钮] ,即可将已选择构件与进度计划取消关联。

6)检查关联构件

在关联构件的过程中,需要不断地检查构件是否关联成功、是否关联正确,有以下几个方法可以检查关联构件。

方法一:点击对应的进度计划条,亮显已经关联的构件,可以查看关联的构件是否遗漏、是否正确(图 5-2-22)。

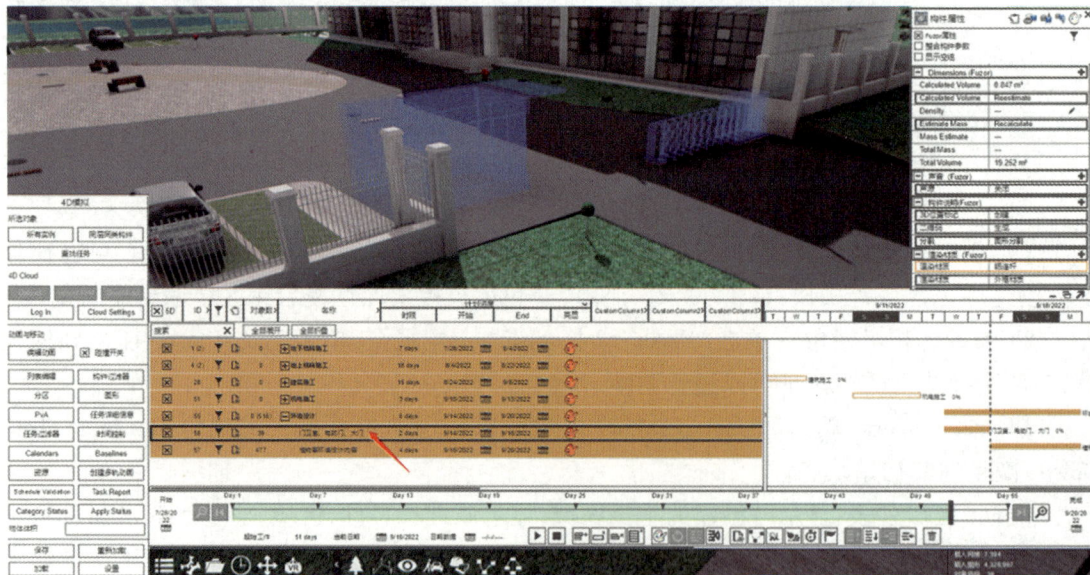

图 5-2-22　点击进度计划条亮显关联构件

方法二:拖动进度条时间轴,控制时间,可以查看各进度关联的构件是否遗漏、是否正确。对于植物这一类不亮显的构件,可以使用此方法(图 5-2-23、图 5-2-24)。

方法三:在 4D 模拟的工具中,单击"设置"展开设置窗口,勾选"隐藏对象"选项 ![隐藏对象] **隐藏对象** ,则已关联到进度计划中的构件不可见。关联构件过程中可用此方法快速隐藏已关联对象,提高工作效率。

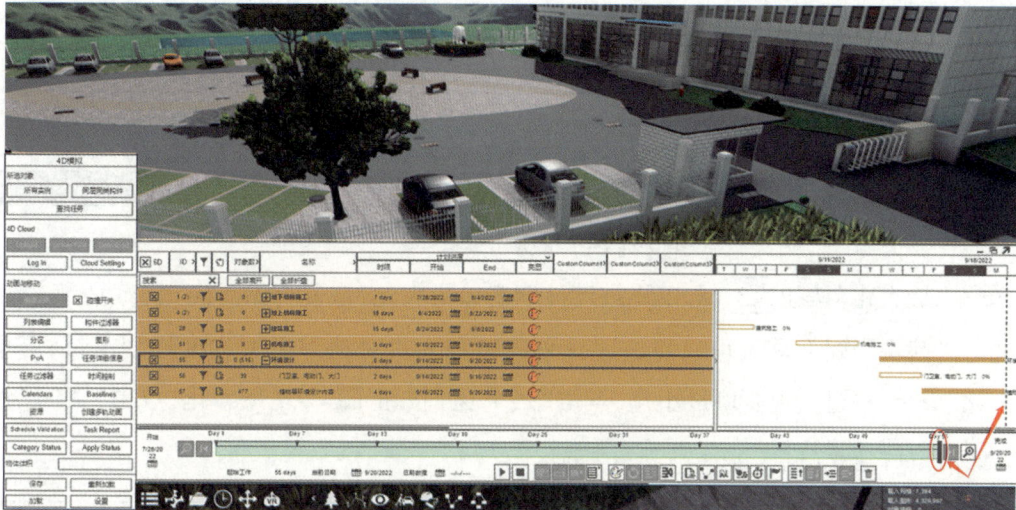

图 5-2-23 拖动进度条查看关联构件情况（一）

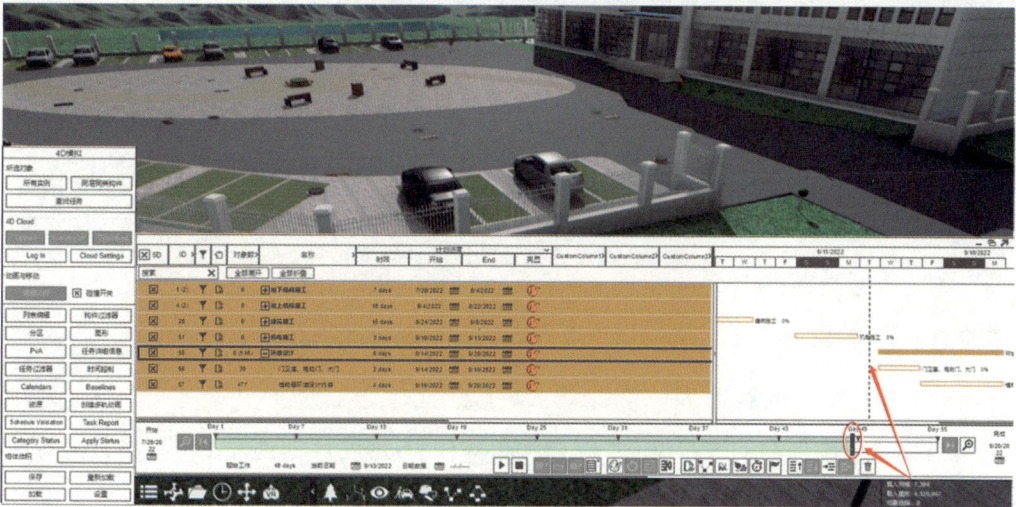

图 5-2-24 拖动进度条查看关联构件情况（二）

7）调整进度计划窗口大小及位置

在 4D 模拟界面中操作时，若进度计划窗口遮挡操作区，用户可根据个人喜好对进度计划窗口位置大小进行调整（图 5-2-25）。

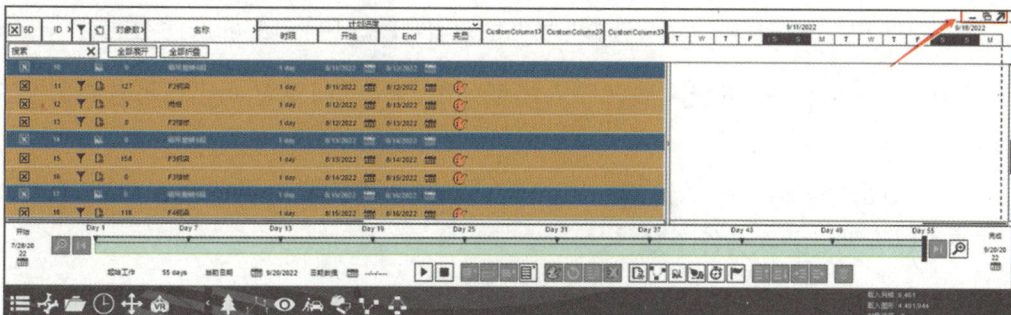

图 5-2-25 调整进度计划窗口按钮

单击"最小化"按钮 ━ ,可以将进度计划窗口最小化,仅展现进度计划时间条(图 5-2-26)。

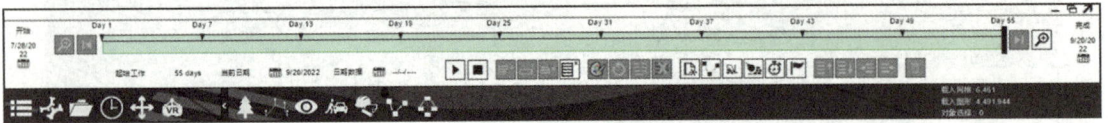

图 5-2-26　最小化进度计划窗口

单击"最大化"按钮 🔲 ,可以将进度计划窗口最大化(恢复初始界面大小)。

单击"箭头"按钮 ↗ ,可以将进度计划窗口独立。对独立后的进度计划窗口,可单击 "最小化" ━ 按钮实现窗口最小化,点击"最大化"按钮 🔲 实现最大化,点击"关闭"按钮 ✕ 取消窗口独立(图 5-2-27)。

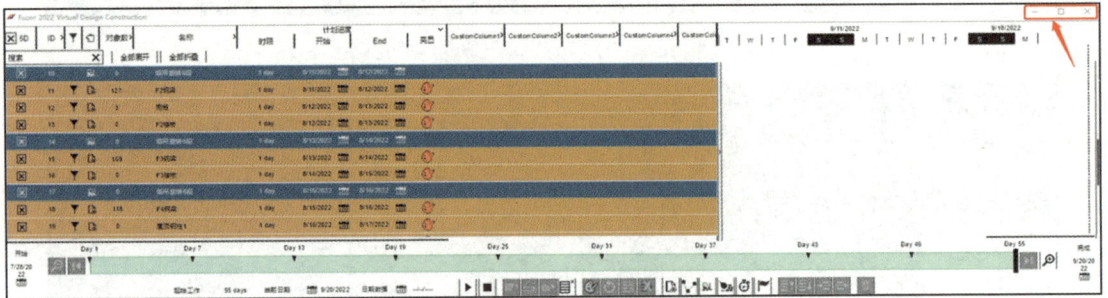

图 5-2-27　独立后的进度计划窗口

5.2.3　任务实施

1)关联环境设计内容

打开任务 5.1 中保存的成果文件"综合楼单体模型-进度计划创建.che",将其另存为"综合楼单体模型-关联构件.che",在此文件中进行本小节操作。

2)关联门卫室等内容

门卫室建筑是单独导入的 ＊.fbx 文件,通过"可见性过滤"功能可以较快地选择整个文件内的模型(图 5-2-28)。具体步骤如下:

第一步,单击选中"门卫室、电动门、大门"进度计划。

第二步,展开"更多选项"界面,选择"可见性过滤" 👁 功能,在可见性功能窗口中单击 "导入模型"前方的加号按钮 ➕ ,展开导入模型列表,单击"门卫室.fbx"即可选择整个文件内模型。

第三步,点击"添加选择"按钮 📋 ,即可将已选择构件关联至当前进度计划,在进度计划名称前可以看到已关联构件个数。

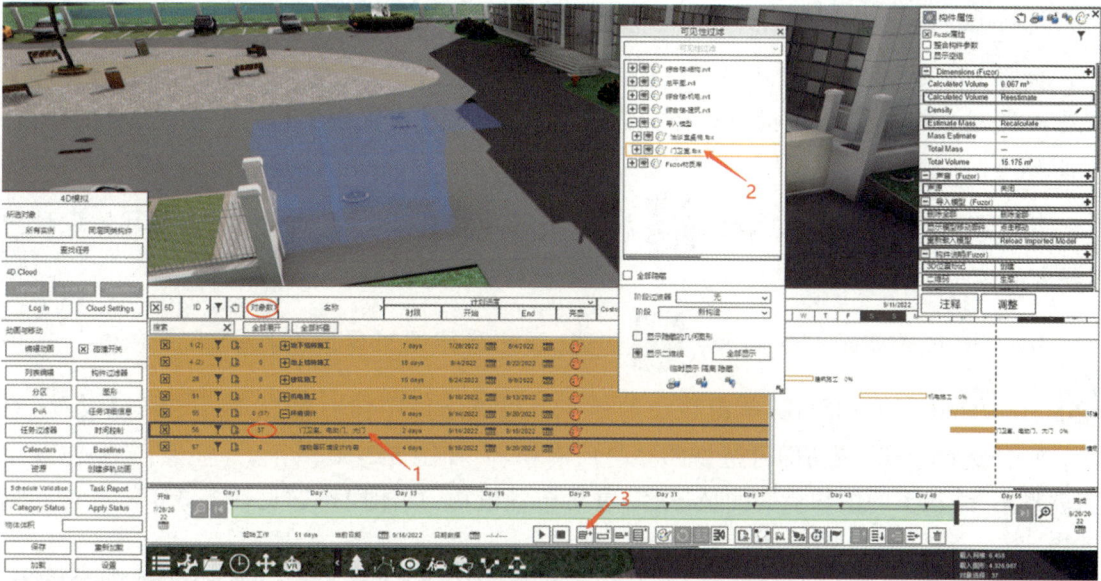

图 5-2-28　通过"可见性过滤"功能选择构件关联至进度计划

继续关联"门卫室、电动门、大门"进度计划中的电动门和大门构件（图 5-2-29），步骤如下：

第一步，单击选中"门卫室、电动门、大门"进度计划。

第二步，选择电动门、大门构件（按住 Ctrl 键的同时，单击需要选择的构件可以实现加选构件）。

第三步，单击"添加选择"按钮 ，即可将已选构件关联至当前进度计划。在进度计划名称前可以看到已关联构件个数已发生变化。

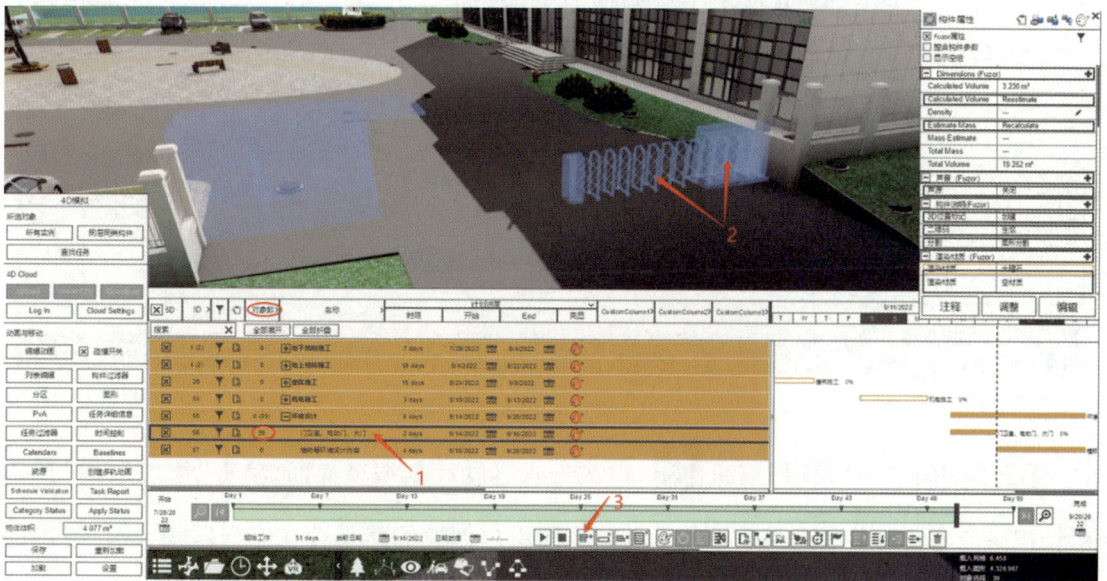

图 5-2-29　加选构件关联至进度计划

3）关联任务 3.3

此部分主要关联任务 3.3 任务三和任务四的相关内容，包括布置的绿植、特效等。对于放置在路径上的内容，可以批量选择加入进度计划任务，如任务 3.3 任务三中布置的绿植。步骤如下：

第一步，单击"4D 模拟"按钮 ，进入进度计划编辑界面，选择"植物等环境设计内容"进度计划。

第二步，选择"Paths"（路径） 功能，展开路径编辑界面，勾选"Show Paths"选项 ，显示路径，单击路径的任一节点或路径中任一植物，展开"路径设置"界面，单击"选择全部"按钮即可选择路径上所有植物，如图 5-2-30 所示。（注意：若是出现重启软件后，路径上的植物消失的情况，需重新布置植物，具体操作详见任务 3.3 任务三的相关内容）

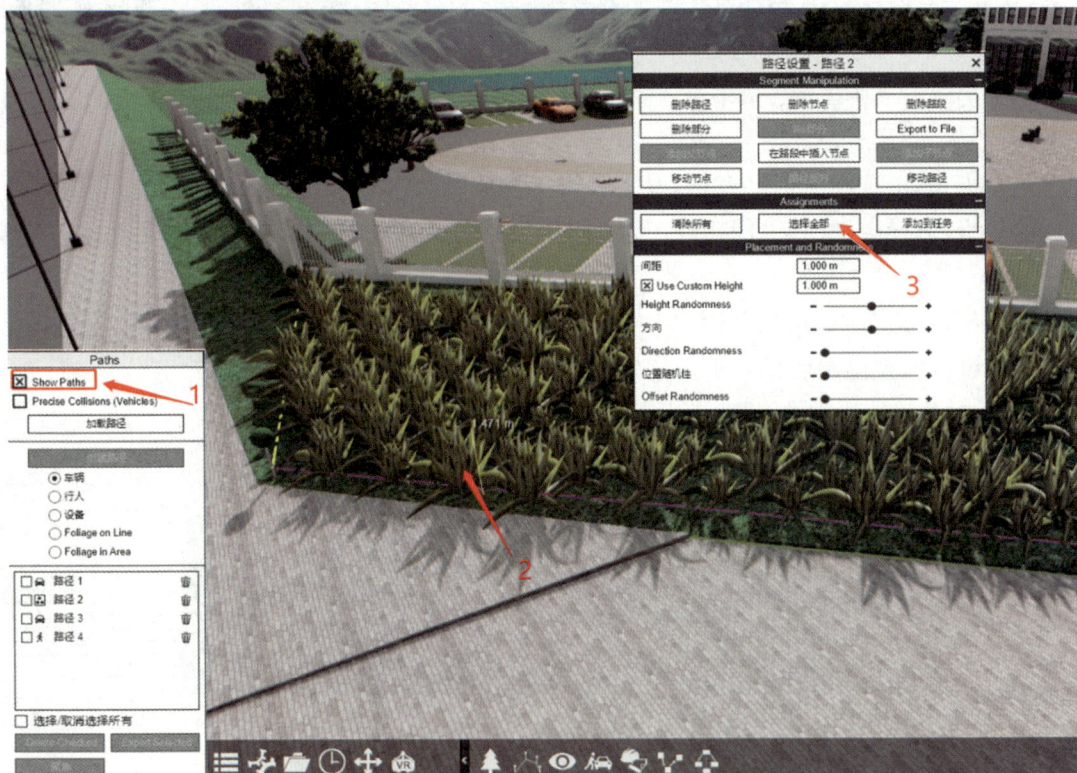

图 5-2-30　选择路径上的所有内容

第三步，单击"4D 模拟"按钮 ，再次进入进度计划编辑界面，单击"添加选择"按钮 ，将路径内植物关联至当前进度计划。不同用户创建的路径存在略微区别，故路径内的植物数量也有所差别（图 5-2-31）。

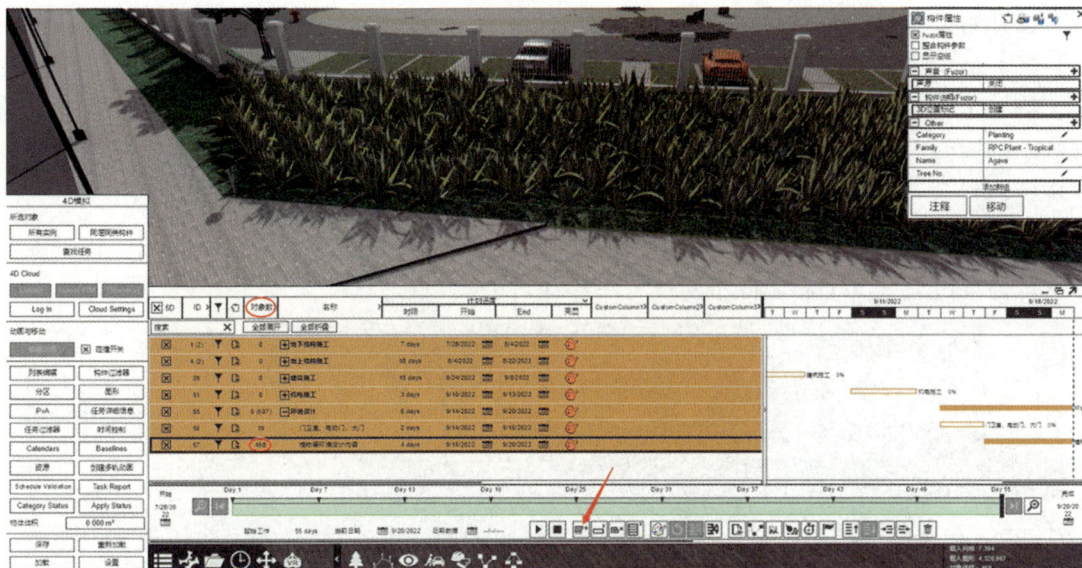

图 5-2-31 关联路径内的植物

其他沿路径布置的绿植也按照以上步骤关联进度计划。对于布置在路径以外的植物、特效,依次单击选择关联到进度计划中(按住 Shift 或 Ctrl 键的同时,依次单击对象可实现多选,按住 Ctrl 键的同时,点击已选对象可实现减选)。

4)关联基础及结构主体

打开"可见性过滤"界面,勾选"全部隐藏"选项 ☒ 全部隐藏 ,将所有模型构件隐藏,然后单击"综合楼-结构"文件前的眼睛按钮/方框,可单独展现结构模型构件(图 5-2-32)。

图 5-2-32 仅显示"综合楼-结构"模型

①开始关联结构模型构件,具体步骤如下:

第一步,单击选中"桩基础"进度计划。

第二步,选择单根桩基础,然后点击 4D 模拟工具界面中的"所有实例"即可快速选择所有桩基础构件(选择构件有多种方式,用户可根据个人习惯或参照本章节任务分析中第二节进行选择)。

第三步,单击"添加选择"按钮 📑⁺ ,即可将已选择构件关联至当前进度计划。在进度计划名称前可以看到已关联构件个数已发生变化(图 5-2-33)。

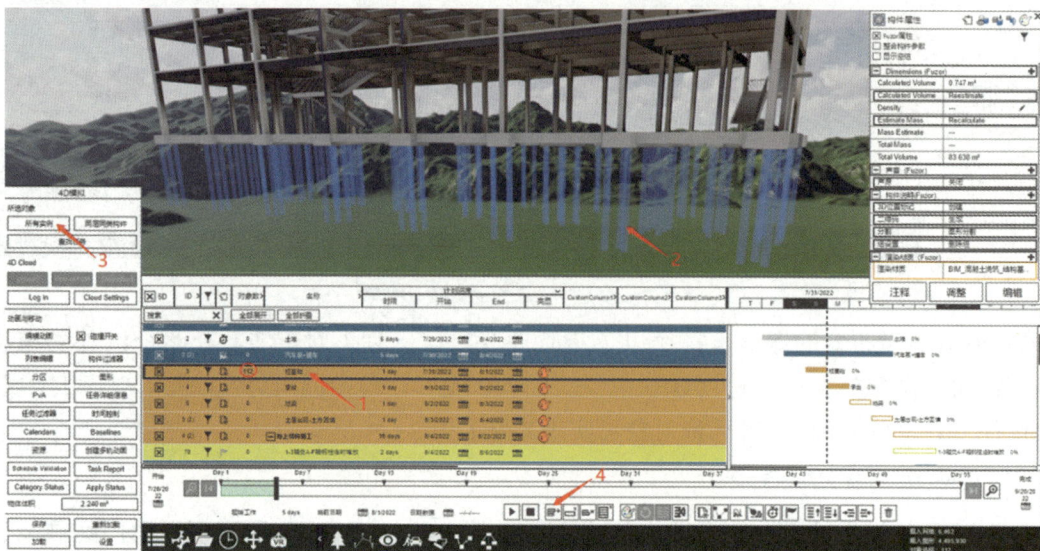

图 5-2-33　关联桩基础构件

②继续关联"承台""地梁"进度计划中构件。

③完成"承台""地梁"等进度计划的关联后,"1-3 轴交 A-F 轴钢柱临时堆放"任务相关构件的选择以"分区"+"构件过滤器"功能演示实现(用户也可以采用点选、"所有实例"、"同层同类构件"、隔离、隐藏等功能巧妙结合实现构件选择)。首先明确 1-3 轴交 A-F 轴钢柱构件,可在 Revit 软件中查看其范围,如图 5-2-34 所示。

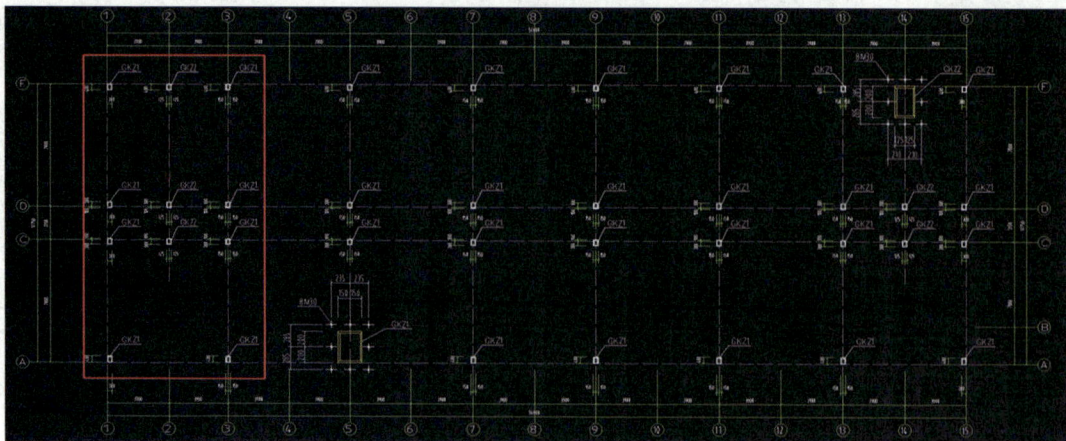

图 5-2-34　1-3 轴交 A-F 轴钢柱

构件选择及关联具体操作如下：

①打开"可见性过滤"界面，单击"总平图"文件前的眼睛按钮/方框，显示场地模型构件辅助关联临时堆放任务构件，调整临时堆放构件位置（图 5-2-35）。

图 5-2-35 显示"总平图"模型构件

②在 4D 模拟工具中，单击"分区"展开其功能窗口，默认启用区域编辑为"打开"状态，Camera 切换为"Top-Down"视图，可以调整视图到方便创建分区的视图，单击"创建"后在操作区内点击 4 个点形成分区，双击区域名称重命名（图 5-2-36）。

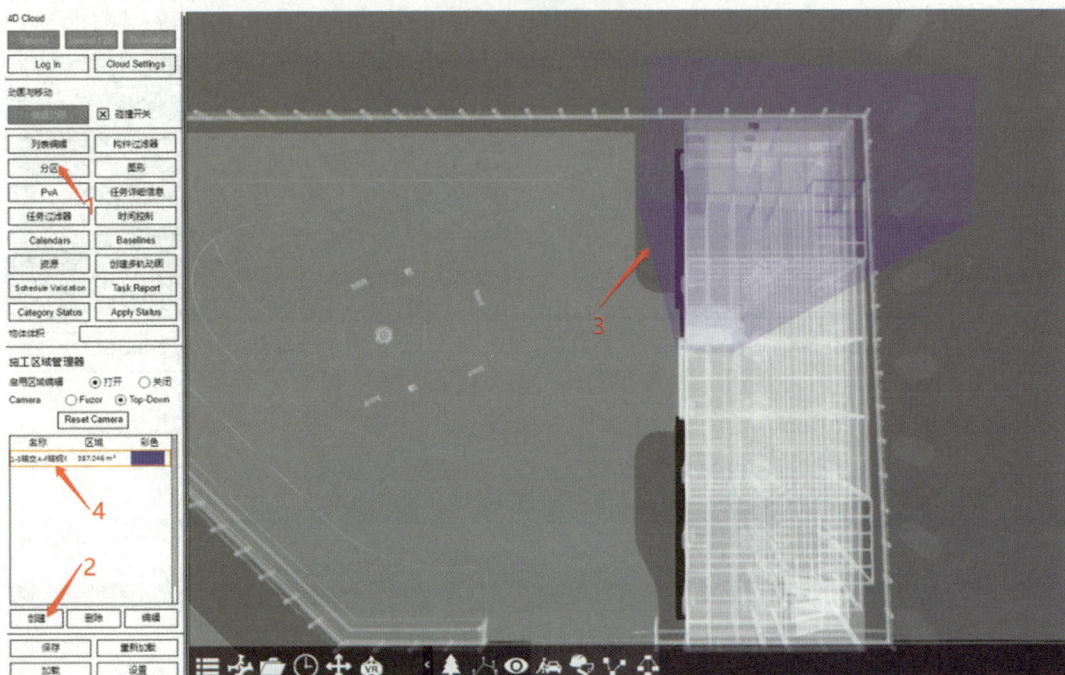

图 5-2-36 创建分区

③单击"编辑"，进入"调整"界面，默认"移动工具"下，利用"视图 1"和"视图 3"可以较

快速、准确地调整分区范围,确认分区范围内的钢柱为"1-3 轴交 A-F 轴钢柱",即可单击"完成"结束编辑(图 5-2-37)。

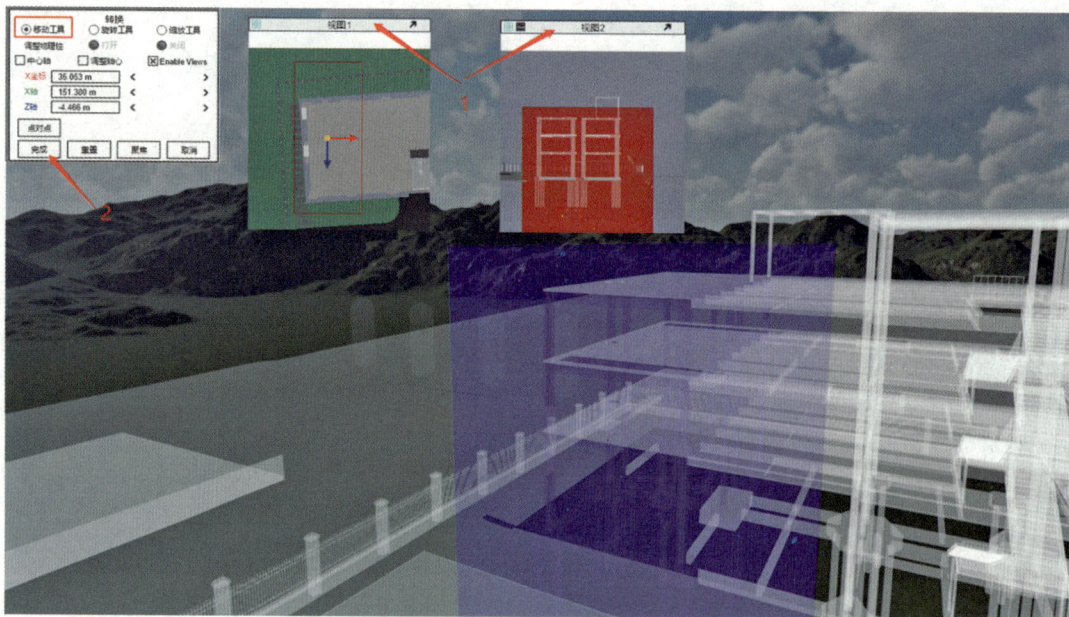

图 5-2-37　调整区域位置

④在 4D 模拟工具中单击"构件过滤器"按钮,展开过滤器界面,单击"新建"按钮,即可添加过滤器,双击过滤器名称重命名。在"过滤条件"窗口中单击"新建"可添加过滤条件,第一个过滤条件选择"文档",勾选"综合楼-结构.rvt"文件,单击"应用"即添加完成(图 5-2-38)。

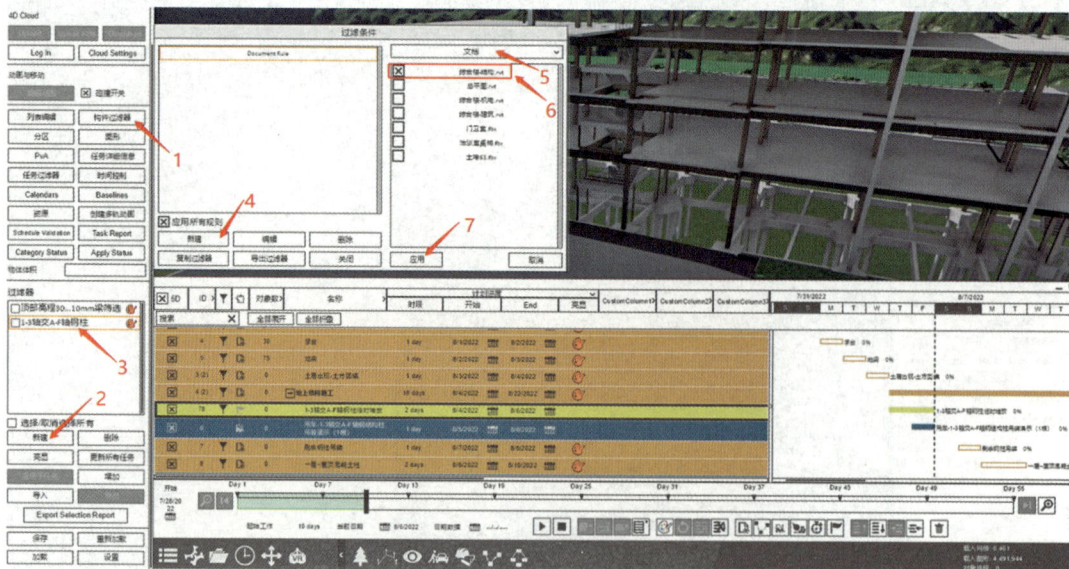

图 5-2-38　新建构件过滤器并添加过滤条件

⑤第 2 个过滤条件选择"区域",勾选刚才创建的区域名称,单击"应用"按钮,如图 5-2-39 所示。

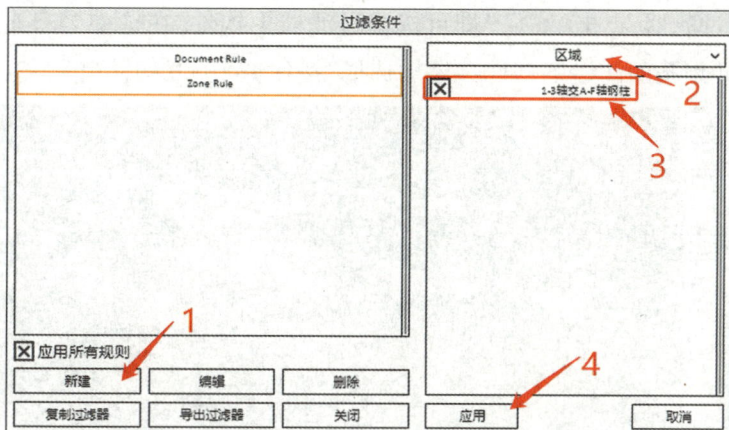

图 5-2-39　添加"区域"过滤条件

⑥第 3 个过滤条件选择"类别",勾选钢柱的类别属性即"Structural Column",单击"应用"按钮,如图 5-2-40 所示。

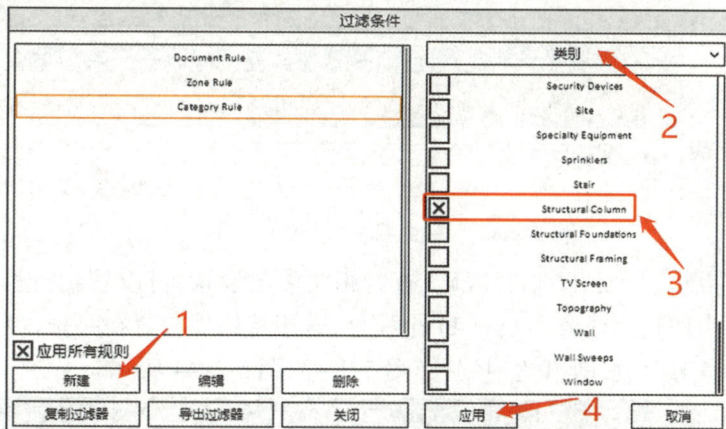

图 5-2-40　添加"类别"过滤条件

⑦第 4 个过滤条件选择"参数",筛选条件选择"族名称",运营商选择"等于",值选择"钢柱",最后单击"应用"按钮,如图 5-2-41 所示。

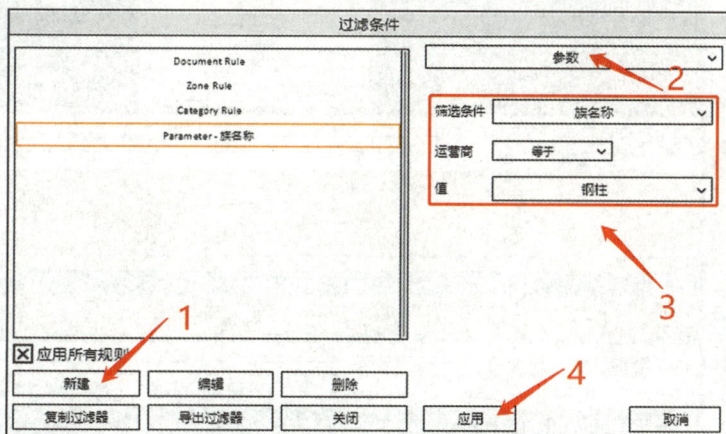

图 5-2-41　添加"参数"过滤条件

⑧选择对应过滤器,点击"亮显"即可选中过滤器中构件,在选中"1-3 轴交 A-F 轴钢柱临时堆放"进度计划条的前提下,单击"添加选择"按钮 关联构件(图 5-2-42)。

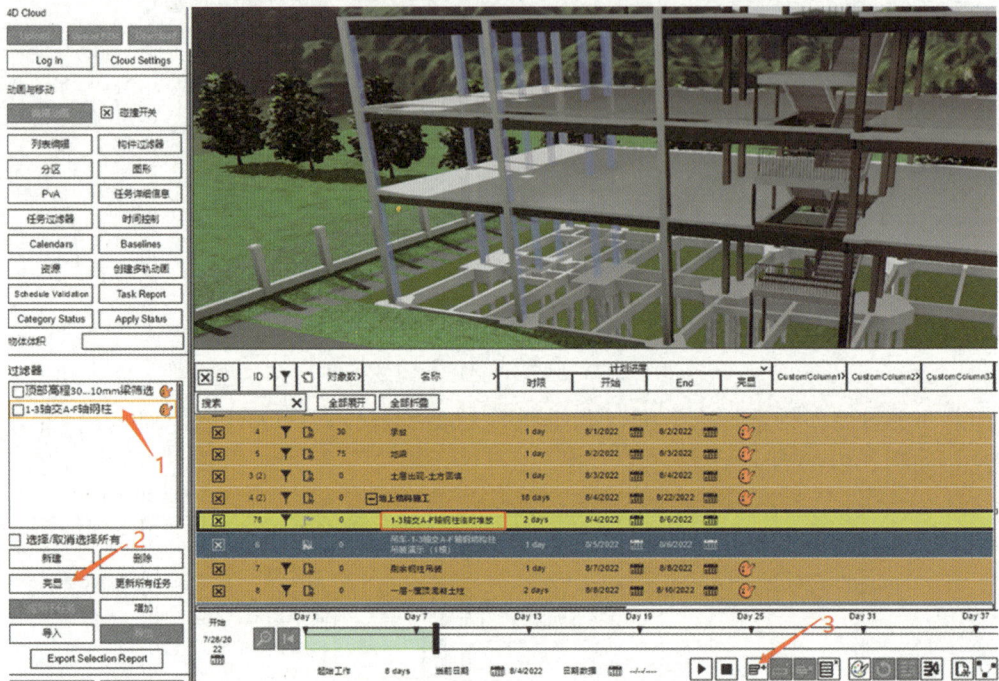

图 5-2-42　关联"构件过滤器"中构件

⑨单击"暂存点",可展开"临时区域"查看相关参数设置,可以看到行长度为 5(表示一行并排放置 5 个构件),而任务中共有 11 个构件,若想将构件放置在一排,可调整行长度值,使其大于等于任务对象数,即可达到效果(图 5-2-43、图 5-2-44 所示)。

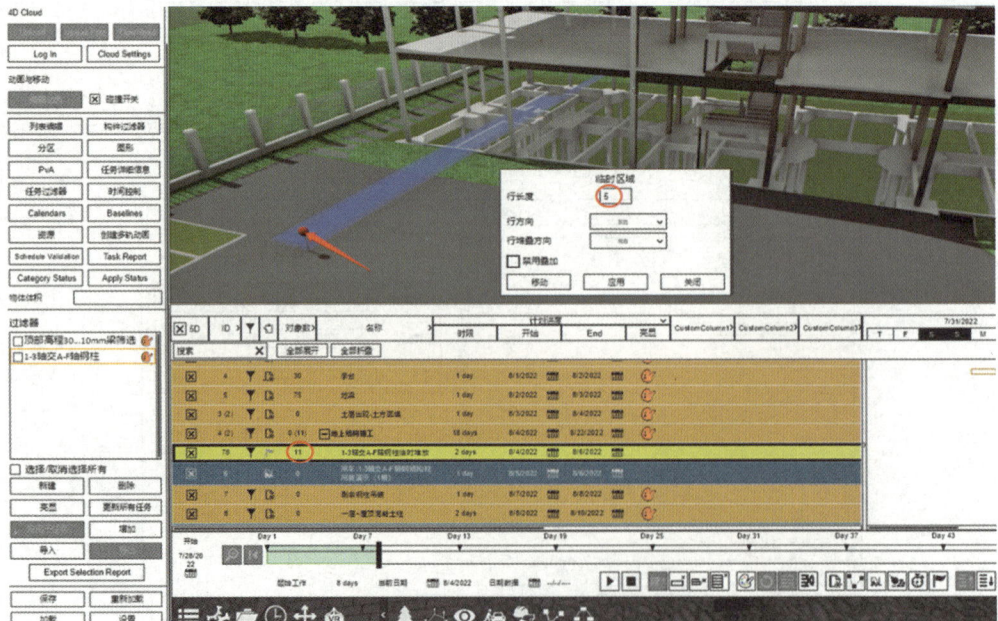

图 5-2-43　查看构件堆放设置

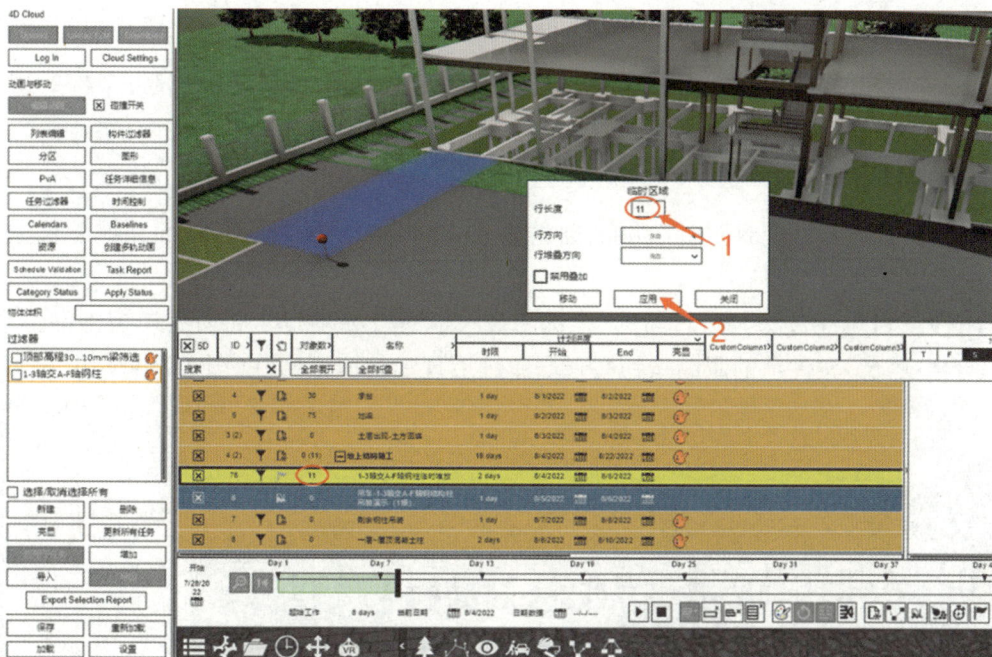

图 5-2-44　调整行长度

　　当构件堆放位置不理想时,可调整堆放位置。具体操作为:单击"临时区域"界面中的"移动"按钮后,即可在操作区内移动"暂存点",移动构件堆放位置。最后单击"应用"或"关闭"关闭"临时区域"窗口,如图 5-2-45 所示。

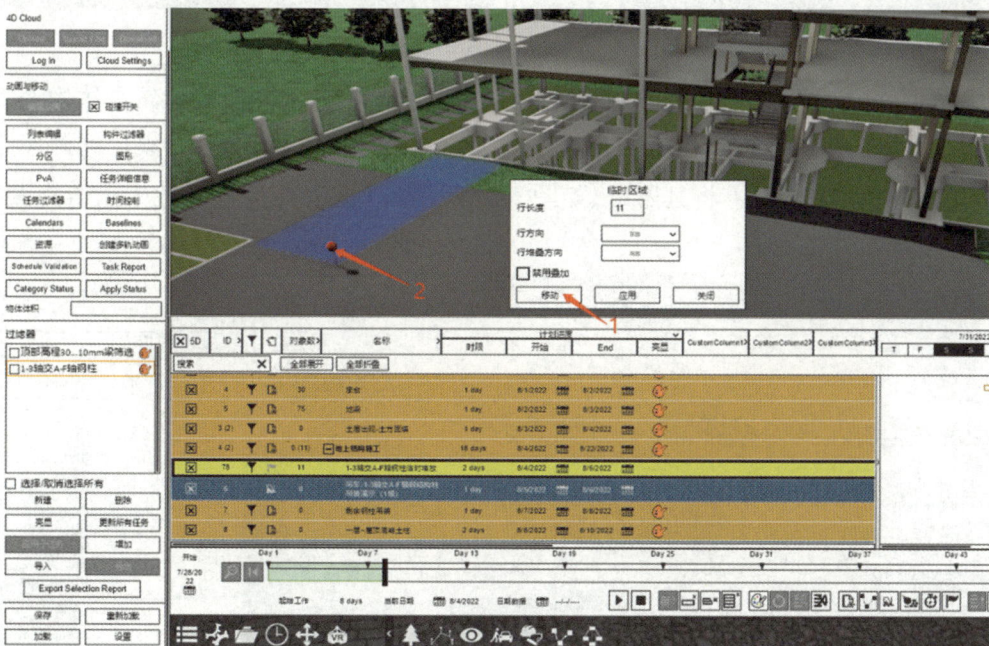

图 5-2-45　移动构件堆放位置

按照以上步骤及方法依次关联剩余结构构件。

注意:在选择过程中若发现有成组的构件需要对其进行解组操作,首先选择成组构件,点击"构件属性"界面左上角"解组对象" 可将其解组。当需要将多个构件成组时,选中需成组的多个构件,点击"构件属性"界面左上角"组选对象" 即可成组;结构模型文件中栏杆扶手属于建筑专业,应关联到建筑施工模块下"窗边栏杆、楼梯栏杆"任务中。

5)关联建筑主体

同样可以利用"可见性过滤"功能,独立显示"综合楼-建筑"模型,从而完成建筑主体的关联操作,具体操作如下:

①打开"可见性过滤"窗口,勾选"全部隐藏"选项 ☒ 全部隐藏,将所有模型构件隐藏,单击"综合楼-建筑"文件前的眼睛按钮/方框,单独展现建筑模型构件(图5-2-46)。

图5-2-46 仅显示"综合楼-建筑"模型

"综合楼-建筑"模型中的土方构件在任务五中复制、关联,故在关联建筑主体构件时,可将其隐藏。点击选中土方构件,在"可见性过滤"窗口打开的前提下,可以锁定到构件,点击构件前方的眼睛按钮 可将其隐藏,如图5-2-47所示(或者在构件属性中点击隐藏按钮 将其隐藏)。

图5-2-47 隐藏土方构件

②开始关联建筑主体构件。

a.可以按照进度计划由上往下依次关联,也可以从构件是否方便选择的角度依次关联。以"窗"为例(由幕墙绘制的窗归类到窗类别下)进行说明:

第一步,单击选中"窗"进度计划。

第二步,在"可见性过滤"窗口打开的前提下,选择任一窗户构件,在"可见性过滤"窗口中会自动定位到当前选择构件,然后点击当前构件的上一级标题,可选择所有此类型的窗,可点击"构件属性"中的"隔离"按钮 (或者点击"可见性过滤"窗口中的"隔离"按钮)将当前选择构件隔离,方便查看所选构件是否符合要求。

第三步,检查无误后,单击添加选择按钮 关联构件(图 5-2-48、图 5-2-49)。

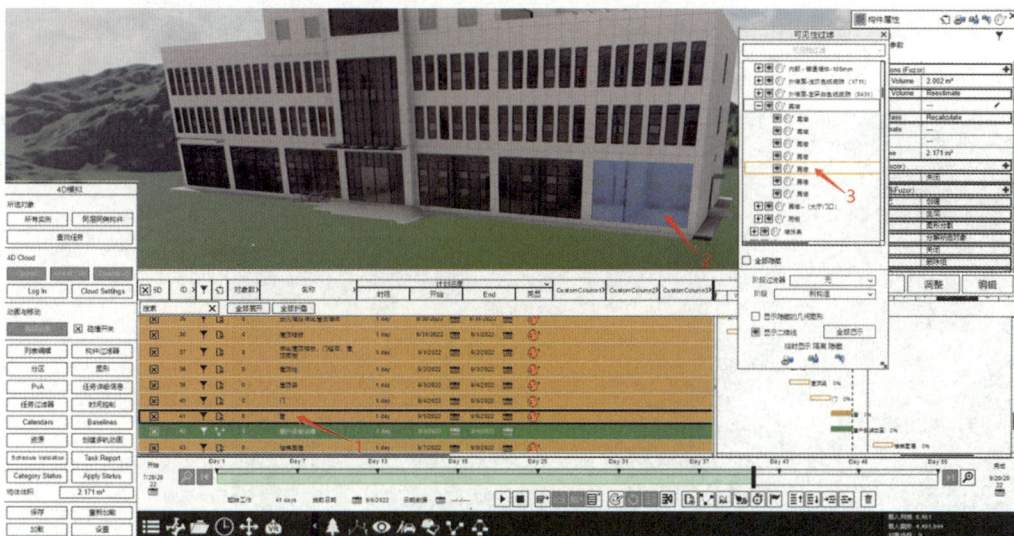

图 5-2-48 在"可见性过滤"窗口中显示当前选择构件

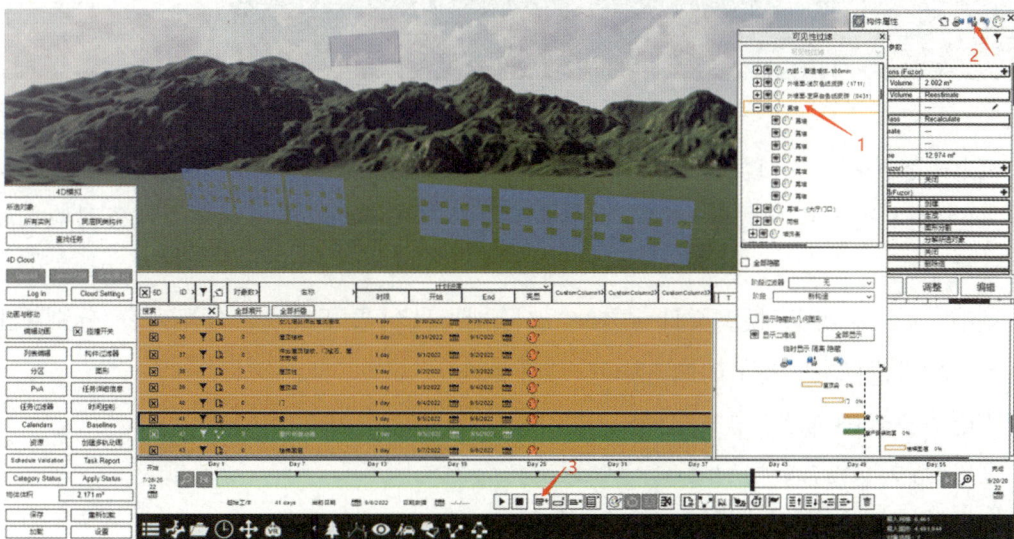

图 5-2-49 隔离检查并关联构件

b.选择隔离构件状态下的构件,再次单击"隔离"按钮 可复位临时隔离构件,或直接单击"显示全部"按钮 显示所有构件。

c.按照以上方式合理选择任务分析中的各选择构件方式,继续关联剩余窗构件及其他建筑主体构件。

注意:外部单独导入模型文件"洽谈室桌椅.fbx"中的桌椅应分类到建筑施工模块的相关任务"家具"中。

6)关联机电内容

"综合楼-机电"模型的关联与上述关联方式相同,具体操作为:打开"可见性过滤"窗口,勾选"全部隐藏"选项 ☒ 全部隐藏 ,将所有模型构件隐藏,然后单击"综合楼-机电"文件前的眼睛按钮/方框,可单独展现机电模型构件(图5-2-50)。

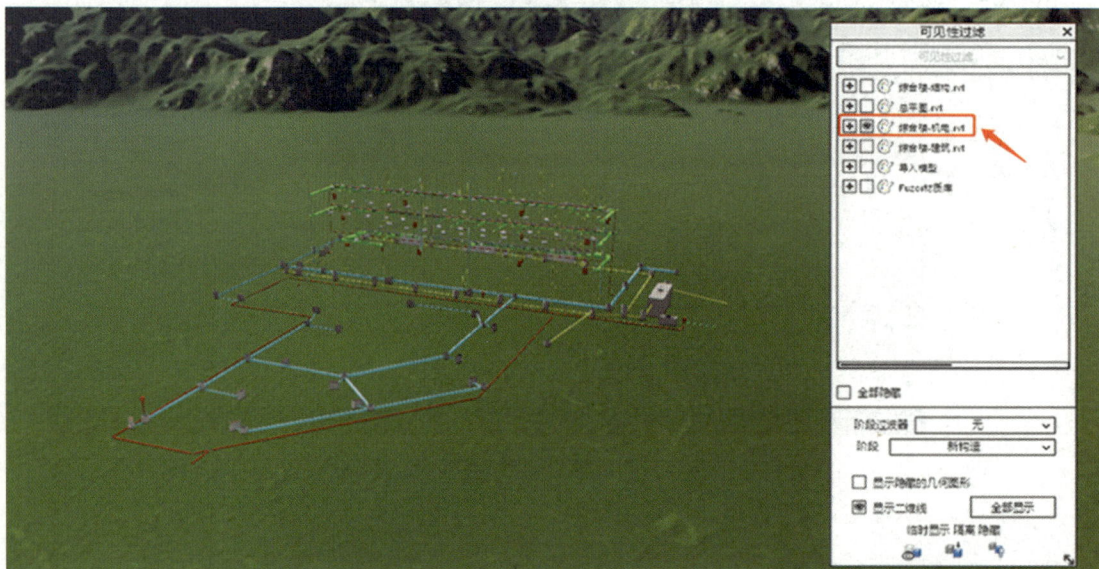

图 5-2-50 仅显示"综合楼-机电"模型

机电内容按照电气、暖通、给排水3个专业分类分别关联构件。此处不再演示关联构件操作,可参照上述任务步骤进行关联,此处主要介绍电气、暖通、给排水3个任务对应关联构件的选择。

点击"综合楼-机电"模型文件前方的"加号"按钮 展开其模型分类列表,分别单击以下分类名称可选择其分类下的所有构件(图5-2-51)。

①电缆桥架:关联到"电气"任务。

②风管:关联到"暖通"任务。

③机械设备、管道:关联到"给排水"任务。

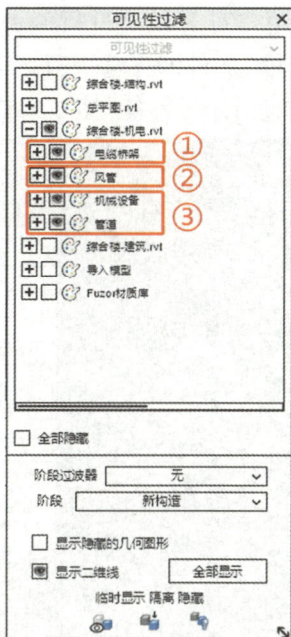

图 5-2-51　机电模型的可见性过滤界面

7）关联其余构件

（1）关联"土堆"任务构件

直接将文件夹中的"土堆.fbx"模型文件拖拽到 Fuzor 软件中，弹出"加载选项"提示窗口，选项切换为"特定坐标"后，单击操作区内土堆放置位置，特定坐标下的坐标值自动更新为单击位置坐标，最后单击"确认"按钮即可成功加载"土堆.fbx"文件（图 5-2-52）。

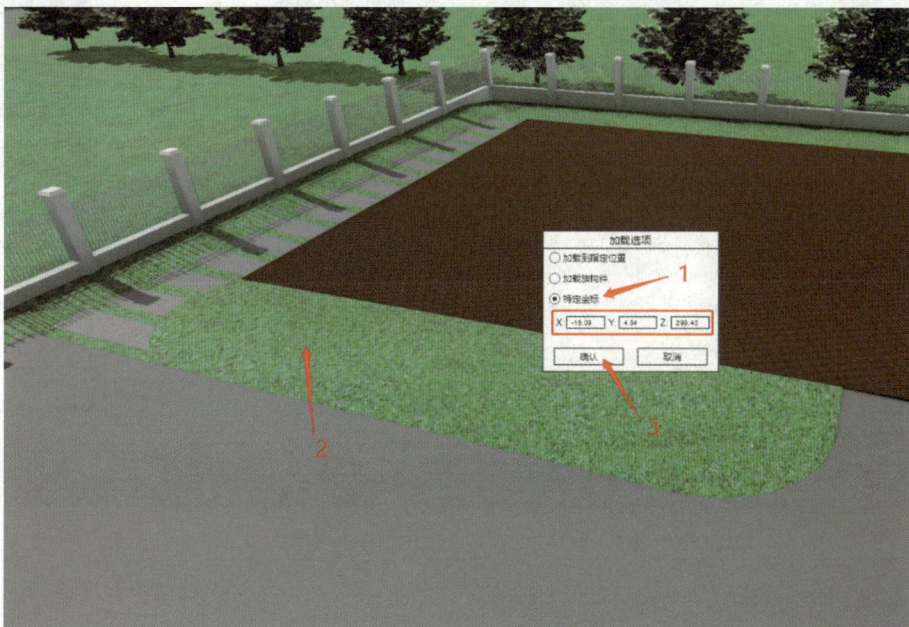

图 5-2-52　加载"土堆.fbx"文件

　　若载入的位置、尺寸不理想，用户可对模型进行微调。在"可见性过滤"窗口中，展开"导入模型"后单击其列表下的"土堆"文件即可选择所有土堆构件，在激活的"构件属性"中单击"调整"按钮可调整所选构件的位置、尺寸等（图5-2-53）。

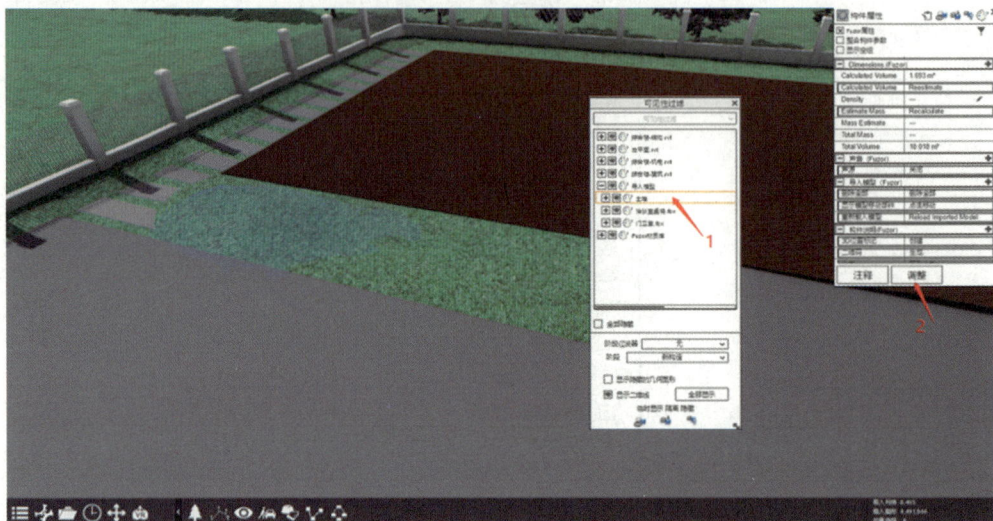

图 5-2-53　快速选择土堆构件并调整

　　依然可利用"可见性过滤"功能 选择所有土堆构件，在选中"土堆"任务的前提下，点击"添加选择"按钮 即完成"土堆"任务构件关联（图5-2-54）。

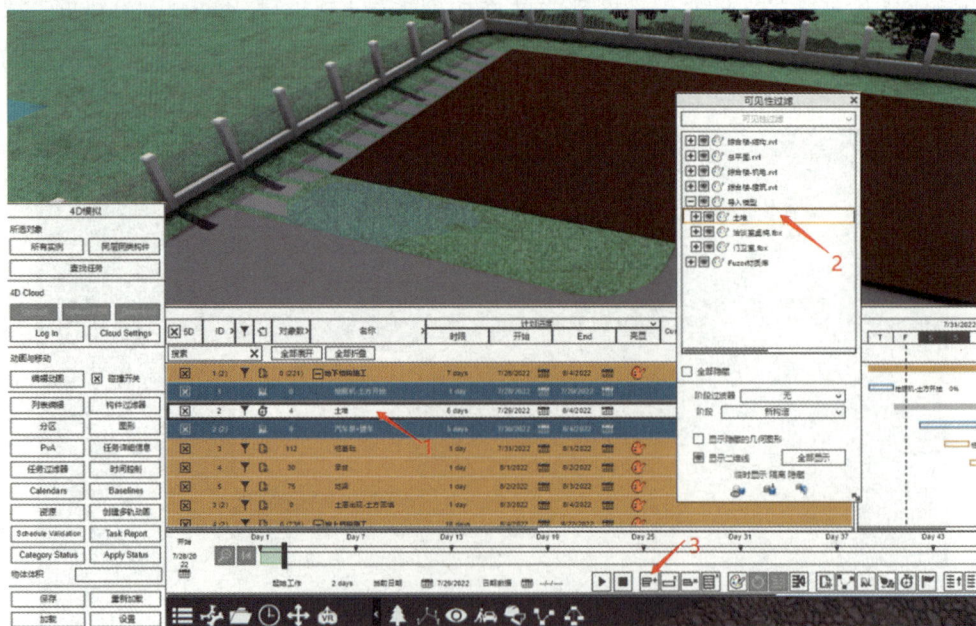

图 5-2-54　关联"土堆"任务构件

（2）关联"土层出现-土方回填"任务构件

此处要求原位复制"土方"构件，故采用克隆序列动画的方式复制构件。

第一步,创建序列动画。展开"更多选项"列表 ▤ ,选择"序列动画"功能 🔳 展开其功能界面,选择"土方"构件,然后单击"创建"按钮即可创建一个序列动画,双击序列动画名称重命名,关键帧保留初始关键帧,不做修改(图 5-2-55)。

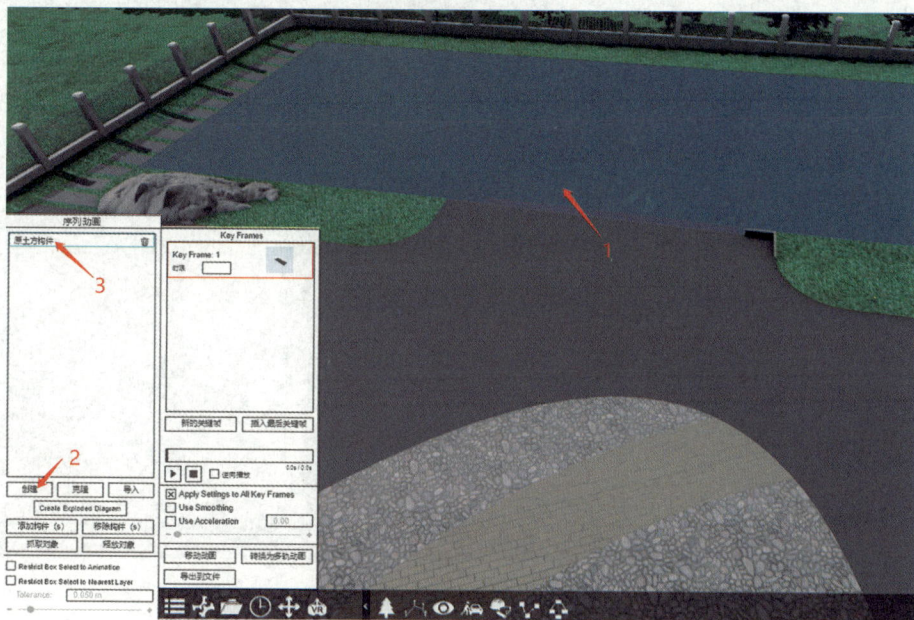

图 5-2-55　创建序列动画

第二步,克隆序列动画。选中已创建的对应序列动画,单击"克隆"按钮可复制序列动画及其中的各关键帧状态,同时复制序列动画中的构件,同样双击序列动画名称可重命名(图 5-2-56)。

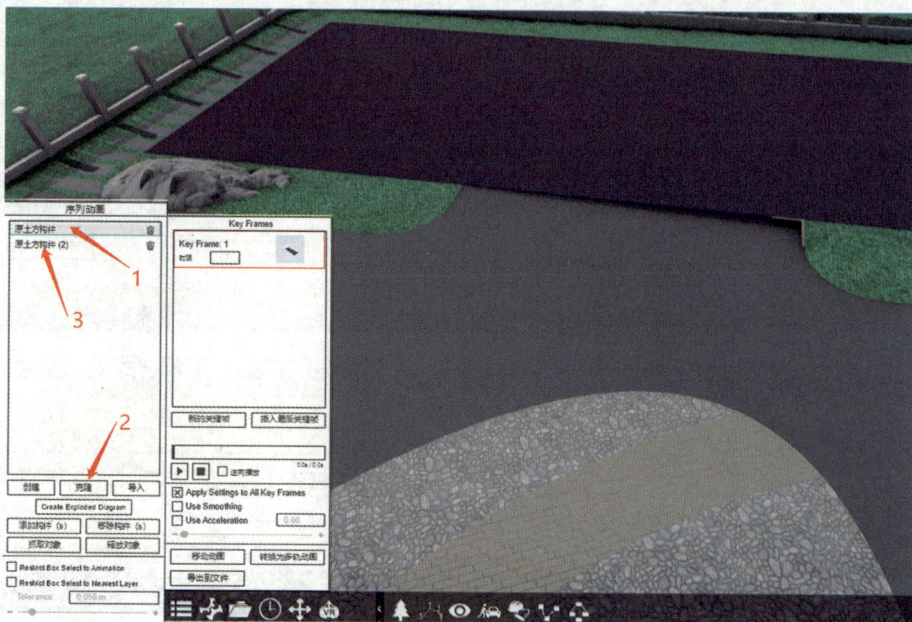

图 5-2-56　克隆序列动画

单击序列动画名称,可选择此序列动画并同时选中序列动画中的构件(图 5-2-57)。

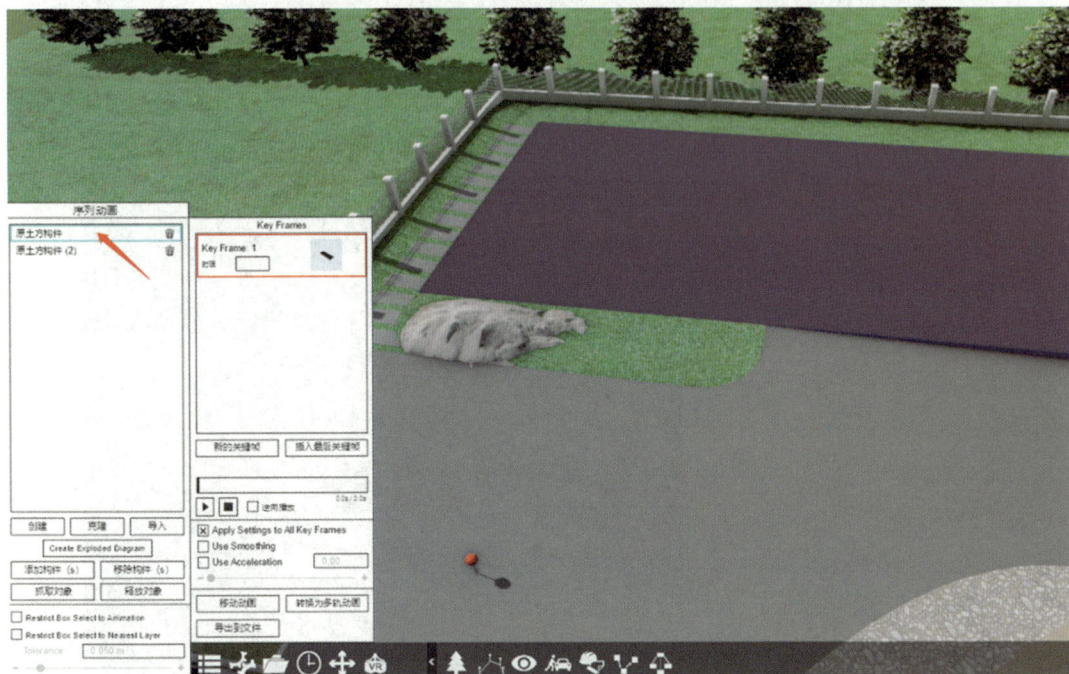

图 5-2-57　选择其中一个土方构件

进入 4D 模拟窗口中,单击"土层出现-土方回填"任务后,单击"添加选择"按钮可完成此任务构件关联(图 5-2-58)。

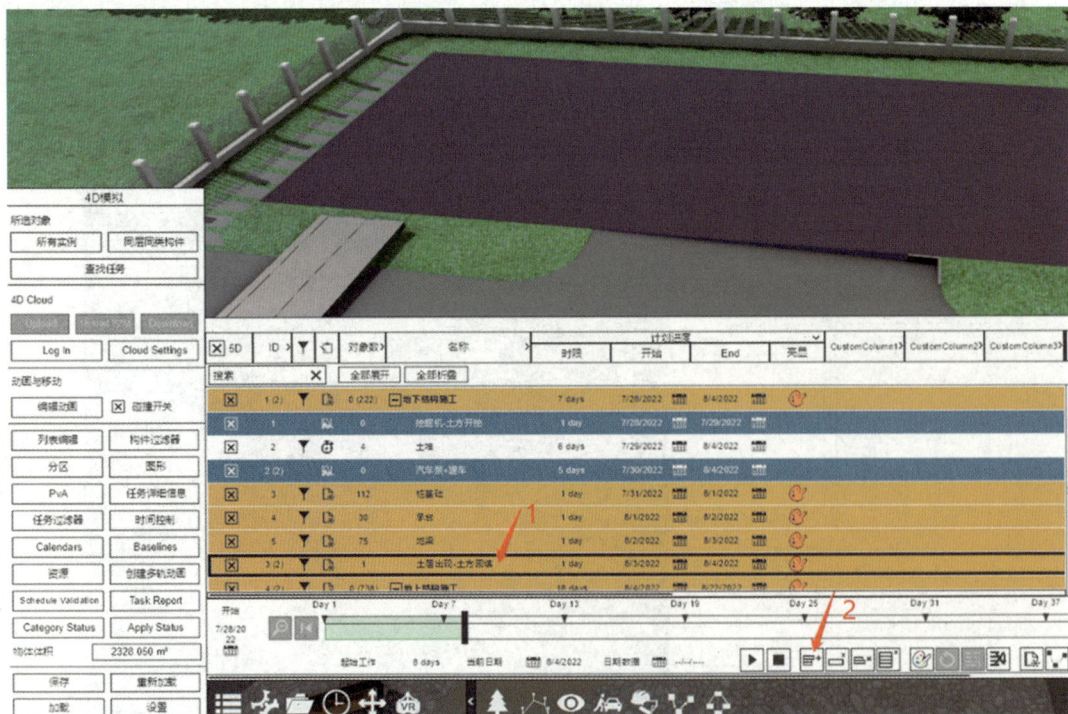

图 5-2-58　关联土方构件

将另一个未关联到任务中的土方构件调整为半透明状态。选中土方构件,点击"构件属性"界面右上角的"颜色替换选项"按钮 🎨 后,拖动"构件属性"最下方第一个调色按钮右方的透明度滑块,或点击滑块左右的加减号,可调整当前选择构件的透明度(图 5-2-59)。

图 5-2-59　调整构件透明度

所有任务均要求构件关联过程及完成后,及时保存文件"综合楼单体模型-关联构件.che"。

5.2.4　任务总结

1)步骤总结

在 Fuzor 中关联各类构件的步骤大致可以分为三步:

第一步,在已经建立好的进度计划中选中需要关联构件的任务条,在这一步中可以通过"同层同类构件""所有实例"等方式快速选择构件,也可以通过"构件过滤器"功能进行精确选择构件,还可以通过"可见性过滤"功能控制构件显隐状态,批量框选构件。

第二步,选中需要关联到任务条的构件。

第三步,点击"添加选择"按钮 📑⁺ ,将已选择构件与进度计划相关联。

2)方法总结

(1)关联构件相关提示

关联构件时弹出"构件已经在任务中"提示,表示当前选择构件中包含已添加到其他任务中的构件(图 5-2-60)。

①是(Y):点击"是",可将当前选择所有构件(包括已加入其他任务中的构件)添加到当前选择任务中。

②否(N):点击"否",可将当前选择所有构件(不含已加入其他任务中的构件)添加到当前选择任务中。

③取消:点击"取消",可取消关联构件操作。

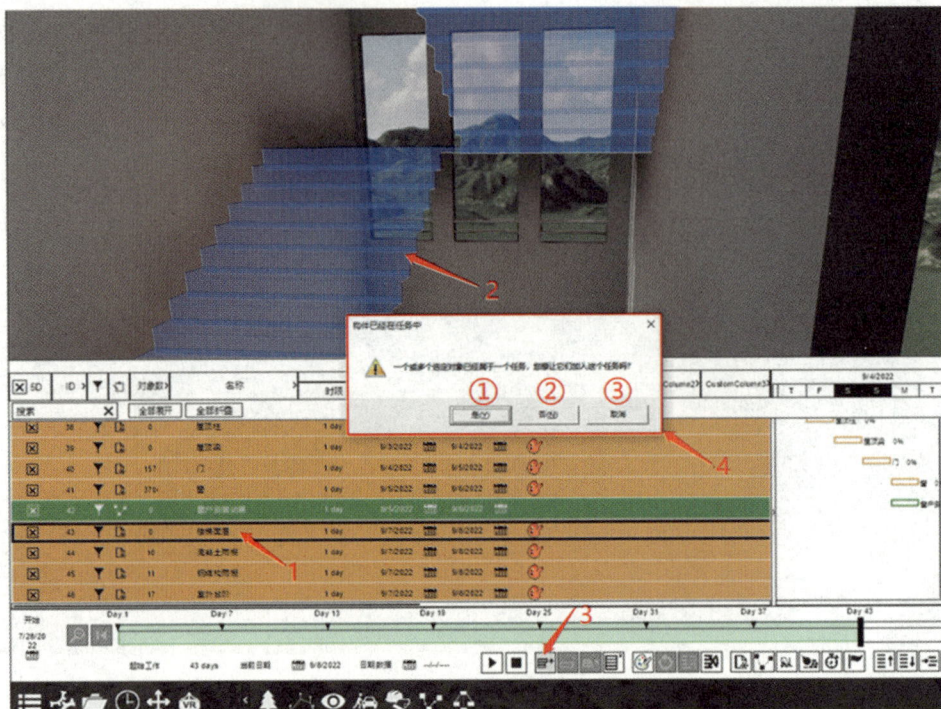

图 5-2-60　关联构件弹窗

　　当遇到此类情形时,须认真检查所选择构件,当视图中构件较多不好查看、分辨已选择构件时,可隔离所选构件进行查看。

　　同时可利用 4D 模拟工具中的"查找任务"功能查找已选择构件所在任务,点击其所在任务条可查看已关联任务的构件(图 5-2-61)。

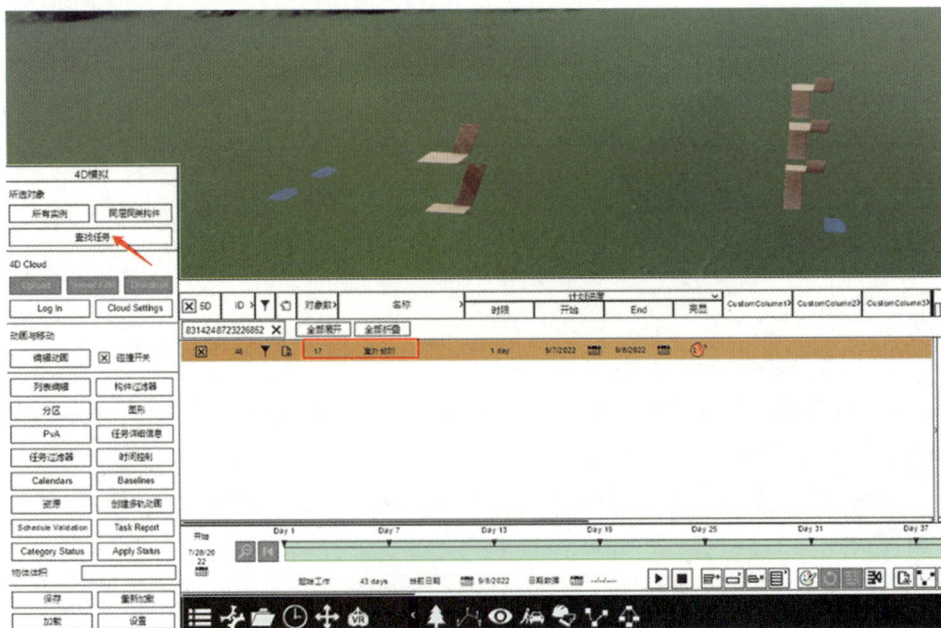

图 5-2-61　查找任务

点击任务条上方的"取消"按钮 ✖ 可恢复显示所有任务(图 5-2-62)。

图 5-2-62　恢复显示所有任务

(2)启用多层次细节

当某构件距离相机视角一定距离后,该构件会以立方体形式展现,原因是"设置" 中"场景设置"面板下勾选了"启用多细节层次"功能 ✖ 启用多细节层次(图 5-2-63)。

图 5-2-63　局部构件以立方体显示

点击菜单栏中的"设置"按钮 展开设置窗口,在"场景设置"面板下取消勾选"启用多细节层次"功能,即可解决此类现象(图 5-2-64)。

(3)复制构件

在 Fuzor 软件中有如下两种复制构件的方法:

方法一,选择需要复制的构件,按 Ctrl+C 复制,然后按 Ctrl+V 粘贴,鼠标移动到合适位置并单击即可将构件粘贴到单击位置,可依次单击进行多次粘贴,按 Esc 键退出粘贴行为。

方法二,利用序列动画功能复制构件。第一步,创建序列动画。展开"更多选项"列表 ,选择"序列动画" 功能展开其功能界面,选择需要复制的构件,然后单击"创建"按钮即可创建一个序列动画,双击序列动画名称重命名,关键帧保留初始关键帧,不做修改(图 5-2-65)。第二步,克隆序列动画。选中已创建的对应序列动画,单击"克隆"按钮可复制序列动画及其中的各关键帧状态,同时复制序列动画中的构件,同样双击序列动画名称可重命名(图 5-2-66)。

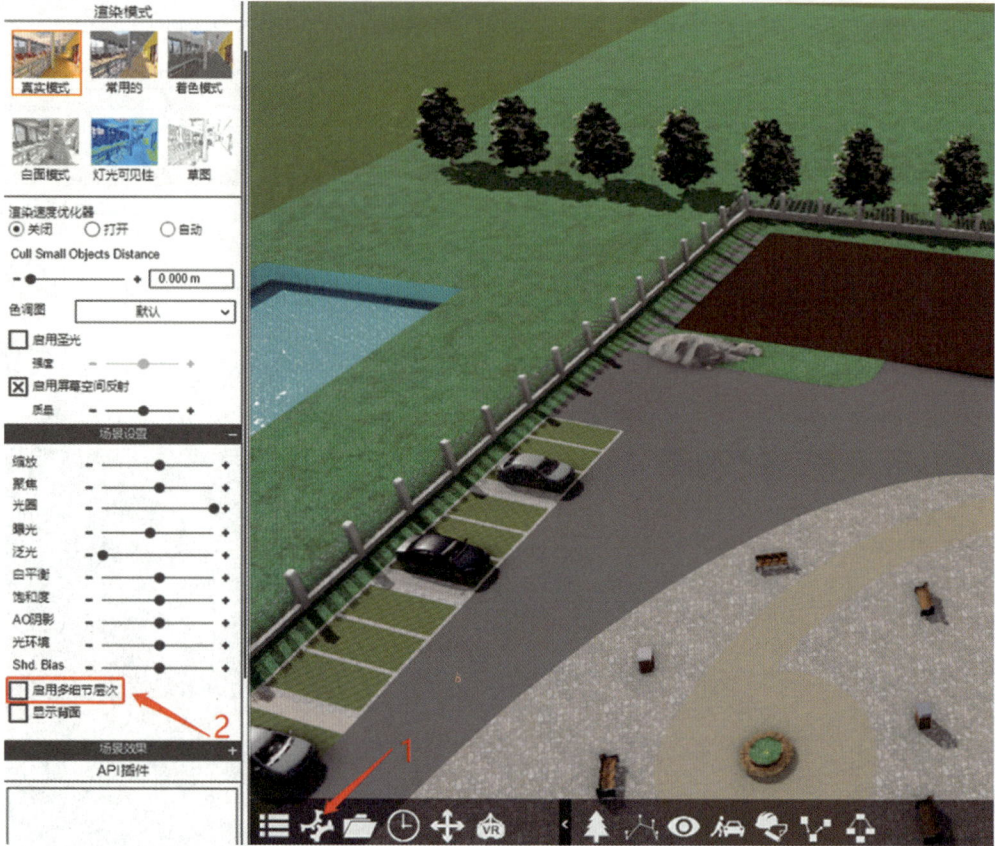

图 5-2-64　取消勾选"启用多细节层次"

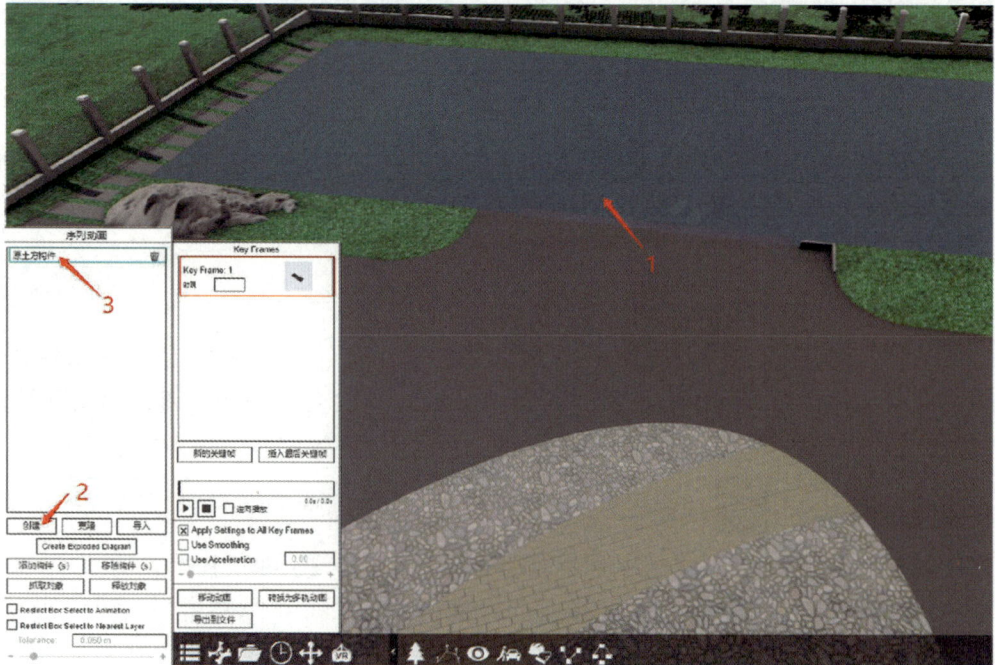

图 5-2-65　创建序列动画

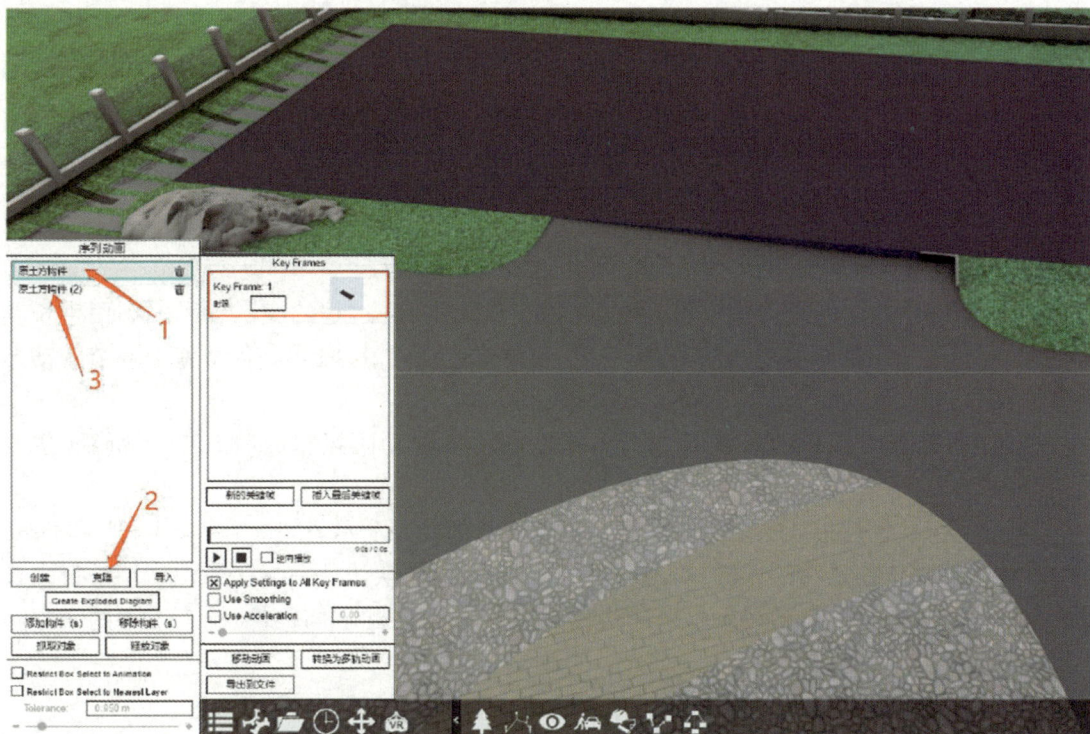

图 5-2-66　克隆序列动画

以上两种复制构件的方式区别在于：第一种快捷键复制方式不能精确定位粘贴构件，但操作快捷；第二种利用序列动画功能复制方式可以原位复制构件，但相对第一种方式没那么快捷。用户可根据不同的复制构件需求进行选择。

任务 5.3　编辑动画

5.3.1　任务要求

本节内容主要介绍在 Fuzor 中设置各类构件的动画类型、起止时间等相关的操作，主要包括以下 3 个任务。

任务一：打开任务 5.2 中保存的成果文件"综合楼单体模型-关联构件.che"，将其另存为"综合楼单体模型-编辑动画.che"，以此文件作为该任务操作文件，对"某综合楼"案例中的各类建筑构件（梁、柱、板、墙、门窗等）进行动画编辑，并根据构件的特性（现浇/预制、现场制作/成品安装）合理设置动画风格。

任务二：对"某综合楼"案例设置好的进度计划中各个工序的施工作业添加相应的施工机械模型，为施工机械模型设置机械动画，并将各类施工机械模型以正确的方式关联到对应任务中。其中与塔吊相关的机械任务关联同一个塔吊设备，利用多轨动画实现塔吊设备的机械设备动画模拟。

任务三:为进度计划中的序列动画任务创建相关序列动画,并关联到任务中,完成整个施工动画模拟设置。

5.3.2　任务分析

1)Fuzor 的施工动画类型

(1)4D 模拟提供动画风格

Fuzor 中的生长动画是指模拟建筑各个构件"从无到有"过程的演示动画。利用生长动画,可以直观展现建筑从地基开挖、结构搭建、主体建造到门窗、内装等各个施工环节的动态生成过程。

结合 4D 施工模拟中的进度计划,Fuzor 提供了多种动画风格,如图 5-3-1 所示,主要包括:

①一端生长:构件由某个端头方向开始延伸生长的动画演示方式。"一端生长"是 Fuzor 中生长动画的默认模式,在不进行动画编辑的情况下,构件默认从一端往另外一端进行生长动画演示。可以通过控制端头方向来调整生长方向,从而匹配不同构件、施工工序的实际施工效果。

②从中心生长:构件由中心轴线开始向两端生长的动画演示方式。

③移动:构件从某个位置移动到指定位置的动画演示方式。移动动画主要针对不需要现场制作的预制构件(如预制结构、幕墙、门窗等),模拟构件运送到现场后的安装施工。

④没有动画:构件直接出现,没有任何动画展示。当构件繁多,且动画形式复杂时,可以在对局部构件精确制作动画后,剩余的构件以"没有动画"形式直接出现。

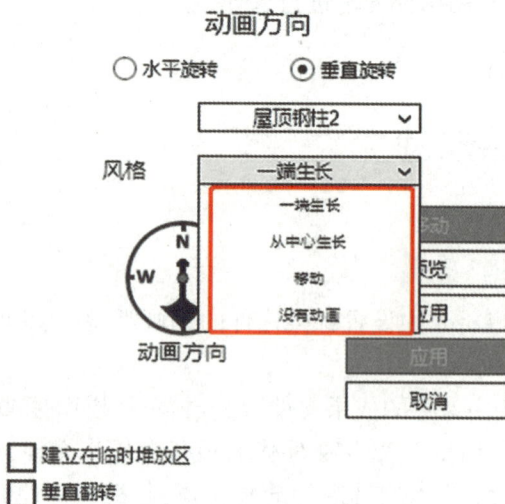

图 5-3-1　4D 模拟中提供的动画风格

（2）施工机械动画

Fuzor中的施工机械动画是指利用软件中的各类施工机械模型（挖机、吊车、塔吊等），模拟机械施工的动作，还原土方开挖、材料运输、预制构件吊装等施工过程的演示动画。通过施工机械动画的设置，匹配施工进度模拟的整个过程模拟动画，可以提高施工模拟动画的真实性。

（3）序列动画

Fuzor中的序列动画是指对某一个或多个构件单独创立一系列动画演示效果（移动、旋转等），区别于施工机械动画，序列动画可以对任意构件进行动画编辑制作，具有极大的灵活性，从而实现各类物品的施工模拟。

（4）多轨动画

Fuzor中的多轨动画可以理解为一个或者多个序列动画、机械动画的集合，便于创建一系列前后连贯或相关，但较为复杂的序列动画或机械动画，便于快速、系统地制作施工动画并与进度计划相关联。

2）Fuzor 的施工动画编辑方法

（1）4D 模拟提供动画的编辑方法

先选择已关联构件的任务，然后单击4D 模拟工具中的"编辑动画"进入动画设置界面（图 5-3-2、图 5-3-3）。

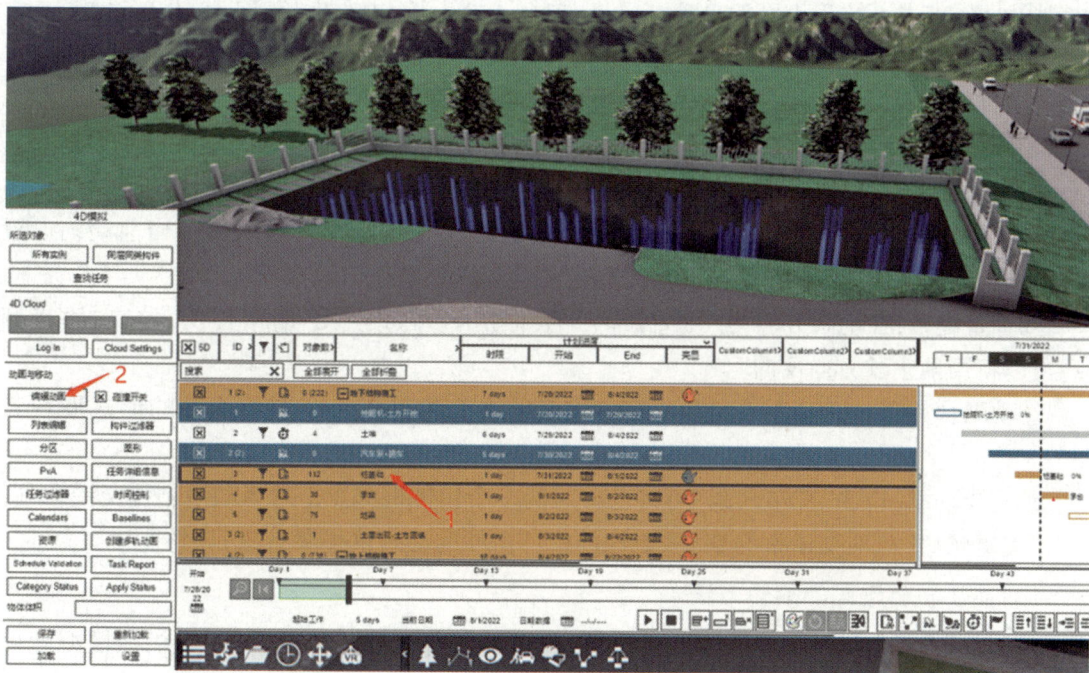

图 5-3-2　编辑任务动画形式

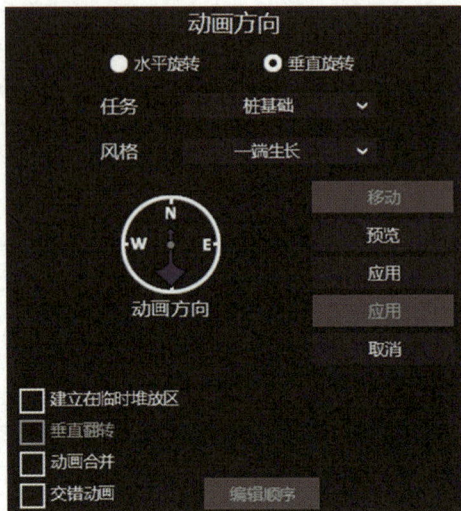

图 5-3-3　动画设置界面

动画设置界面由多个可编辑选择的操作栏组成：

①动画方向：包括水平旋转与垂直旋转，用于调整动画的演示方向，选择"水平旋转"选项，表示构件在水平方向延伸生长或移动；选择"垂直旋转"选项，表示构件在垂直方向延伸生长或移动。

②任务：显示当前选中的任务名称。

③风格：点击下拉箭头可切换动画风格，包括一端生长、中心生长、移动、没有动画。

④动画方向：采用旋钮盘形式，可灵活调整动画生长的演示方向。仅在动画方向为"水平旋转"且风格为"一端生长"或"从中心生长"时可使用。

⑤移动：在动画风格选择为"移动"时方能点选，用于控制构件移动的起始点。

⑥预览：用于实时查看构件的动画效果。

⑦应用和取消：用于控制动画编辑的保存与退出，单击"应用"，表示保存当前动画设置并退出该界面；单击"取消"，则表示不保存当前动画设置并退出该界面。

⑧垂直翻转：在动画方向为"垂直旋转"且风格为"一端生长"时可使用，勾选"垂直翻转"可以将当前生长方向反向。

⑨动画合并：勾选"动画合并"可将已成组的多个构件以一个整体构件的形式展现其动画。

⑩交错动画：勾选"交错动画"可将已成组的多个构件根据点击选择顺序制作交错动画，点击"编辑顺序"可对交错重叠率（一组构件中各构件的动画重叠率）进行调整。

（2）施工机械动画的编辑方法

Fuzor 材质库中提供了各类施工机械模型，根据各自模型的特征，每一个机械模型均可以进行相关的机械动作编辑。此部分以 Fuzor 材质库中"LTM 1070"施工机械为例进行阐述说明。可归纳为如下 3 个步骤：

①放置施工机械：点击主界面菜单中的"材质库"按钮　，进入材质库界面，在预览窗

口中找到吊车"LTM 1070"施工机械并单击选择。接下来将鼠标移动到放置位置并单击，即可完成施工机械放置操作（图 5-3-4）。

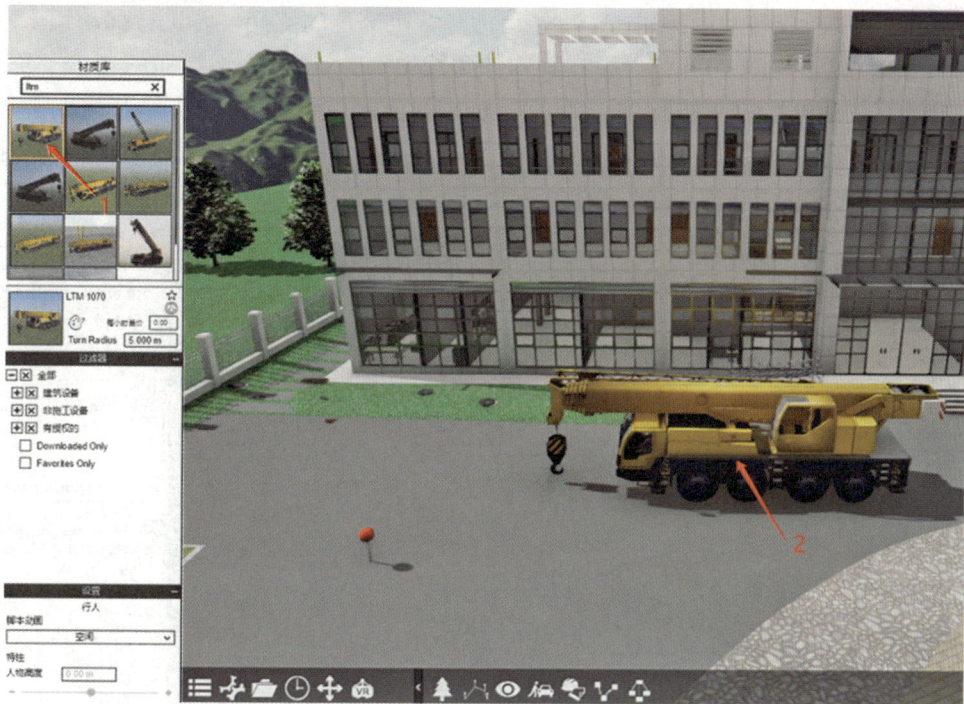

图 5-3-4　放置施工机械

②设置施工机械动画：单击已放置施工机械的任意位置，即可选择该机械模型，且所选机械部位亮显，在激活的"构件属性"界面中可以查看该机械相关属性、编辑机械动画（图 5-3-5）。

图 5-3-5　施工机械"构件属性"

　　基于施工机械的功能和运行特性,不同的施工机械可以编辑动画的部位组成各不相同,基本动画包括"旋转"和"移动"。其中,"旋转"是指以某一个点作为中心(通常为机械轴承点)对特定部位进行旋转动画编辑,"移动"是指对特定部位的空间位置进行移动编辑。

　　施工机械可编辑动画的部位可以在其构件属性中查看,构件属性界面中列出了可旋转、移动的机械部位动画名称,点击动画名称即可选中对应部位。同样,在操作区内点击选中施工机械部位,若该机械部位可编辑动画,则其构件属性中也会切换选中对应动画名称(图 5-3-6)。机械动画各编辑参数如图 5-3-7 所示。

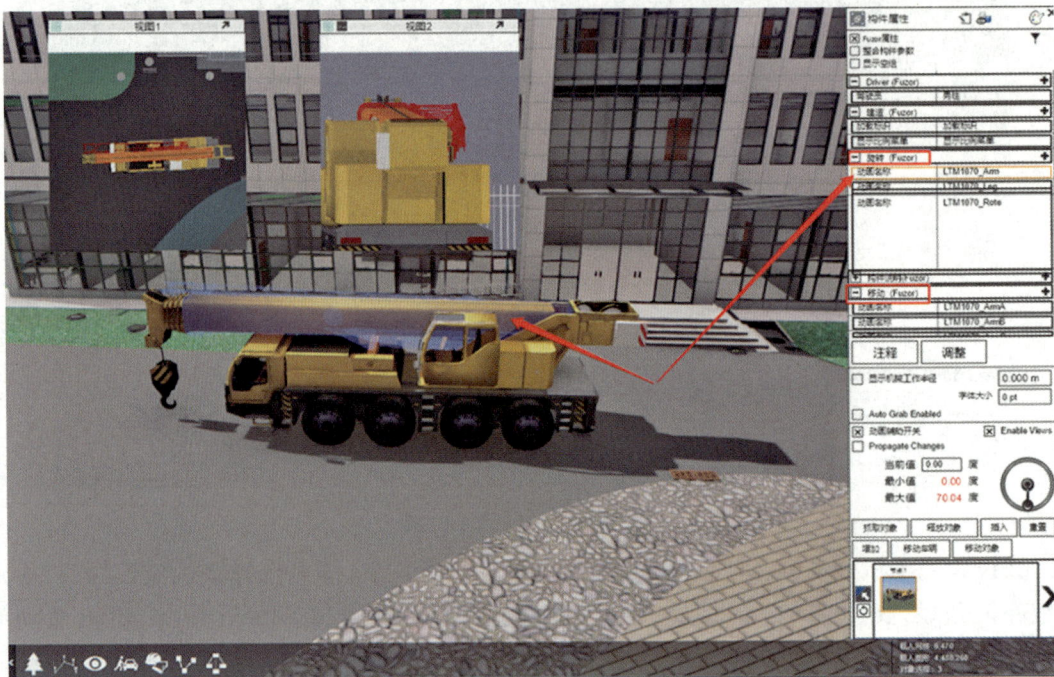

图 5-3-6　施工机械部位对应构件属性中动画名称

图 5-3-7　机械动画各编辑参数

a.显示机械工作半径：勾选此选项后，在操作区内可实时查看机械工作半径范围，如图 5-3-8 所示。

图 5-3-8　显示机械工作半径

b.动画辅助开关：勾选此选项后，选择机械任意部位，在其"构件属性"界面下方的动画编辑窗口，可以看到机械在当前节点之前各关键帧的相对位置，以透明状态展现，如图 5-3-9 所示。

图 5-3-9　开启动画辅助开关

c.Enable Views：勾选此选项后，当选择可编辑动画的机械部位时，操作区内会出现两个视图，分别为俯视图、立面图。可借助这两个视图辅助调整机械动画，如图 5-3-10 所示。

d.旋转/移动机械部位：当所选机械部位可编辑旋转状态，则施工机械动画编辑窗口采用旋钮盘形式调整旋转角度；当所选机械部位可编辑移动状态，则施工机械动画编辑窗口采用滑块形式调整移动距离。在编辑动画窗口可以看到当前值、最小值、最大值。当所选机械部位不可编辑动画，则此区域为空白。为了使得机械的动画效果更加真实，可以在同一个节点（或关键帧）中对多个部位进行动画设置，以达到真实状态下机械各个部位同时运作的效果。

e.抓取对象：选择机械任意部位后，在动画编辑窗口单击"抓取对象"，鼠标会变为吸管样式，吸管经过构件会亮显表示，单击构件即可抓取，抓取时自动捕捉构件中心点。节点下方会更新已抓取对象的图标 📌 。一个施工机械可依次抓取多个模型，也可抓取已成组构件，如图 5-3-11 所示。

图 5-3-10　开启辅助视图

图 5-3-11　抓取构件

　　f.释放对象:当机械已进行"抓取对象"操作后,方能进行"释放对象"操作。对于机械仅抓取一个对象或一个组的情况,单击"释放对象"后即可弹出"投放地点"选项窗口。对于机械抓取了多个对象或多个组的情况,点击"释放对象"后,鼠标会变为吸管样式,吸管选取已抓取的构件(表示需释放该对象),然后弹出"投放地点"选项窗口(图5-3-12)。

投放地点			
原始	临时	自定义放置	取消

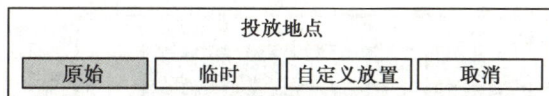

图 5-3-12　投放地点选项

"投放地点"选项窗口包含"原始""临时""自定义放置""取消"4 个选项。点击"原始"可将对象释放到构件加载到 Fuzor 中的初始位置;点击"临时"可将对象释放到吊装任务设定的临时堆放区;点击"自定义放置"可在当前抓取位置调整待释放对象位置,并将对象释放到调整位置;点击"取消"可放弃释放对象的操作。释放对象后,节点下方会更新已释放对象的图标 🔽。

g.插入:点击"插入"可在当前节点后插入一个新的节点关键帧,继承当前选中节点的机械动画状态。

h.重置:点击"重置"后将跳转到第一个节点关键帧位置。

i.增加:点击"增加"可在最后一个节点后添加一个新节点,继承当前选中节点的机械动画状态。

j.移动车辆:点击"移动车辆"可移动、旋转整个施工机械的位置,而不是调整机械局部部位的位置。

k.移动对象:点击"移动对象"可移动、旋转已被机械抓取的对象的位置,且此对象相对机械抓取部位的位置会同步到每一个节点。

l.切换节点/调整进度时间:点击对应节点可快速切换节点,拖动节点下方的进度条也可以切换节点,进度条右下角显示当前进度时间以及进度总时间,如图 5-3-13 所示。

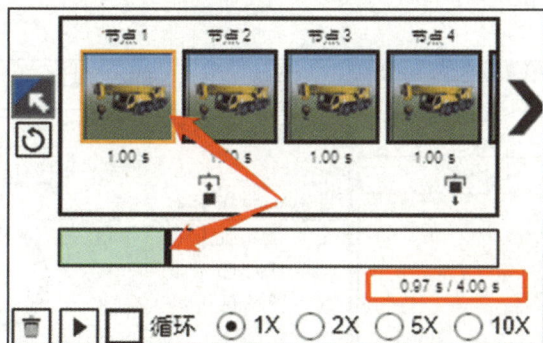

图 5-3-13　切换节点或调整进度时间

m.删除节点:单击"删除"按钮 🗑 可将当前选择节点删除。

n.播放施工机械动画:单击"播放"按钮 ▶ 可播放由各个节点形成的施工机械动画。单选"循环"按钮 ☒ 循环 可循环播放动画,还可设置播放倍数。

o.修改节点动画时间:双击节点下方的时间,可修改节点动画时间(双击节点上方的名称可将其重命名),如图 5-3-14 所示。

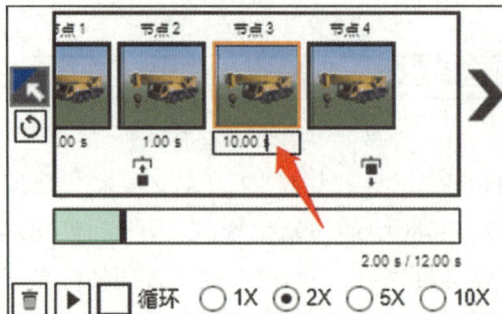

图 5-3-14　修改节点动画时间

p.重置节点动画时间:单击节点左边的"重置"按钮 ⟳ 可将所有节点动画时间重置为默认值,如图 5-3-15 所示。

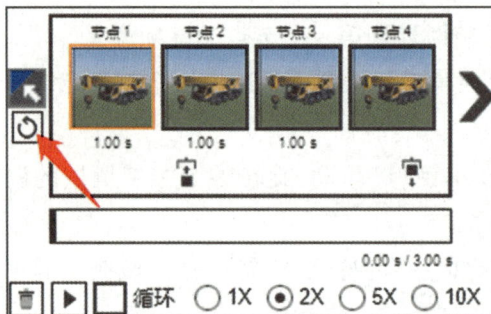

图 5-3-15　重置所有节点动画时间

q.动画管理:点击节点左边的"动画管理"按钮 ↖ 展开动画管理窗口,如图 5-3-16 所示。

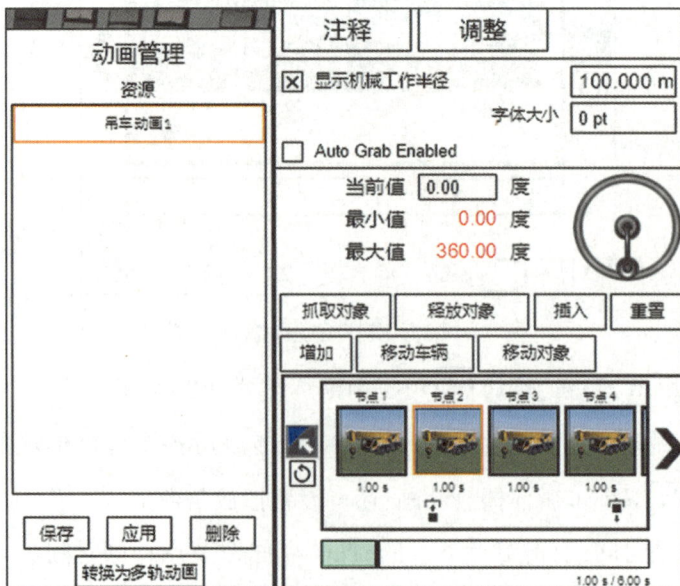

图 5-3-16　动画管理窗口

单击"保存"按钮,可将当前机械各节点动画状态保存至"资源"列表,双击资源列表中的名称重命名;再次对当前各节点进行编辑,不影响已保存至资源列表中的各节点动画状态。

单击"应用"按钮,可将资源列表中已选中的动画应用到当前机械,覆盖当前各节点状态。

单击"删除"可将资源列表中已选中的动画删除。

单击"转换为多轨动画"可将资源列表中已选中的动画添加到多轨动画。当点击"转换为多轨动画"后,即弹出"添加到多轨动画"窗口。选择"创建新的"选项,输入多轨动画名称后,单击"确认"即可添加新的多轨动画在列表中。选择"添加到现有"选项,可在现有多轨动画列表中选择已创建的多轨动画名称,单击"确认"即可添加到已有多轨动画列表中,如图 5-3-17、图 5-3-18 所示。

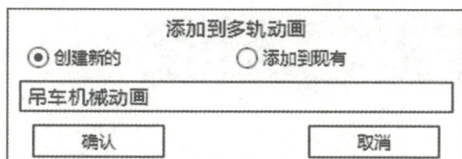

图 5-3-17　添加到新的多轨动画列表　　图 5-3-18　添加到现有多轨动画列表

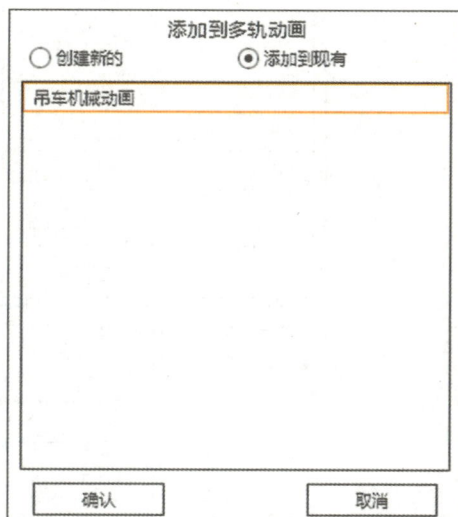

③将施工机械设备与进度计划关联:单击"4D 模拟"按钮,进入进度计划编辑界面,关联机械任务对应机械设备。第一步,选择需要关联机械设备的机械任务(在没有创建相关机械任务的情况下,可根据情况创建任务或修改现有任务的任务类型)。第二步,选中设置好动画的机械设备。第三步,点击"添加选择"按钮 即可将该机械设备关联到任务中。

3)序列动画的编辑方法

点击菜单栏中的"更多选项"按钮 ,展开更多选项列表,在"内容"选项卡中点击"序列动画"按钮 ,打开序列动画界面(图 5-3-19)。

a.创建序列动画:在选择构件的情况下,方能激活"创建"按钮,单击"创建"按钮,即可为

当前选择构件创建一个序列动画,双击序列动画名称可重命名动画名称。同理,双击动画里
的关键帧名称可重命名关键帧名称。

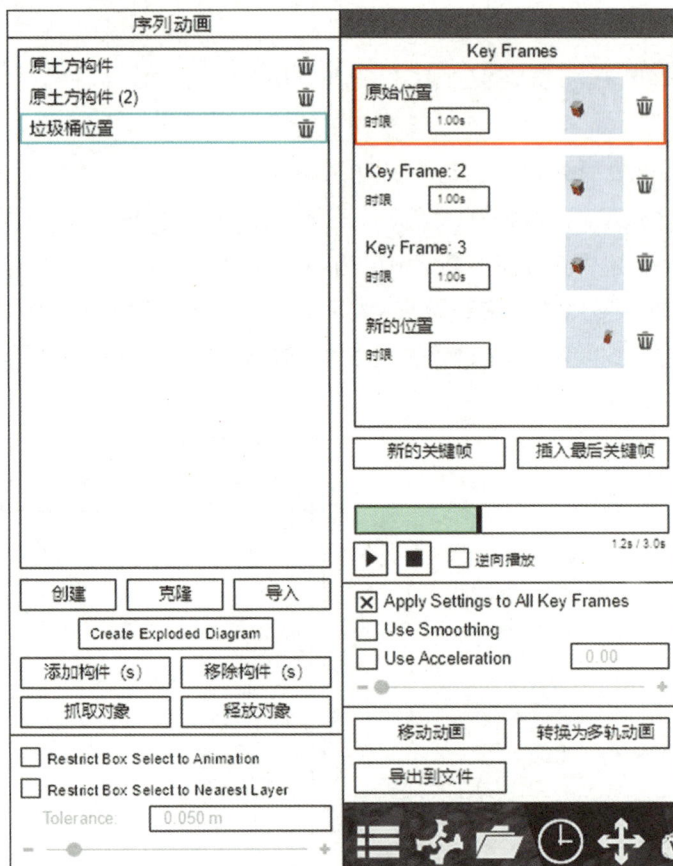

图 5-3-19　序列动画界面

b.添加构件:若想在已创建的序列动画中加入新的构件,首先点击序列动画名称选择该
序列动画,然后在操作区内选择待加入构件,最后单击"添加构件"按钮即可添加成功。

c.移除构件:若想在已创建的序列动画中移除部分构件,首先点击序列动画名称选择该
序列动画,然后在操作区内单独选择待移除构件,最后单击"移除构件"按钮即可移除成功。
点击序列动画名称可选中该序列动画中所有构件,随后点击"移除构件"可将所有构件移除,
同时该序列动画也将自动删除。

d.添加新的关键帧:点击"新的关键帧"可在当前关键帧后添加一个新的关键帧,复制当
前关键帧状态,在此基础上对动画中的构件进行调整;点击"插入最后关键帧"可在最后一个
关键帧后创建一个新的关键帧,复制当前关键帧状态,在此基础上对动画中的构件进行
调整。

e.编辑各关键帧动画:点击选中需要编辑动画的关键帧,然后选择序列动画中需要编辑
动画的构件(点击序列动画名称可快速选择序列动画中的所有构件),点击构件属性对话框
中的"调整"按钮,在"调整"界面内根据需要移动、旋转、缩放构件。

f.设置各关键帧动画时长:每个关键帧下方都有一个"时限"功能,在时限对应的方框内

输入值可设置当前关键帧到下一关键帧之间的动画时长,时间单位默认为秒(s)。

g.播放/暂停动画:点击"播放"按钮 ▶ 可播放动画;点击"暂停"按钮 ■ 可暂停播放。勾选"逆向播放"选项可倒放动画。拖动关键帧下方的进度条可自由查看各时点动画状态,进度条右下方显示当前进度时间和动画总时长。

h.克隆:点击序列动画名称可选中该序列动画中所有构件,随后点击"克隆"按钮,可复制当前选择序列动画以及其包含的构件和各关键状态,并可在此基础上进行重命名动画名称、调整构件位置等操作。

i.移动动画:点击"移动动画"可移动该序列动画整体位置,而不影响其各关键帧状态及各关键帧之间的相对位置关系。

j.转换为多轨动画:点击"转换为多轨动画"可将当前选择序列动画添加到多轨动画中,后面的操作与机械动画转换为多轨动画的操作相同。需要注意的是,序列动画转换为多轨动画后,将不再存在于序列动画列表中。

k.导出到文件:将序列动画导出为单独的动画文件,可以实现在序列动画和多轨动画界面内的便捷导入,点击"导出到文件"可将当前序列动画导出,格式为 *.fsa。

l.导入:点击"导入"可加载格式为 *.fsa 的序列动画文件,在弹出的"加载选项"窗口中进行相关设置后即可导入,如图 5-3-20 所示。

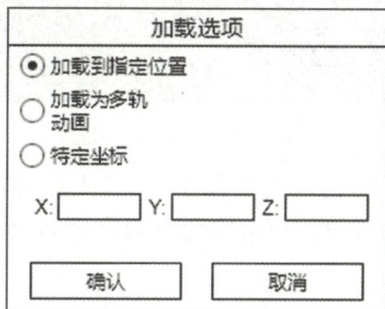

图 5-3-20 　导入序列动画选项

"加载选项"窗口包括"加载到指定位置""加载为多轨动画""特定坐标"3 个选项。选择"加载到指定位置"选项,点击"确认"按钮可将序列动画载入到导出前的位置;选择"加载为多轨动画"选项,点击"确认"按钮,在弹出的"添加到多轨动画"窗口中,默认添加到新的多轨动画轨道,输入多轨动画名称,点击"确认"即可将外部序列动画导入到当前文件多轨动画中(图 5-3-21)。

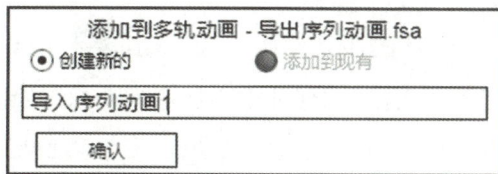

图 5-3-21 　将序列动画加载为多轨动画

选择"特定坐标"选项,随后按住在 Alt 键的同时,单击序列动画加载位置,即可将此位置坐标更新到"特定坐标"下的方框内,单击"确认"按钮完成加载,如图 5-3-22 所示。

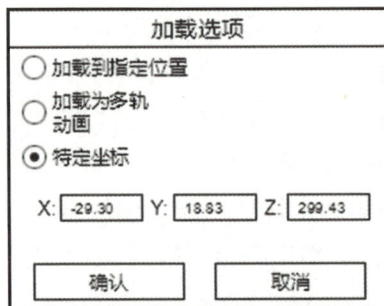

图 5-3-22　将序列动画加载到特定坐标位置

m.转换为多轨动画:将编辑好的序列动画直接转换为多轨动画,可以不用导出文件直接获取带有动画内容的构件。

①编辑多轨动画:在主界面单击"多轨动画"按钮 ,进入多轨动画编辑界面。

单击"导入"按钮,在弹出的文件夹中选择事先导出的"donghua01",在弹出的命名对话框中将名称改为"土方移除",单击"确认",完成多轨动画的创建(图 5-3-23)。

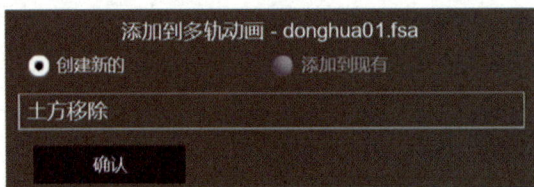

图 5-3-23　修改动画名称

可以看到此时"多轨动画"编辑页面下存在一个"土方移除"界面。如前所述,"多轨动画"相当于是一个或多个序列动画的集合,因此可以在多轨动画界面下继续增加、编辑序列动画。

选中"轨道"对话框中的"土方移除"序列动画,点击左下方的"克隆"按钮 ,可以将该序列动画进行复制

点击"编辑"后将弹出序列动画的编辑界面,从而对复制后的动画进行编辑操作

完成后单击"后退"按钮 ,回到多轨动画编辑界面,完成多轨动画界面下序列动画的增加和编辑。

②将序列动画、多轨动画与进度计划匹配:点击"4D 模拟"按钮 ,进入进度计划编辑界面,单击下方的"创建一个新的序列动画任务"按钮 ,可以在进度计划中创建一个"序列动画任务",选中该任务后点击"向任务中添加序列动画"按钮 ,在弹出的对话框中选择"土方移除"动画,点击"确定"即可完成序列动画、多轨动画与进度计划的匹配。

4)多轨动画

(1)多轨动画中的机械动画

点击菜单栏中的"更多选项"按钮 ,展开更多选项列表,在"内容"选项卡中点击"多

轨动画"按钮 ,打开多轨动画界面。若需修改界面中多轨动画名称及轨道列表内动画名称,双击即可修改。

在多轨动画列表中点击对应名称即可展开其轨道列表中的各机械动画,选择轨道中对应机械动画名称,保证该机械被选中的状态下,方能激活"编辑"按钮,点击"编辑"按钮可在动画编辑窗口调整各节点机械状态(图 5-3-24)。

图 5-3-24　编辑多轨动画中的机械动画

①克隆机械动画:选择轨道中对应机械动画名称,点击"克隆"按钮可复制所选动画及其各关键帧状态,但是不会复制机械设备。多轨动画中的"克隆"功能与序列动画中的"克隆"功能有所区别,注意区分。

②导入多轨动画:点击"导入"可将格式为 ∗.fva 的多轨动画导入当前项目,导入时可选择导入到新的多轨动画中或导入到已有多轨动画中(图 5-3-25)。

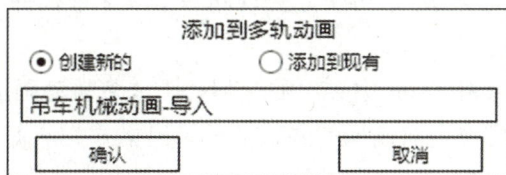

图 5-3-25　导入多轨动画

③导出多轨动画:选择对应多轨动画名称,点击"导出"可将其轨道中各机械动画导出,导出文件格式为 ∗.fva。

(2)多轨动画中的序列动画

①编辑序列动画:在多轨动画列表中点击对应名称即可展开其轨道列表中的各序列动画,选择轨道中对应序列动画名称,点击"编辑"按钮可展开该序列动画编辑窗口,如图5-3-26所示。

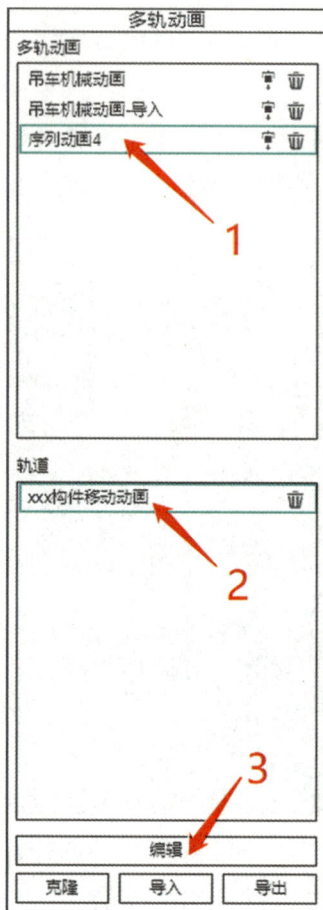

图 5-3-26　编辑多轨动画中的序列动画

②克隆序列动画:点击"克隆"按钮,可复制当前选择序列动画及其各关键帧状态,但不复制序列动画中构件,此处区别于序列动画功能中"克隆"功能。在此基础上可继续编辑复制出来的动画。在多轨动画列表中,可快速实现同一个或多个构件执行多个重复、有关联的动画。

③导入:点击"导入"可将 Fuzor 中导出的序列动画或多轨动画加载到多轨动画列表中。

④导出:点击"导出"可将当前选择的多轨动画导出格式为 *.fsa 的多轨动画。

5.3.3　任务实施

打开任务 5.2 中保存的成果文件"综合楼单体模型-关联构件.che",将其另存为"综合楼单体模型-编辑动画.che",在此文件中进行本小节操作。

1）编辑各类建筑构件动画

（1）编辑竖向构件动画

①普通生长动画:竖向构件以桩基础构件为例,点击"桩基础"任务,点击 4D 模拟工具中的"编辑动画"打开动画设置窗口,可以看到竖向构件的动画方向默认为"垂直旋转",动

画风格默认为"一端生长",若不是,请参照进行调整。点击"预览"可预览动画,动画符合要求后,点击"应用"保存当前动画设置;若动画不符合要求,重新设置参数,再次预览动画,符合要求后应用修改(图5-3-27、图5-3-28)。

其他此类竖向构件动画编辑参照桩基础进行。

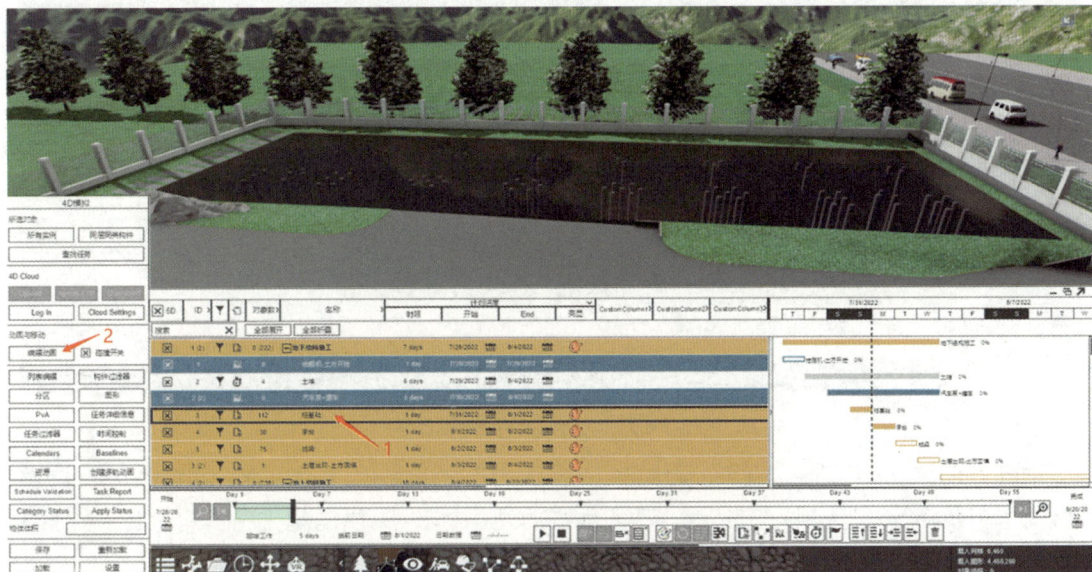

图 5-3-27　编辑动画

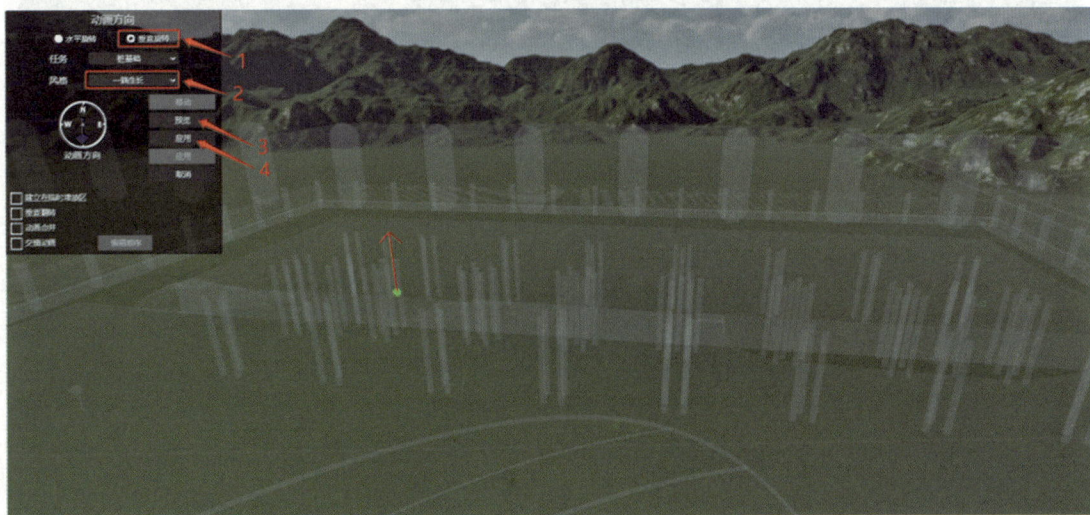

图 5-3-28　竖向构件动画设置

②合并生长动画:如果想要使一个任务中的多个竖向构件作为一个整体进行生长,以一层~屋顶混凝土柱构件为例,按以下步骤进行操作:点击"一层~屋顶混凝土柱"任务选中其关联所有构件,点击其"构件属性"左上角的"组选对象"按钮 将构件成组,然后点击4D模拟工具中的"编辑动画"按钮打开动画设置窗口(图5-3-29)。

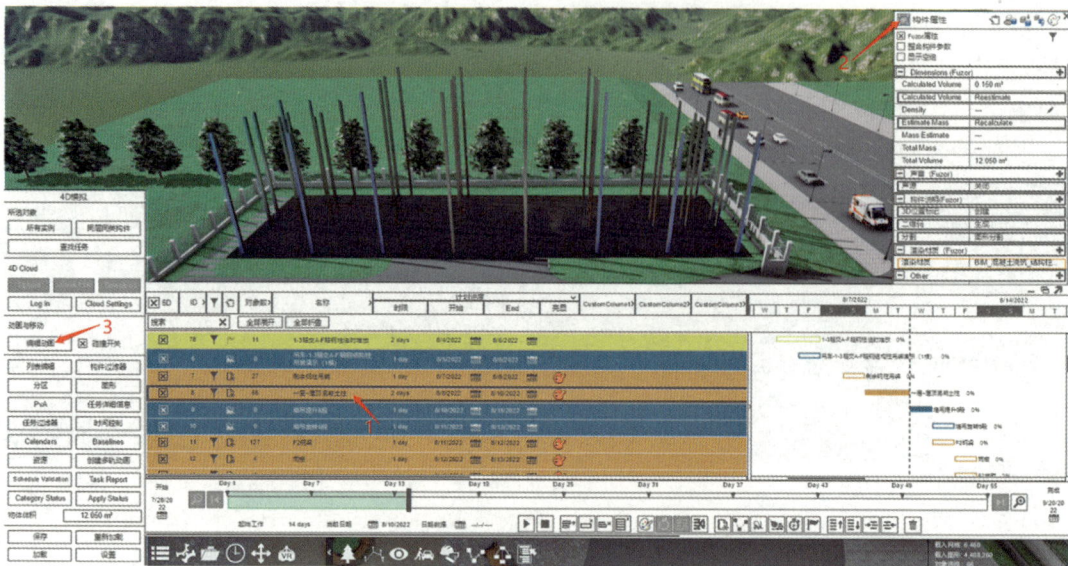

图 5-3-29　构件成组并编辑动画

　　动画方向默认为"垂直旋转"，动画风格默认为"一端生长"，若不是，请参照进行调整。然后勾选"动画合并"选项，点击"预览"可预览动画，一层~屋顶混凝土柱所有柱以一个整体从下往上生长，点击"应用"保存当前动画设置（图 5-3-30）。

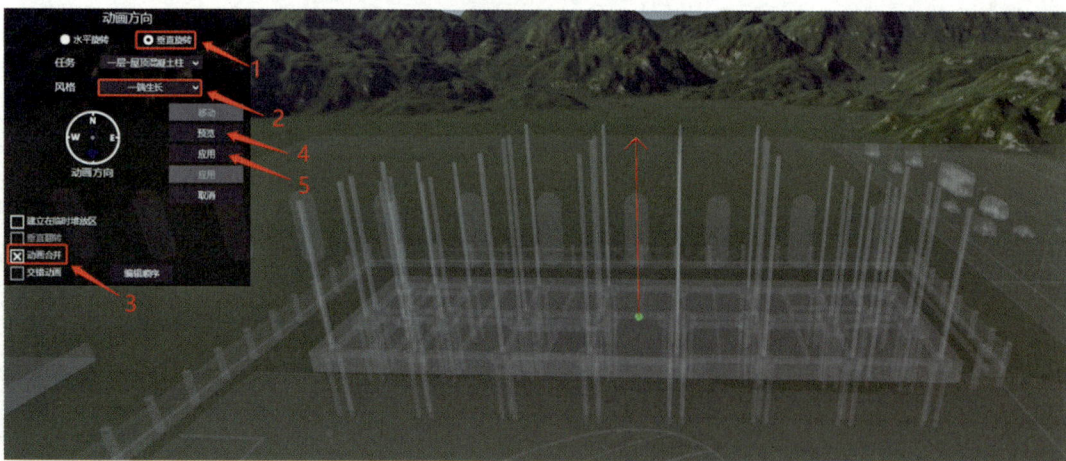

图 5-3-30　竖向构件动画合并

（2）编辑水平构件动画

　　①普通生长动画：水平构件以地梁构件为例，单击"地梁"任务，单击 4D 模拟工具中的"编辑动画"打开动画设置窗口，可以看到竖向构件的动画方向默认为"水平旋转"，动画风格默认为"一端生长"，若不是，请参照进行调整，调整圆盘内指针方向可改变动画生长方向。点击"预览"可预览动画，动画符合要求后，点击"应用"当前动画设置；若动画不符合要求，重新设置参数，再次预览动画，符合要求后应用修改，如图 5-3-31 所示。

　　其他此类水平构件动画编辑参照基础梁进行。

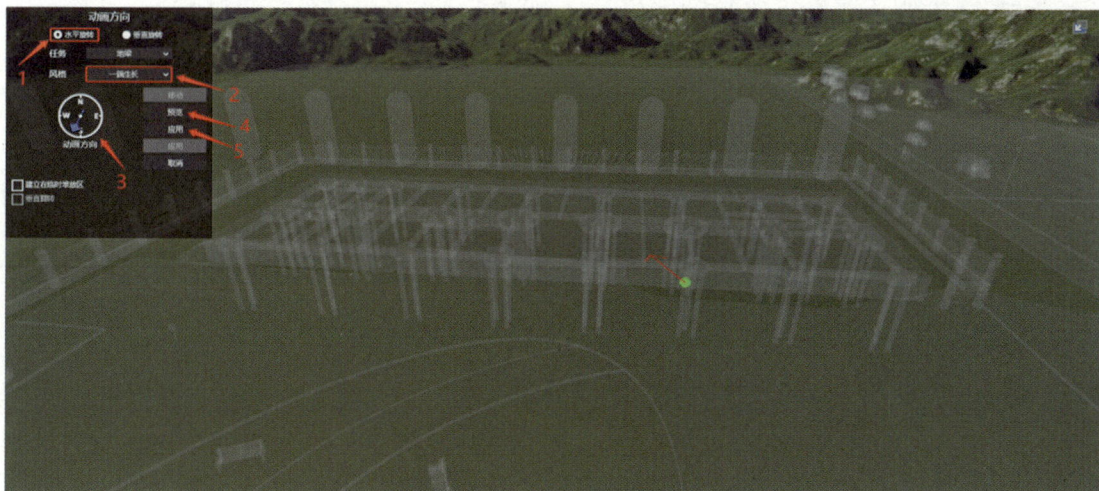

图 5-3-31　水平构件动画设置

②合并生长动画：如果想要使一个任务中的多个水平构件作为一个整体进行生长，以三层楼板构件为例，按以下步骤进行操作：点击"F3 楼板"任务选中其关联所有构件，点击其"构件属性"左上角的"组选对象"按钮 ▦ 将构件成组，然后点击 4D 模拟工具中的"编辑动画"按钮打开动画设置窗口，如图 5-3-32 所示。

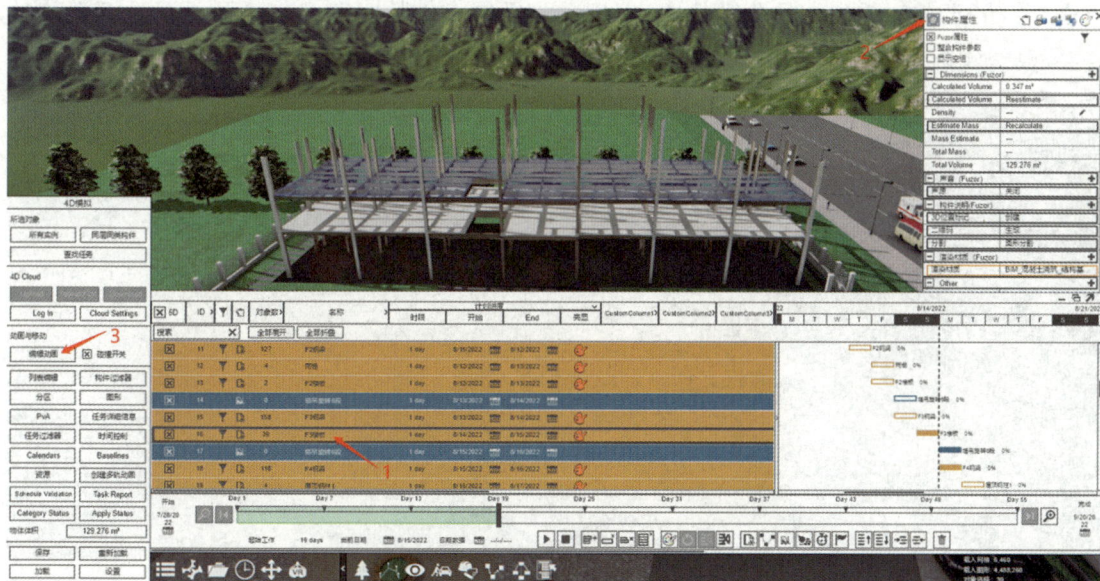

图 5-3-32　构件成组并编辑动画

动画方向默认为"水平旋转"，动画风格默认为"一端生长"，若不是，请参照进行调整。然后勾选"动画合并"选项，调整圆盘内指针方向可改变动画生长方向，点击"预览"可预览动画，三层楼板以一个整体从一端往另一端生长，点击"应用"保存当前动画设置，如图 5-3-33所示。

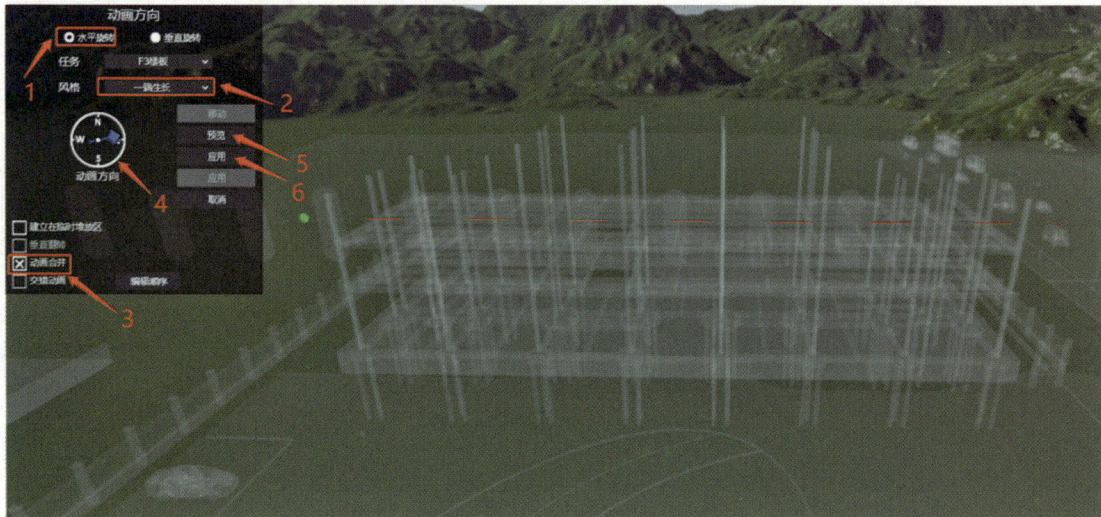

图 5-3-33　水平构件动画合并

（3）编辑预制构件动画

①移动动画：预制构件以钢柱构件为例，点击"剩余钢柱吊装"任务，点击 4D 模拟工具中的"编辑动画"打开动画设置窗口，将其动画风格切换为"移动"，即可激活"移动"按钮。点击"移动"调整构件的初始移动位置（保证此类预制构件从距离安装位置不远处开始移动安装，贴合实际施工），如图 5-3-34 所示。

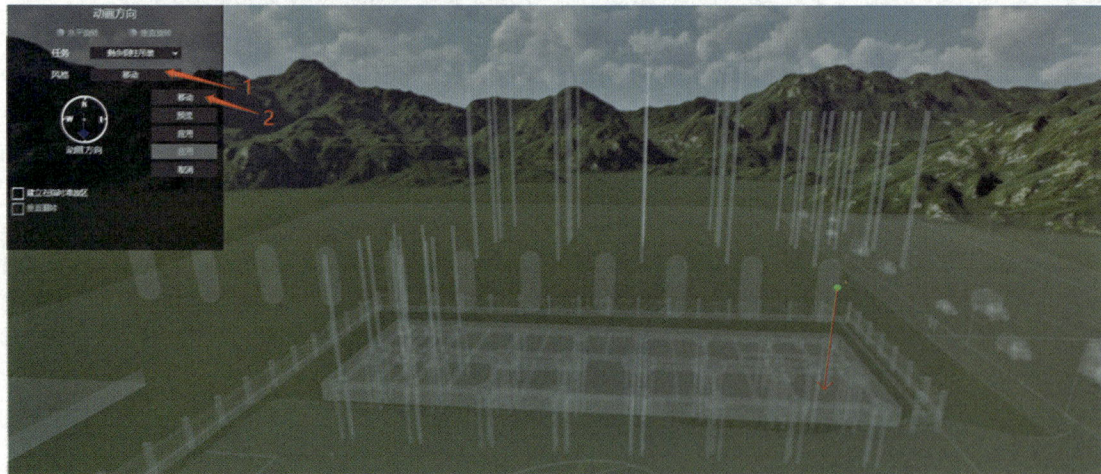

图 5-3-34　移动动画风格

在调整窗口中，移动构件过程中可以看到构件轴心点显示一个箭头，此箭头由构件移动初始位置指向最终安装位置，由此可判断此移动动画的移动方向为从上往下移动。调整完成后，点击"完成"关闭调整窗口，如图 5-3-35 所示。

点击"预览"可预览动画，动画符合要求后，点击"应用"当前动画设置；若动画不符合要求，重新设置参数，再次预览动画，符合要求后应用修改。

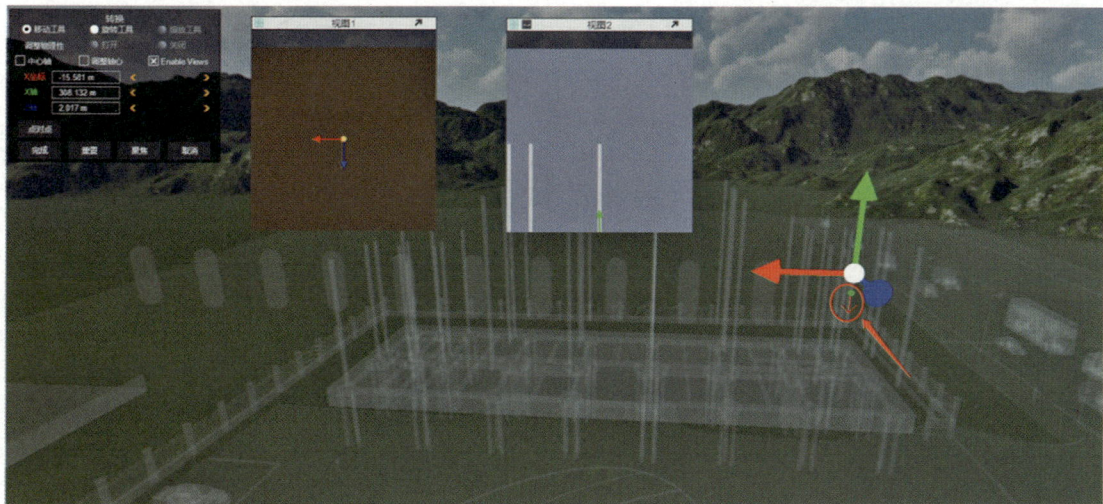

图 5-3-35 构件安装方向

②没有动画:对于预制构件,也可将其动画风格设置为"没有动画",此时预制构件到了施工时间直接以整体出现。

其他预制构件动画按照以上方式进行编辑。

2)创建施工机械动画并关联至任务

(1)"挖掘机-土方开挖"机械任务

此机械任务主要讲解机械动画的创建与关联的基础操作。此案例中挖土机只有一个任务,所以不需要转换为多轨动画,直接编辑机械动画添加到机械任务即可。

①放置施工机械:打开材质库界面,选择一个挖土机设备,如"13Te Excavator_gra bber",然后在操作区内找到合适位置,单击放置挖土机设备(图 5-3-36)。

5.3任务二

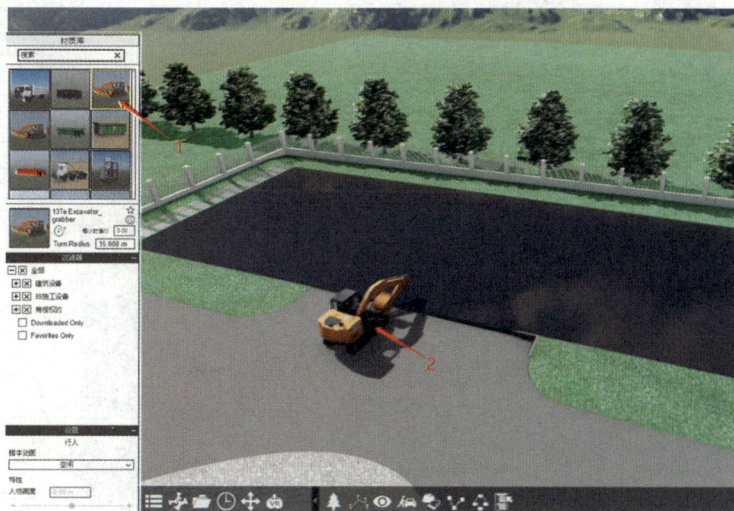

图 5-3-36 放置施工机械

②设置施工机械动画：选择机械设备，在动画编辑窗口中，编辑各节点(各关键帧)动画，各节点对应机械部位状态因不同的用户操作会有所区别，一个用户的多次操作也会有所区别，只要能正常表现其施工动画即可。接下来的施工机械动画实操演示中涉及到的值，用户可在其基础上有所调整。

编辑节点1(第一关键帧)中挖土机动画，依次选择需要调整的机械部位，调整其对应状态。挖土机"13Te_AArm"部位状态设置为24.66度，挖土机"13Te_AArm1"部位状态设置为106.41度，挖土机"13Te_bucket"部位状态设置为101.93度(图5-3-37—图5-3-39)。

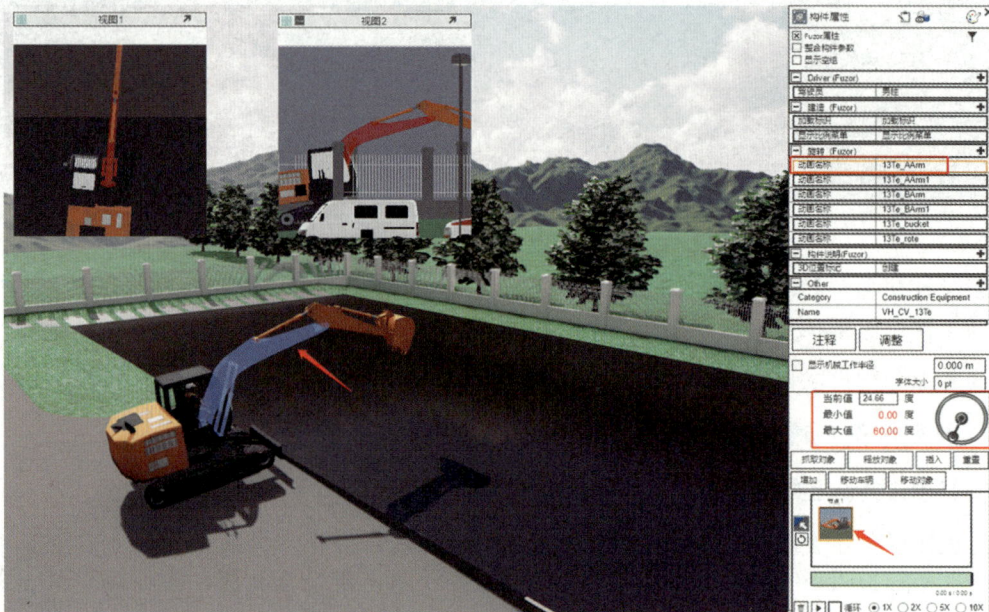

图5-3-37　挖土机"13Te_AArm"部位状态

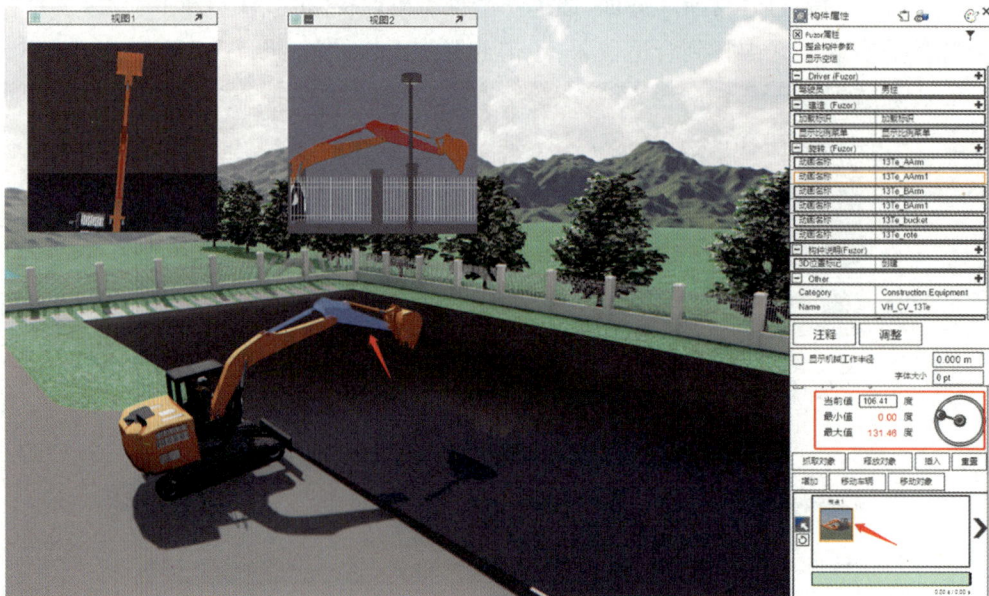

图5-3-38　挖土机"13Te_AArm1"部位状态

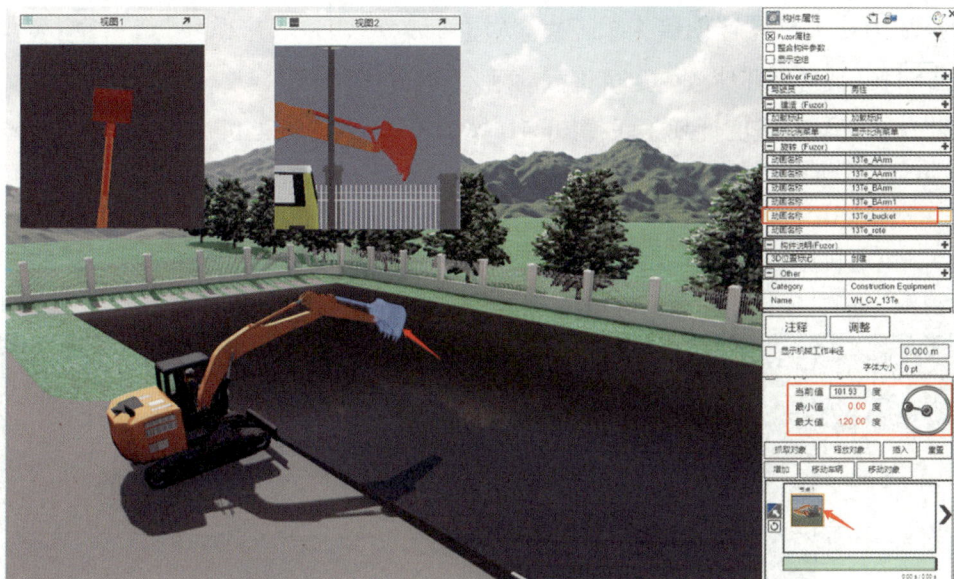

图 5-3-39　挖土机"13Te_bucket"部位状态

　　点击动画编辑窗口中"增加"按钮,创建第二个动画节点,编辑节点 2(第二关键帧)中挖土机动画,依次选择需要调整的机械部位,调整其对应状态。挖土机"13Te_AArm"部位状态设置为 14.48 度,挖土机"13Te_AArm1"部位状态设置为 97.74 度,挖土机"13Te_bucket"部位状态设置为 92.47 度。

　　尽量在选择节点 2 的前提下,点击"增加"按钮,创建第三个动画节点(目的是更方便地在第二帧的基础上继续编辑动画,提高工作效率),编辑节点 3(第三关键帧)中挖土机动画,依次选择需要调整的机械部位,调整其对应状态。挖土机"13Te_AArm"部位状态设置为 10.03 度,挖土机"13Te_AArm1"部位状态设置为 95.30 度,挖土机"13Te_bucket"部位状态设置为 41.31 度。

　　在选择节点 3 的前提下,点击"增加"按钮,创建第四个动画节点,编辑节点 4(第三关键帧)中挖土机动画,依次选择需要调整的机械部位,调整其对应状态。挖土机"13Te_AArm"部位状态设置为 14.48 度,挖土机"13Te_AArm1"部位状态设置为 93.62 度,挖土机"13Te_bucket"部位状态设置为 41.31 度。

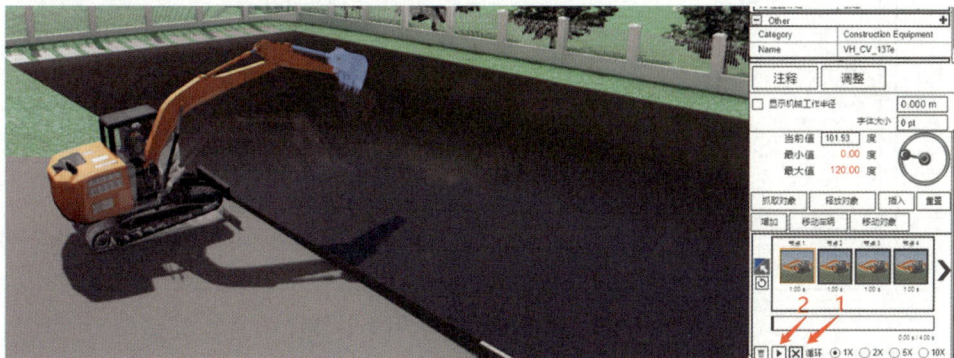

图 5-3-40　循环播放机械动画

简单地为挖土机设备创建 4 个节点,然后勾选节点下方的"循环"选项 ☒ 循环,点击"播放" ▶ 按钮,可循环播放挖土机机械动画。

③将施工机械与进度计划关联:打开 4D 模拟界面,关联挖土机设备。第一步,选择"挖土机-土方开挖"机械任务;第二步,选择挖土机设备;第三步,点击"添加按钮"关联挖土机设备,弹出"选择要添加的机械动画"选项,勾选"默认"机械动画(当前挖土机在操作区内应用的动画)。挖土机施工完毕后,退场进行下一步工序,因此在添加其机械动画时需勾选"任务完成后隐藏"选项,使挖土机仅在关联的机械任务这段时间内出现(图 5-3-41、图 5-3-42)。

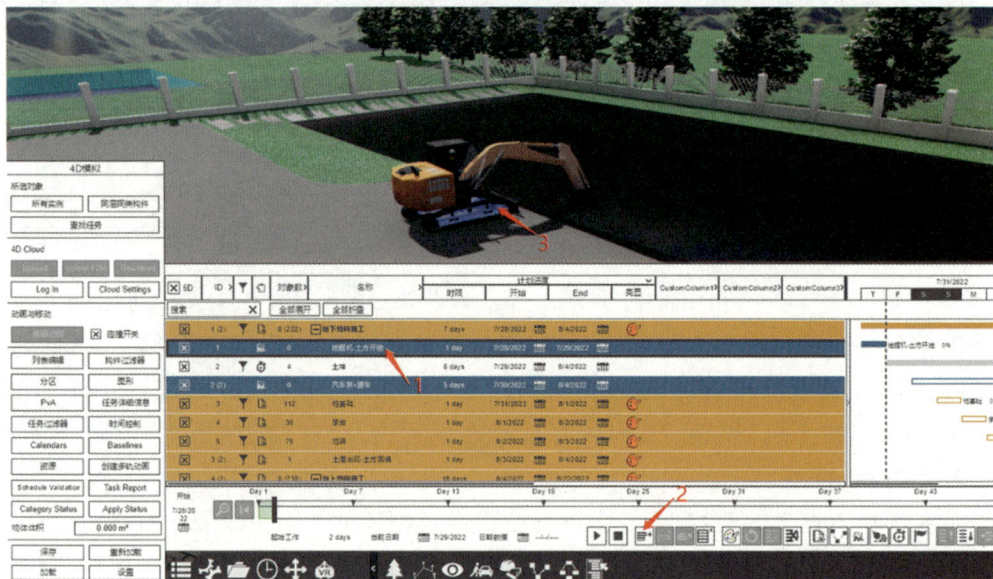

图 5-3-41　关联挖土机设备

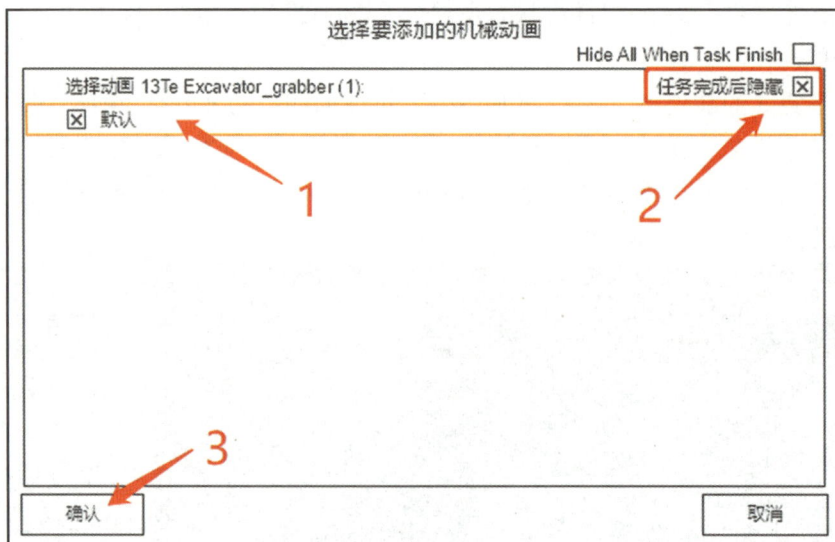

图 5-3-42　关联机械动画相关设置

（2）"汽车泵+罐车"机械任务

此机械任务主要讲解多机械协作动画的创建。具体施工机械动画创建及关联任务参照"挖掘机-土方开挖"机械任务操作。

①汽车泵（Concrete Pump）与混凝土罐车（Transit Mixer）两机械配合分析：由于桩基础、承台、地梁对应的施工机械动画是连续的，而且是在一个建造任务中完成，所以汽车泵+罐车动画不需要拆分成多个任务。这种情况下不需要将机械动画转换为多轨动画，直接加载到机械任务中即可。

②汽车泵+罐车协同作业有如下 3 个关键点：

关键点 1：两台机械要添加到同一个任务中，或者当添加到不同任务时，任务的开始、结束、持续时间要保持一致（图 5-3-43）。

图 5-3-43　汽车泵、罐车关联任务

关键点 2：两台机械的动画关键帧总时长保持一致（图 5-3-44、图 5-3-45）。

图 5-3-44　汽车泵动画总时长

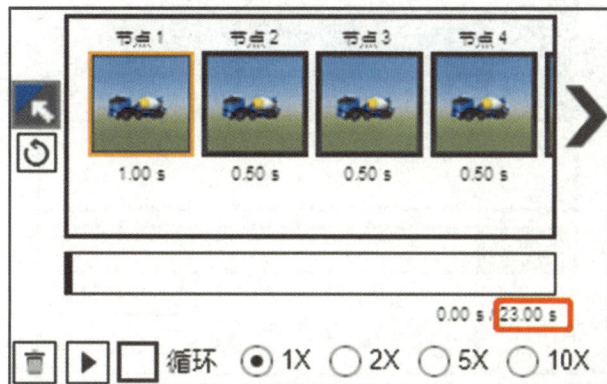

图 5-3-45　混凝土罐车动画总时长

关键点 3：重要转换节点的关键帧时长要相互匹配，如汽车泵第 4 s 末完成就位，对应罐车第 4 s 末完成就位；汽车泵第 6~13 s 浇筑混凝土，第 14~17 s 设备归位，第 18~23 s 离场，对应罐车第 6~17 s 原地输送混凝土，第 18~23 s 离场（图 5-3-46—图 5-3-48）。

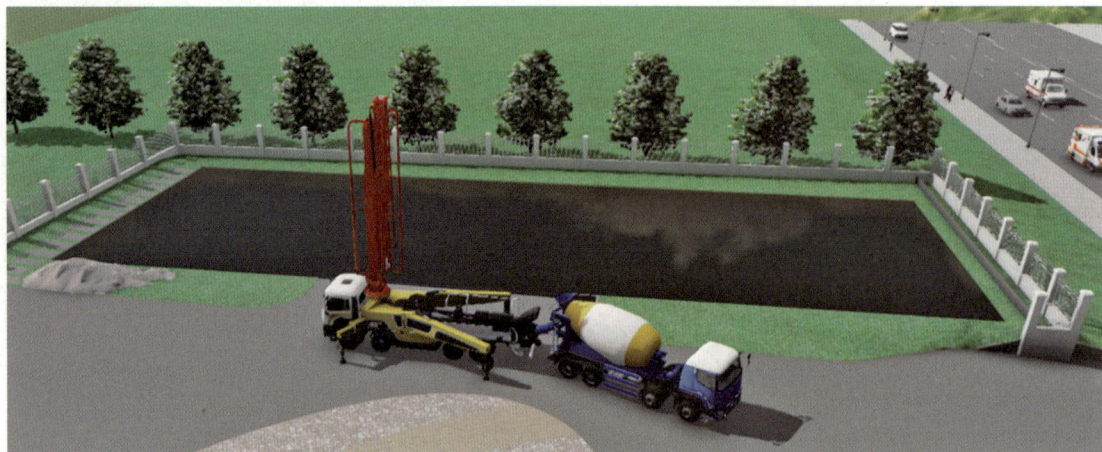

图 5-3-46　汽车泵与混凝土罐车就位关键节点

图 5-3-47　汽车泵就位关键节点对应时间

图 5-3-48　混凝土罐车就位关键节点对应时间

当一个任务中添加多个机械动画时,可逐个添加,也可多个一起添加(图 5-3-49)。

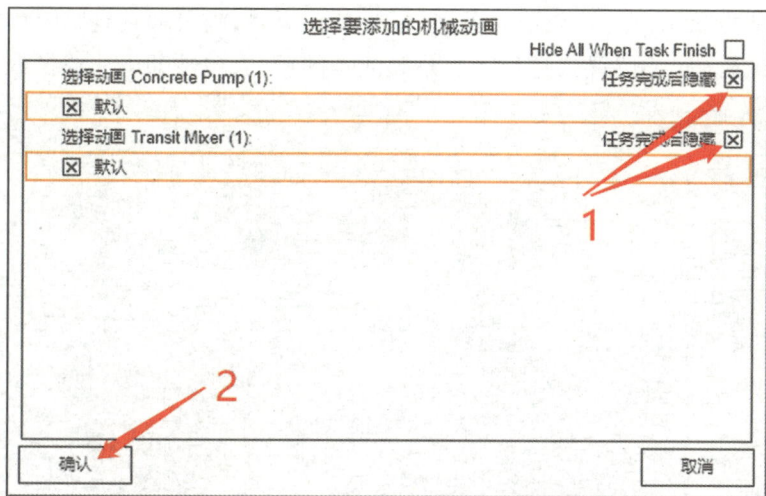

图 5-3-49　同时添加汽车泵和混凝土罐车动画

（3）"吊车-1-3 轴交 A-F 轴钢结构柱吊装演示（1 根）"机械任务

此机械任务主要讲解机械任务与吊装任务的配合以及机械设备抓取/调整/释放对象的操作。

吊装任务与机械任务相结合，钢柱仅在吊装任务开始至结束这段时间显示在堆放区域，吊装任务开始时间以前不出现，吊装任务结束时间以后回归原始位置。此案例吊装任务与机械任务结束时间一样，即单根钢柱吊装演示完成后，剩下的堆放构件表现为批量安装完毕（图 5-3-50）。

图 5-3-50　吊装任务与机械任务匹配

放置吊车设备"LTM 1070"并编辑其施工动画，可以将抓取对象对应的节点重命名，方便查看、编辑，如图 5-3-51 所示。

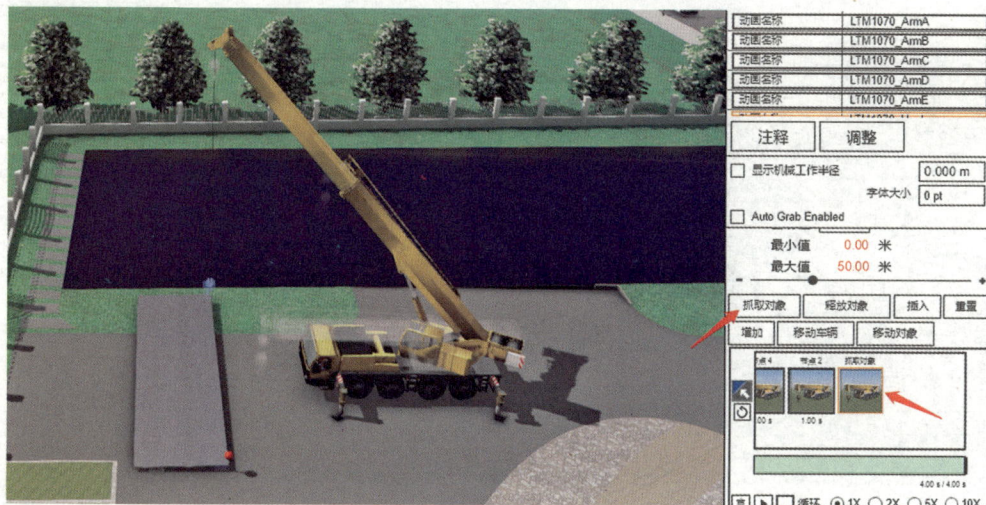

图 5-3-51　抓取对象（吊装钢柱）1

选择对应节点状态,点击"抓取对象"后鼠标变为吸管,吸管移动到临时堆放区钢柱位置可查看其原始位置(安装位置),选择需要吊装演示的钢柱,单击即可完成抓取。

图 5-3-52　抓取对象(吊装钢柱)2

继续编辑抓取对象对应的节点动画,点击"移动对象"后,利用移动、旋转工具调整抓取构件相对于吊钩的相对位置(图 5-3-53、图 5-3-54)。

图 5-3-53　移动对象

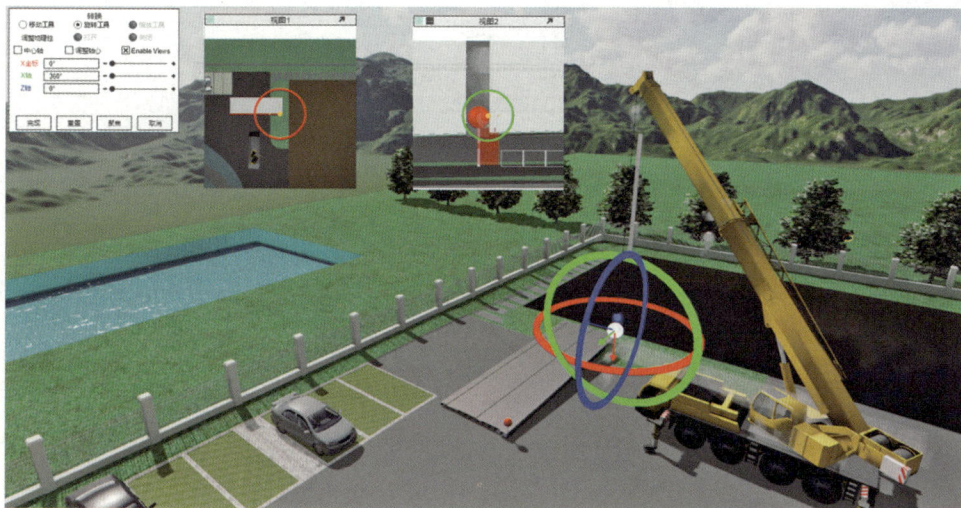

图 5-3-54　调整抓取构件的位置

继续添加新的节点,并编辑其动画,在起吊过程对应的各动画节点,主要调整吊钩伸缩参数,并移动抓取构件的位置与之匹配(图 5-3-55)。

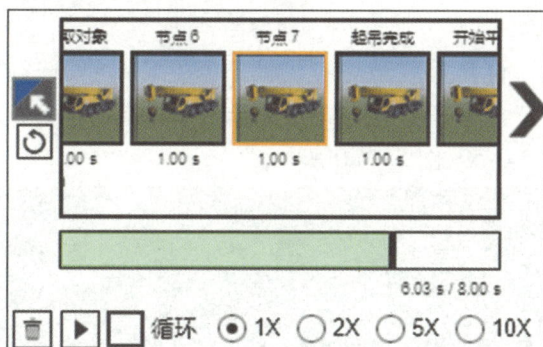

图 5-3-55　起吊过程调整吊钩与抓取构件

起吊完成后,继续添加新的节点并调整其他部位,将抓取构件吊装到安装位置。然后添加新的节点,点击"释放对象"将钢柱释放到原始位置(安装位置),如图 5-3-56、图 5-3-57 所示。

图 5-3-56　释放对象

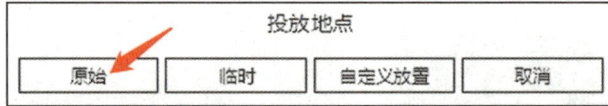

图 5-3-57　释放钢柱到原始位置

最后可添加一个节点,以收回吊钩动画收尾(图 5-3-58)。

图 5-3-58　收回吊钩

吊装动画编辑完成后,将其关联至对应机械任务。第一步,选择"吊车-1-3 轴交 A-F 轴钢结构柱吊装演示(1 根)"机械任务;第二步,选择吊车设备;第三步,点击"添加选择"按钮添加吊车施工动画,如图 5-3-59、图 5-3-60 所示。

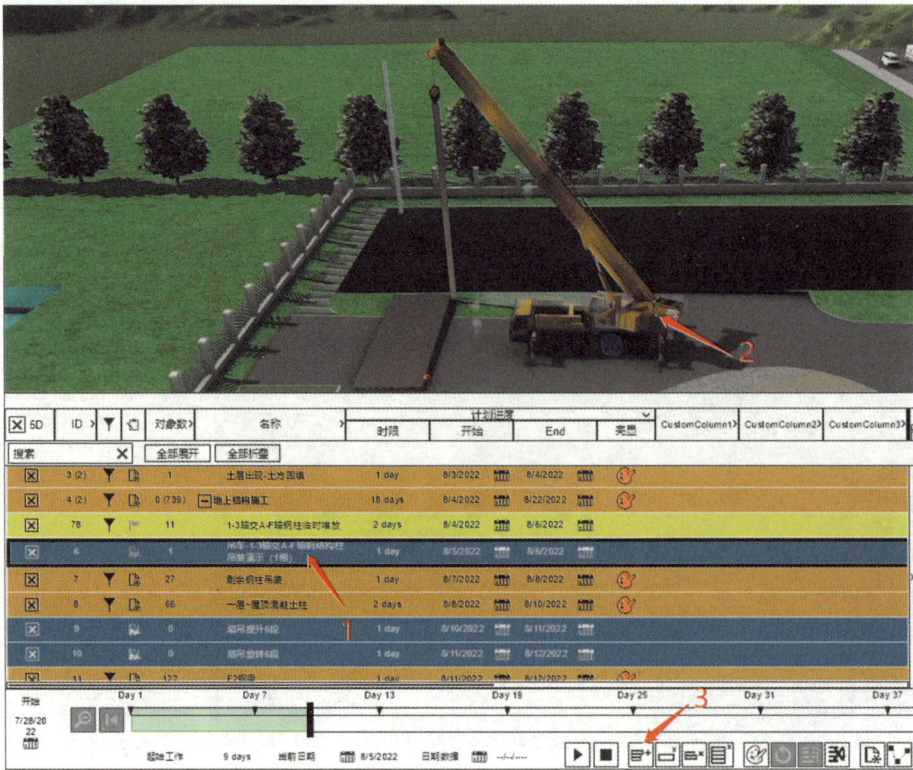

图 5-3-59　关联吊车设备

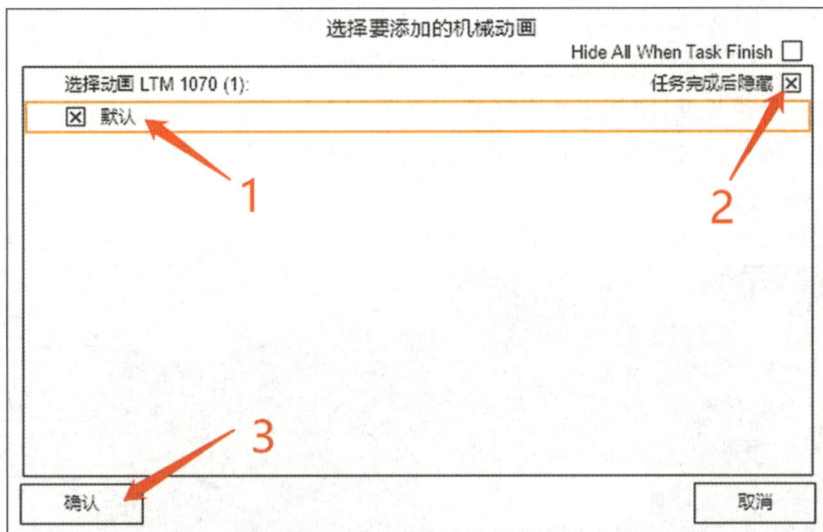

图 5-3-60　添加吊车动画

（4）塔吊提升与塔吊旋转等机械任务

与塔吊相关的机械任务主要是多轨动画的创建与编辑。塔吊需要创建多个不同的施工动画，因此需要将塔吊施工动画转换为多轨动画，再添加到不同的机械任务中。

①创建"塔吊提升 6 段"动画的具体过程如下：

a.放置机械设备：打开材质库界面，选择一个塔吊设备，如"Tower Crane"，然后在操作区内找到合适位置，单击放置塔吊设备，如图 5-3-61 所示。

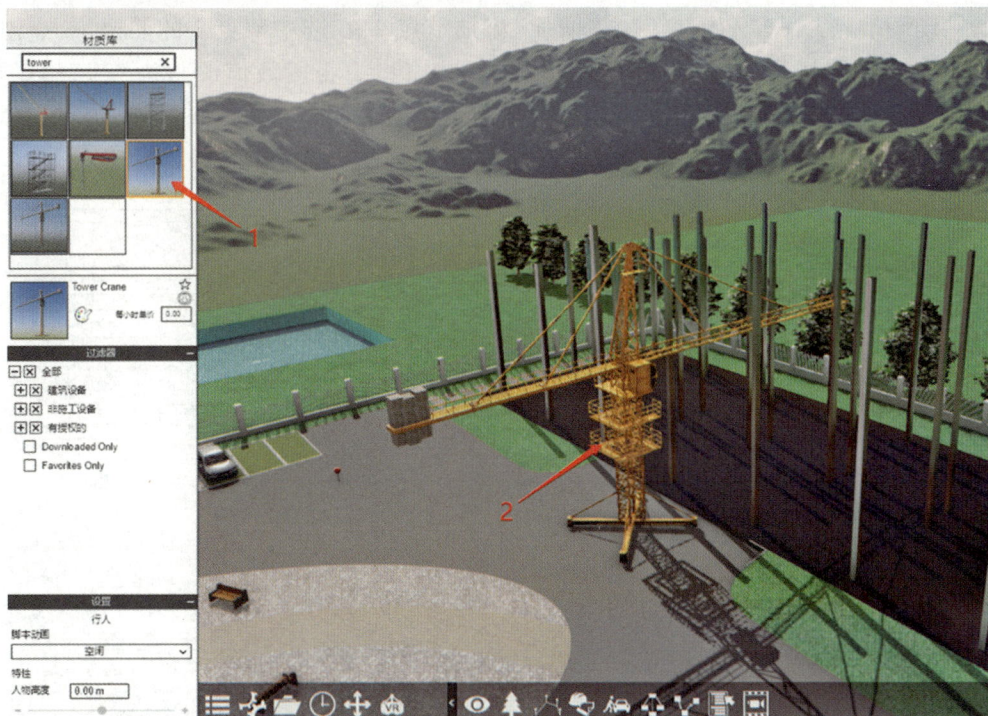

图 5-3-61　放置塔吊设备

　　b.设置施工机械动画:编辑塔吊节点1,勾选"显示机械工作半径",显示塔吊的工作半径,点击"构件属性"中的"调节悬臂长度",在弹出的"添加段"窗口中,输入段数值,点击"应用"即可调整其悬臂长度,使其工作半径能够覆盖整个施工区域,最后点击"关闭"将"添加段"窗口关闭。调整完成后取消勾选"显示机械工作半径",如图5-3-62所示(可根据需求适当调整塔吊的位置)。

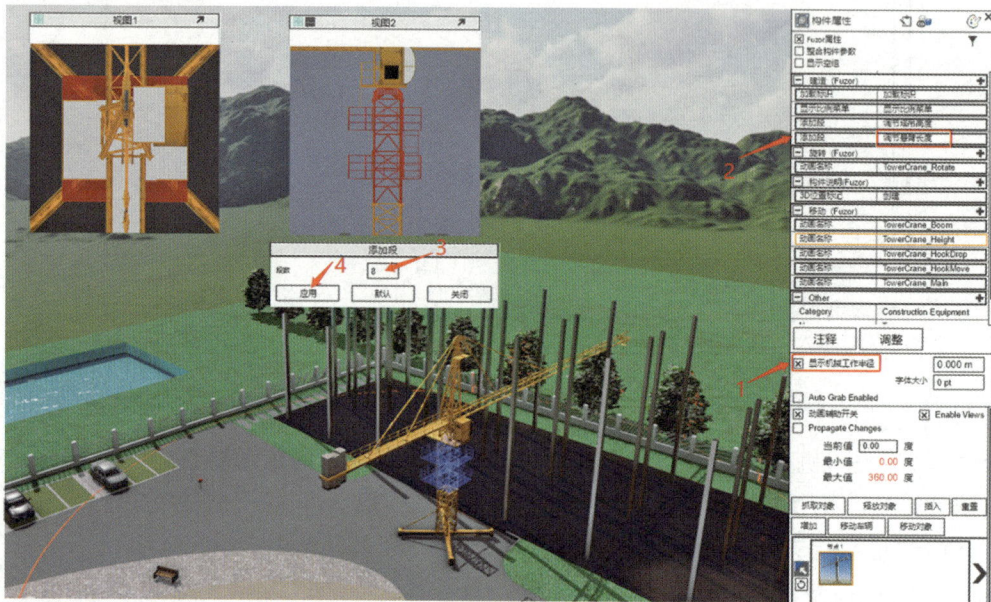

图5-3-62　显示塔吊工作半径并调节悬臂长度

　　增加动画节点并编辑动画。点击"增加"添加节点2,在选中节点2的前提下,点击"构件属性"中的"调节塔吊高度",在弹出的"添加段"窗口中将段数值调整为"2",然后点击"应用"应用修改,如图5-3-63所示。

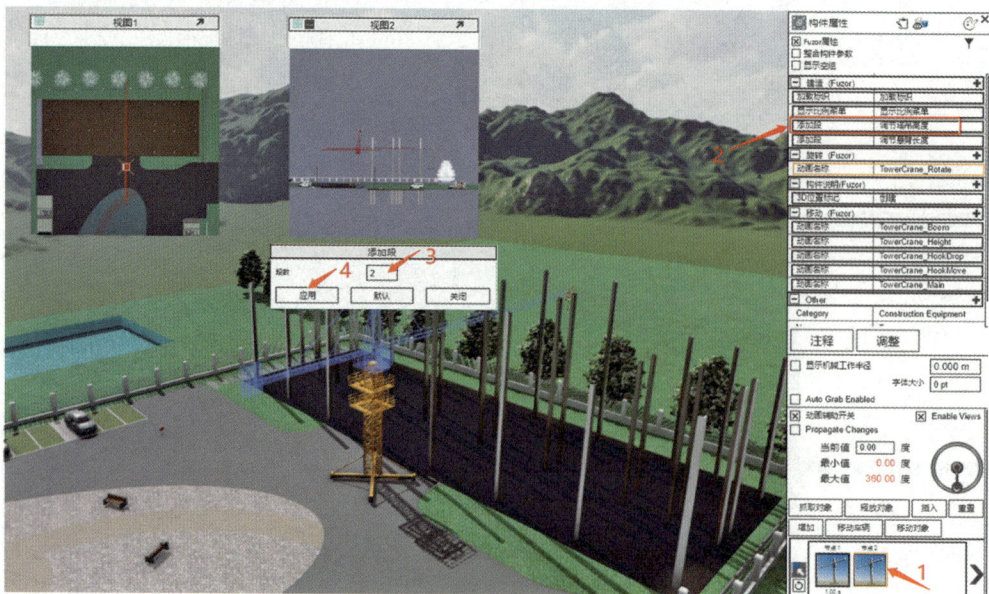

图5-3-63　编辑节点2动画

　　"添加段"窗口可在编辑完当前节点动画后关闭,然后继续以上操作进行新增节点并调整塔吊高度。也可以选择暂时不关闭,继续添加新的动画节点,直接在对应动画节点输入段数值,点击"应用"完成当前节点动画编辑。以此类推,完成 6 个动画节点编辑后,关闭"添加段"窗口。后者操作较为方便、快捷,用户可根据自己的习惯及熟练程度选择。

　　动画编辑过程中可点击"播放"按钮 ▶ 预览动画效果,以便及时发现问题并及时修改(图 5-3-64)。

　　c.保存施工机械动画:点击"动画管理"按钮 🔳,展开"动画管理"窗口,点击"保存"按钮将当前塔吊动画保存至"资源"列表,双击动画名称重命名为"塔吊提升 6 段"(图5-3-65)。

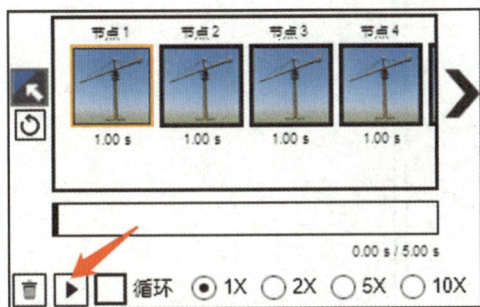

图 5-3-64　预览施工动画

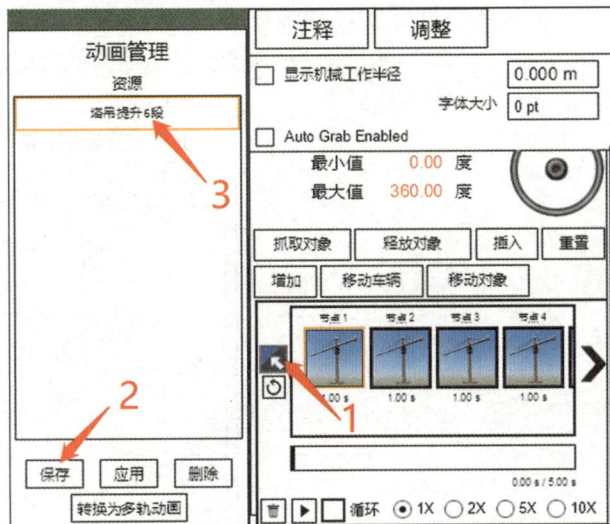

图 5-3-65　保存机械动画

　　d.将施工机械动画转换为多轨动画:选择"资源"列表中已保存的机械动画,点击"转换为多轨动画"按钮,在弹出的"添加到多轨动画"窗口输入多轨动画名称,点击"确认"即完成转换,如图 5-3-66 所示。

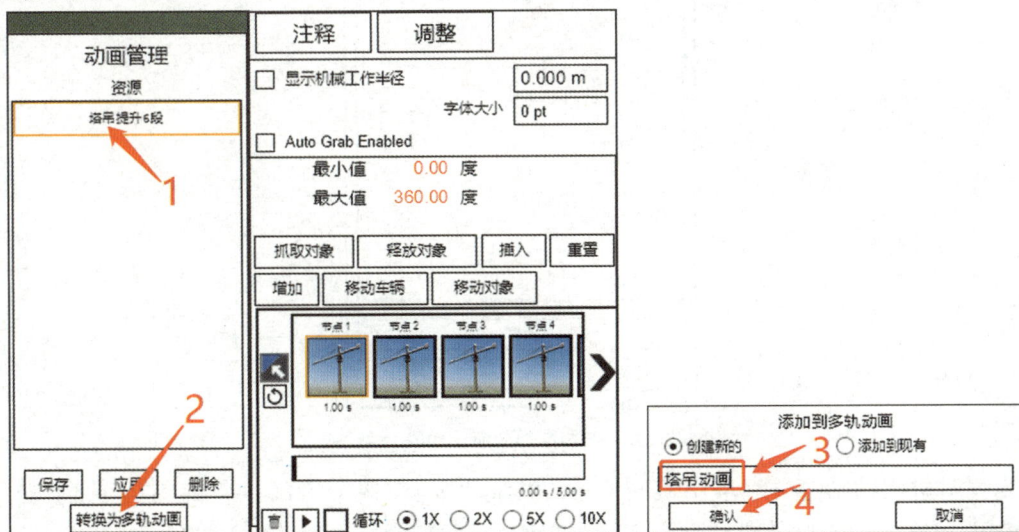

图 5-3-66　转换为多轨动画

②创建"塔吊旋转 6 段"动画的具体过程如下。

创建塔吊旋转 6 段动画的思路:在塔吊高度为 6 段的基础上继续编辑塔吊旋转动画,有多种方式可以实现:方式一,按照以上的操作方式创建"塔吊旋转 6 段"施工动画后,保存至"动画管理"中,再转换为多轨动画;方式二,在多轨动画中找到"塔吊提升 6 段"的施工动画,复制该动画,在此基础上创建"塔吊旋转 6 段"机械动画。

接下来以第二种方式介绍操作步骤:

a.复制机械动画:点击快速访问栏中的"多轨动画"功能 展开多轨动画窗口(或者通过更多选项打开多轨动画窗口),点击多轨动画列表中的"塔吊动画",选择其轨道列表中"塔吊提升 6 段",然后点击"克隆"按钮复制该机械动画,双击复制以后的机械动画名称将其重命名为"塔吊旋转 6 段"(图 5-3-67)。

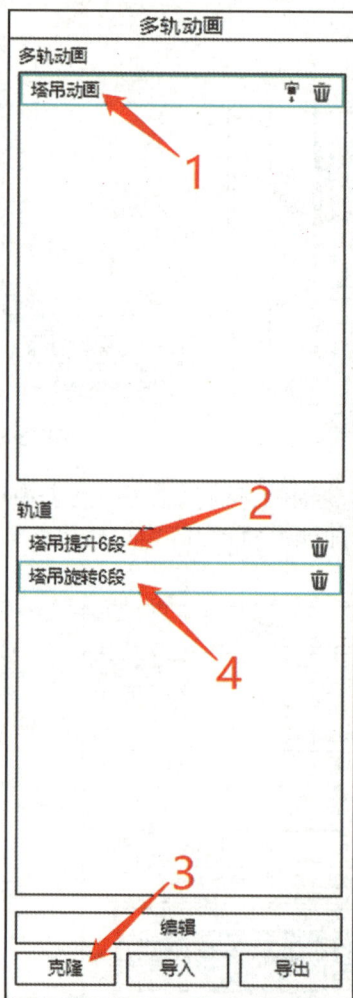

图 5-3-67　复制多轨动画中的机械动画

b.编辑机械动画:选择"塔吊旋转 6 段"机械动画,在选中塔吊设备的前提下,点击"编辑"按钮,可在界面右侧的机械动画编辑窗口编辑塔吊动画(图 5-3-68)。

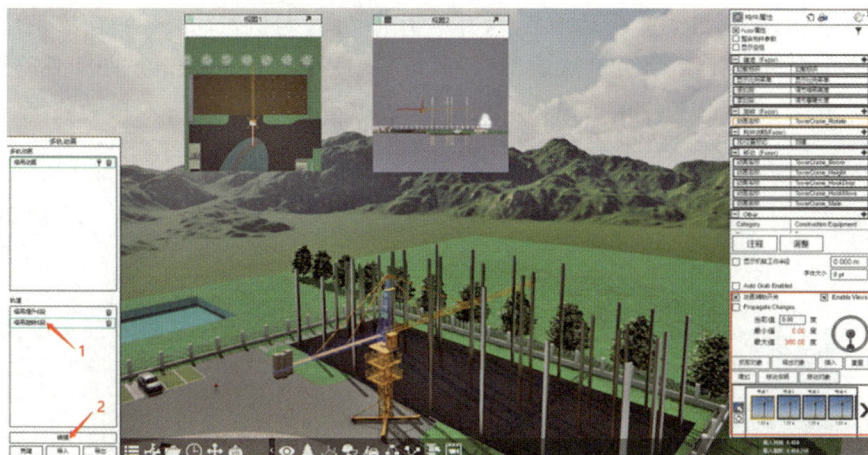

图 5-3-68　编辑多轨动画中的机械动画

依次将前 5 个动画节点删除,保留最后一个动画节点,作为塔吊旋转 6 段动画的第一个节点(原理:在塔吊高度为 6 段的基础上继续编辑、增加动画节点),如图 5-3-69 所示。

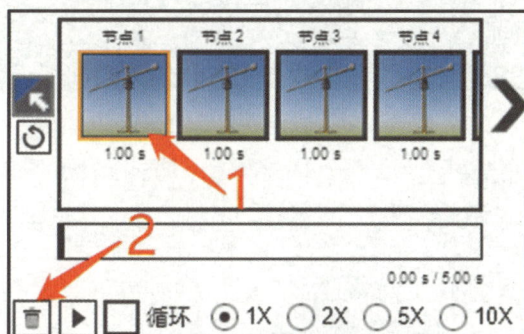

图 5-3-69　删除动画节点

将第 1 个动画节点中的塔吊吊钩平移到施工区域中央,用户可自行判断大致位置(图 5-3-70)。

图 5-3-70　编辑当前塔吊第一个动画节点

点击"增加"按钮添加第 2 个动画节点,并编辑其动画(若机械动画编辑窗口灰显则表示不可编辑,可点击多轨动画界面中的"编辑"按钮激活)。选择塔吊旋转部位,调整其旋转角度,如图 5-3-71、图 5-3-72 所示(角度由用户自定义设置,要求符合实际施工,不超出施工区域)。

图 5-3-71　激活动画编辑窗口

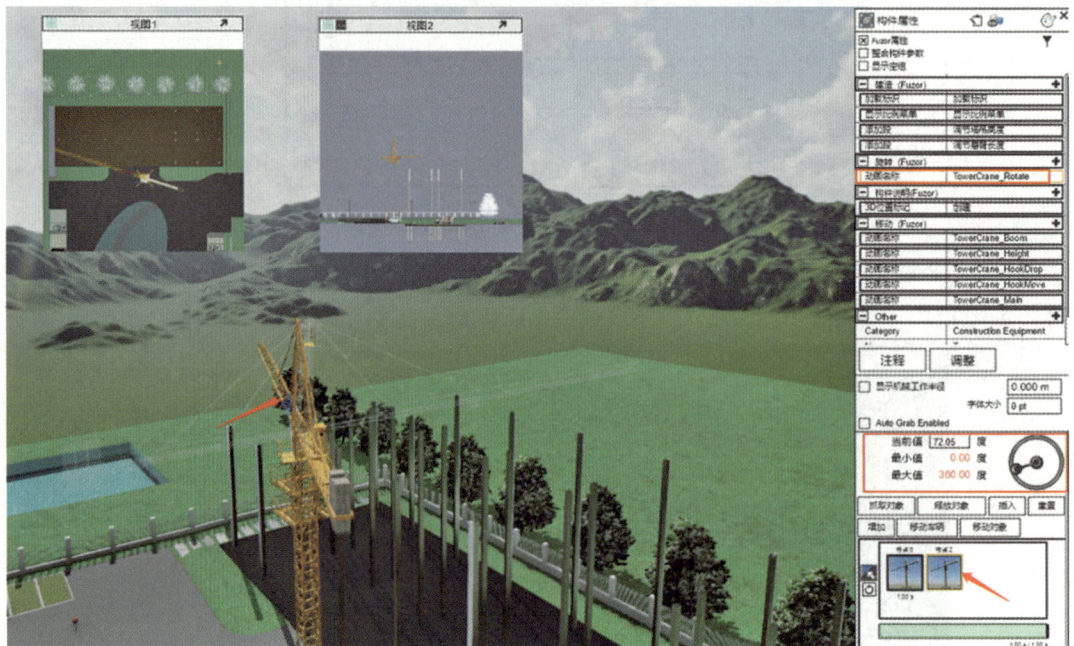

图 5-3-72　编辑第 2 个动画节点

继续重复以上操作,添加动画节点并编辑塔吊旋转部位角度。编辑完成后,勾选"循环"选项,点击"播放"按钮预览塔吊施工动画(图 5-3-73)。

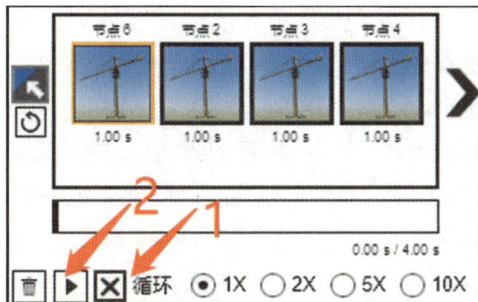

图 5-3-73　循环播放施工动画

　　c.将施工机械设备与进度计划关联:首先关联"塔吊提升 6 段"任务,打开 4D 模拟界面,关联塔吊设备。第一步,选择"塔吊提升 6 段"机械任务;第二步,选择塔吊设备;第三步,点击"添加按钮"关联塔吊设备,弹出"选择要添加的机械动画"选项,勾选多轨动画"塔吊动画"中的"塔吊提升 6 段"机械动画。塔吊提升动画完成后,继续留在施工现场进行后续工序,因此在添加其机械动画时不勾选"任务完成后隐藏"选项,使塔吊在当前关联的机械任务完成后保留在原位(图 5-3-74、图 5-3-75)。

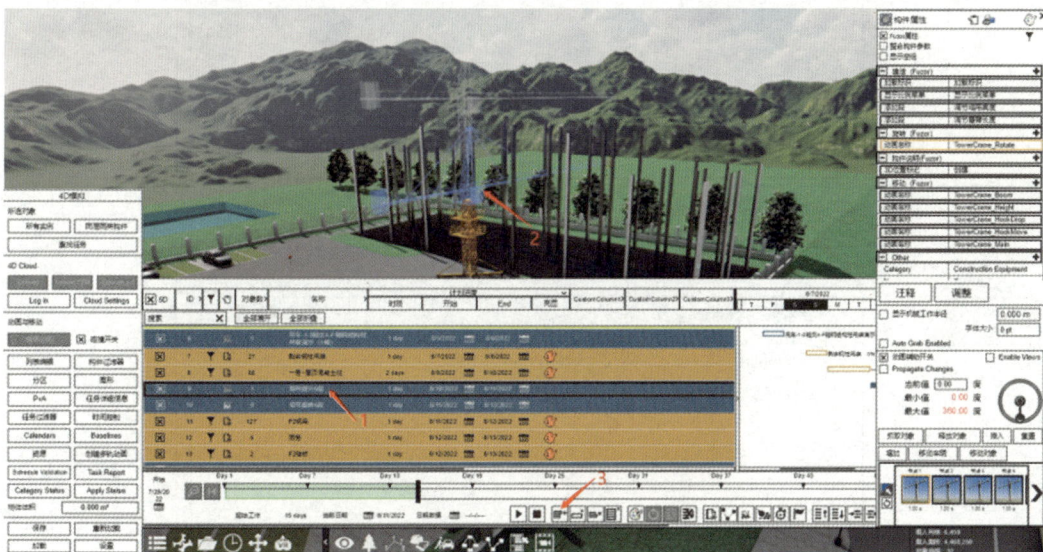

图 5-3-74　关联塔吊设备

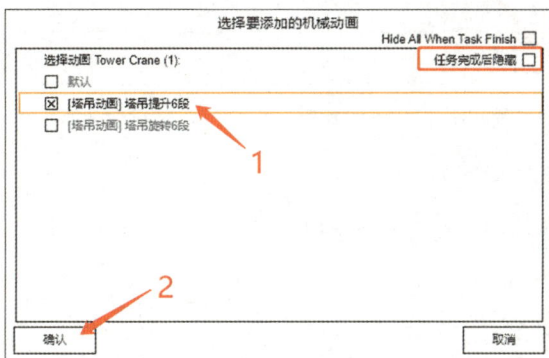

图 5-3-75　添加塔吊提升动画

接着关联"塔吊旋转 6 段"任务：从上往下依次关联。第一步，选择"塔吊旋转 6 段"机械任务；第二步，选择塔吊设备；第三步，点击"添加"按钮关联塔吊设备，弹出"选择要添加的机械动画"选项，勾选多轨动画"塔吊动画"中的"塔吊旋转 6 段"机械动画。需要注意的是，此案例中有多个"塔吊旋转 6 段"任务，中间几个塔吊旋转动画完成后，继续留在施工现场进行后续工序，因此在添加其机械动画时不勾选"任务完成后隐藏"选项，使塔吊在当前关联的机械任务完成后保留在原位。最后一个"塔吊旋转 6 段"任务关联塔吊施工动画时，须勾选"任务完成后隐藏"选项，即最后一个塔吊机械任务完成后，塔吊退出施工现场（图 5-3-76、图 5-3-77）。

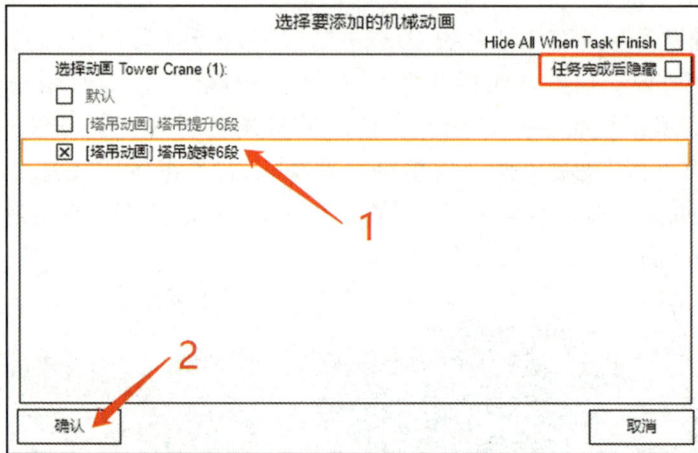

图 5-3-76　添加中间塔吊旋转相关任务动画

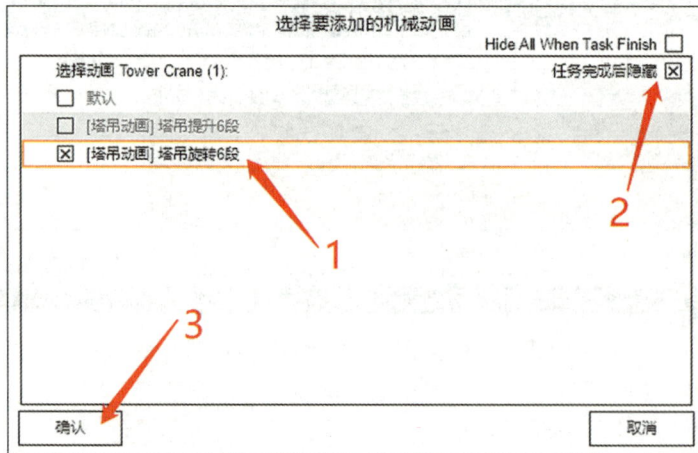

图 5-3-77　添加最后一个塔吊旋转任务动画

3）创建序列动画并关联至任务

本次案例进度计划中仅有一个序列动画任务，即窗户安装动画，关联序列动画之前需要先创建序列动画。

（1）创建序列动画

通过点击 4D 模拟进度计划中的"窗"任务，可以快速选择所有的窗构件（图 5-3-78）。

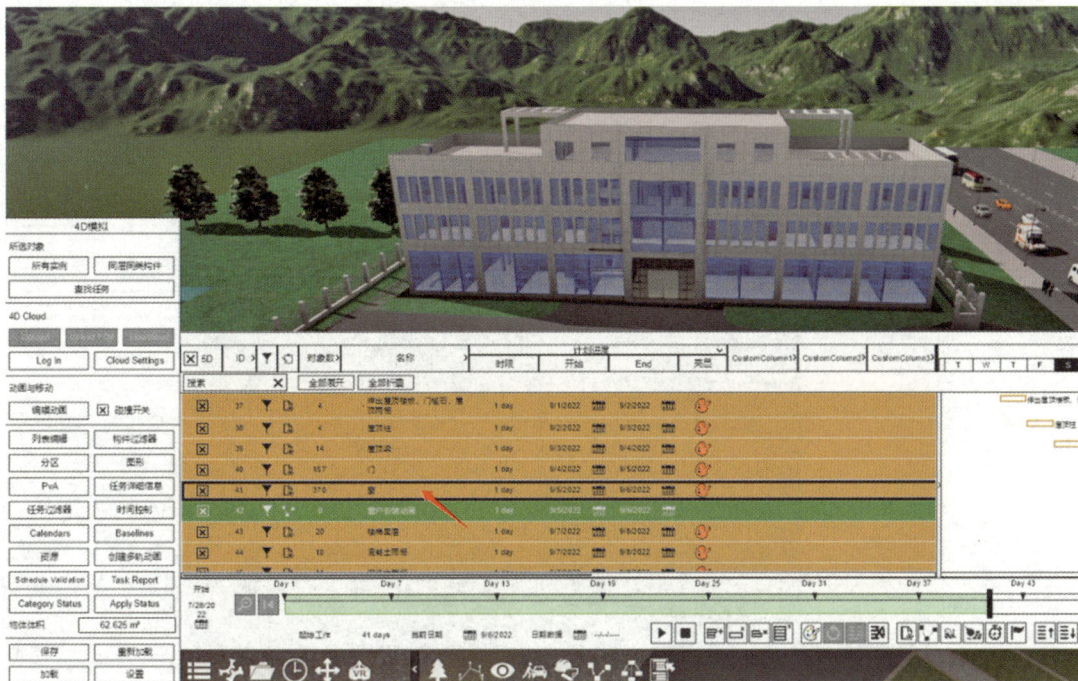

图 5-3-78　选择所有窗构件

　　在选中所有窗构件的前提下,点击快速访问栏中的"序列动画"功能 ![icon] 展开序列动画窗口(或者通过更多选项打开序列动画窗口),然后点击"创建"按钮创建序列动画,双击动画名称重命名为"窗户安装动画"(图 5-3-79)。

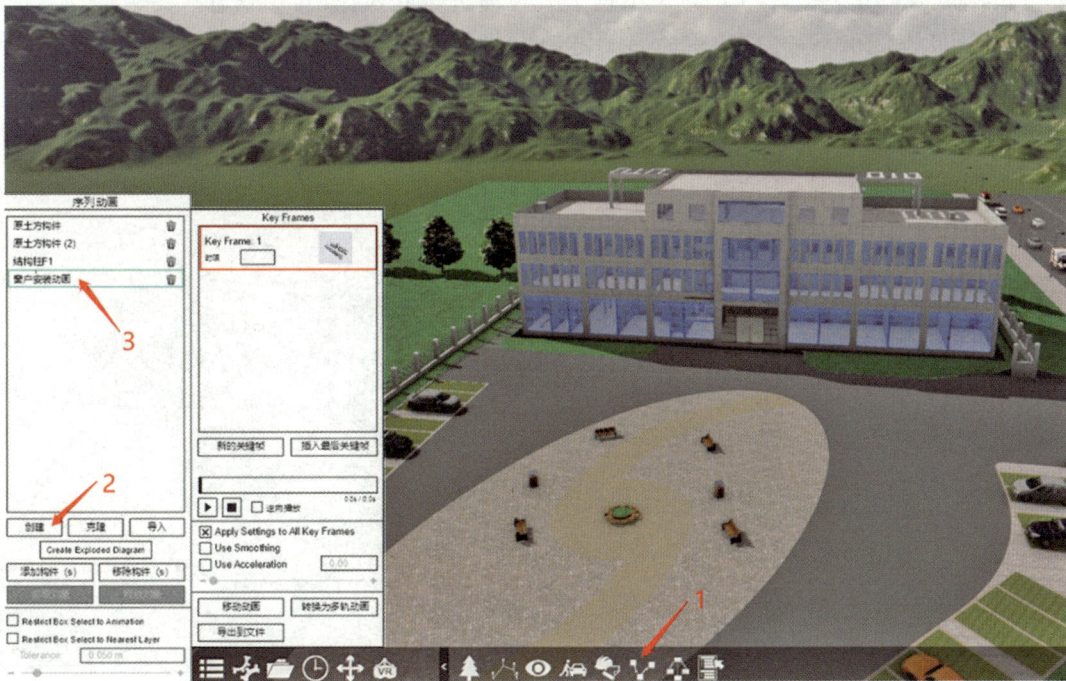

图 5-3-79　创建窗户安装动画

接着编辑窗户构件动画,在选中所有窗构件的前提下,单击"构件属性"中的"隔离"按钮 将所有窗户构件隔离出来,方便更清晰直观地编辑其各关键帧构件状态(图5-3-80)。

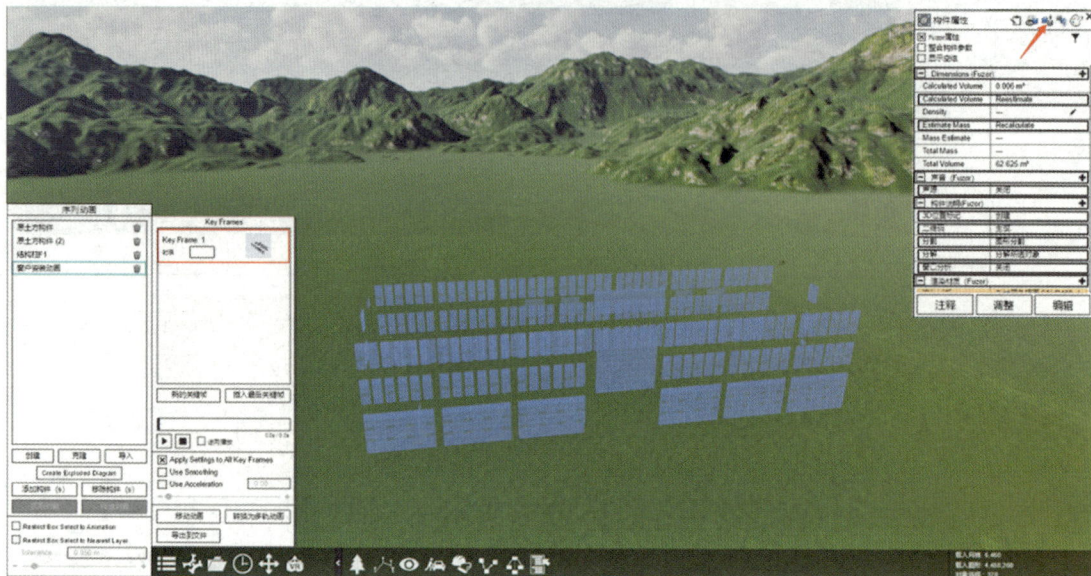

图 5-3-80　隔离所有窗构件

窗户安装动画表现为从室外向窗户安装位置移动,操作较为简单,最少设置两个关键帧便可实现(用户可根据个人情况,添加更多关键帧以丰富窗户安装动画)。首先点击"新的关键帧"创建第二帧(也可理解为复制第一帧动画),第二帧名称默认为"Key Frame:2",双击重命名为"窗户安装位置"(用户可根据个人习惯进行此操作,对于这种关键帧较少、易分辨各帧动画状态的可不重命名,重命名关键帧主要是便于用户能够分辨每一帧对应的动画状态,方便后期查找、修改等)。第二帧构件动画不需要编辑(图5-3-81)。

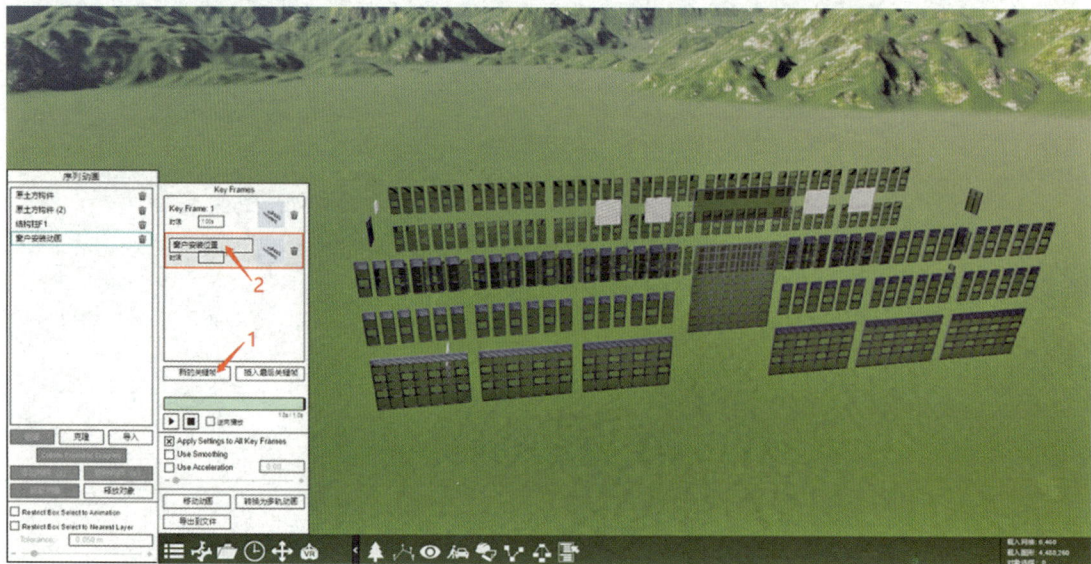

图 5-3-81　复制关键帧并重命名

　　编辑第一帧动画：点击第一帧，在操作区内选择四个方向中的其中一个方向的窗户，此处以南面的窗户为例，由于构件较多，可单击"构件属性"窗口左上角的"组选对象"按钮将其成组，方便后期快速选择（用户可根据个人需求选择是否成组）。然后点击"构件属性"窗口下方的"调整"按钮，进入调整构件界面（图 5-3-82）。

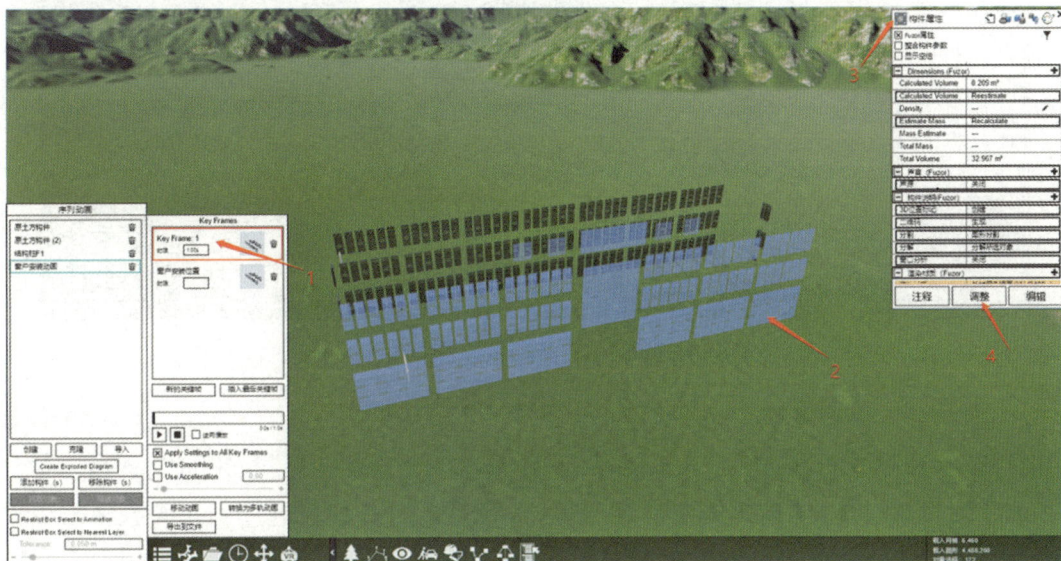

图 5-3-82　调整对应关键帧动画

　　通过三维中的箭头调整窗户位置，将其往室外移动一小段距离，此距离由用户自定义。在三维视图中可实时查看构件与初始移动位置的相对位置（在勾选"Enable Views"的前提下，也可利用平面辅助视图——视图 1、视图 3 调整窗户位置）。调整完成后点击"完成"应用修改。采用同样的方法继续调整第一帧中其他三个方向的窗户动画（图 5-3-83）。

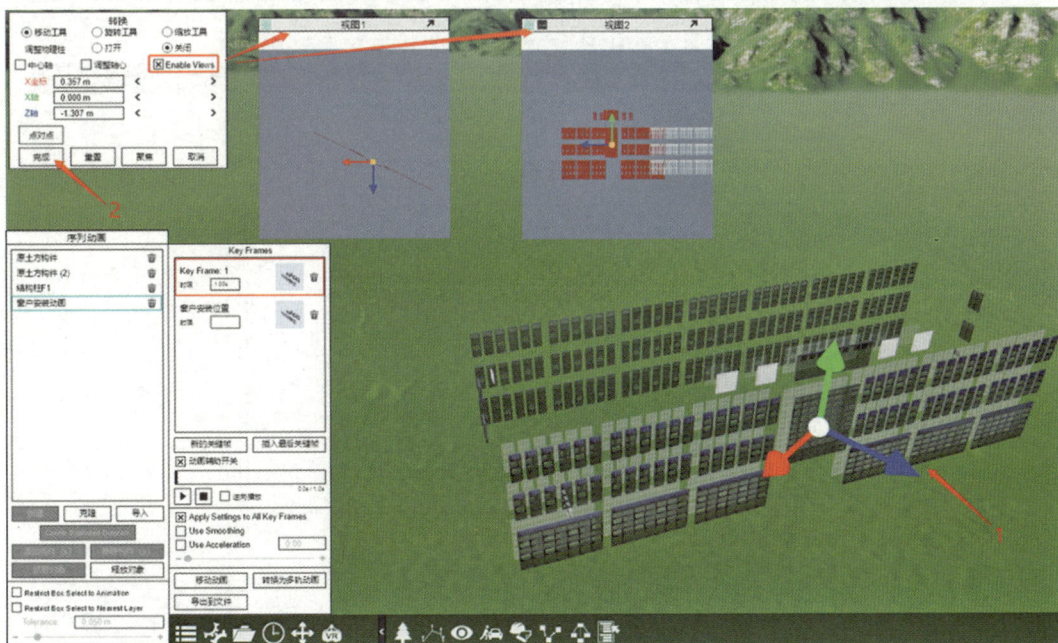

图 5-3-83　调整构件位置

单击"播放"按钮 ▶ 预览序列动画,若不符合要求,则使用以上方法继续编辑相关构件动画(图5-3-84)。

图 5-3-84 预览序列动画

(2)关联序列动画任务

打开 4D 模拟界面,选择"窗户安装动画"任务,单击"添加选择"按钮 ▤⁺,弹出"选择要添加的动画"窗口,选择"窗户安装动画"后单击"确认"即完成序列动画任务关联(5-3-85、图 5-3-86)。

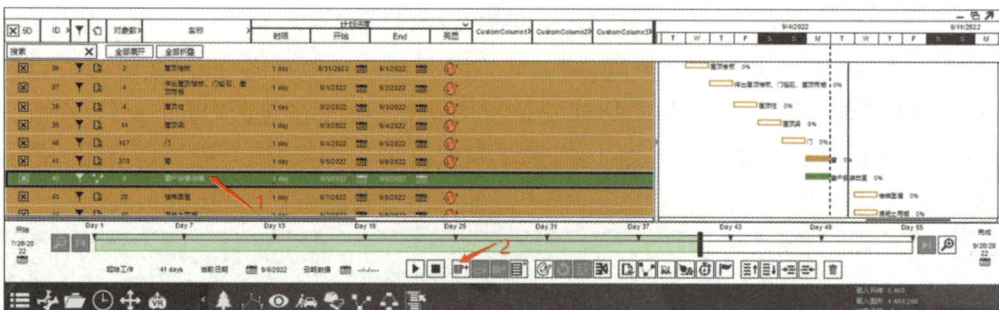

图 5-3-85 关联序列动画任务

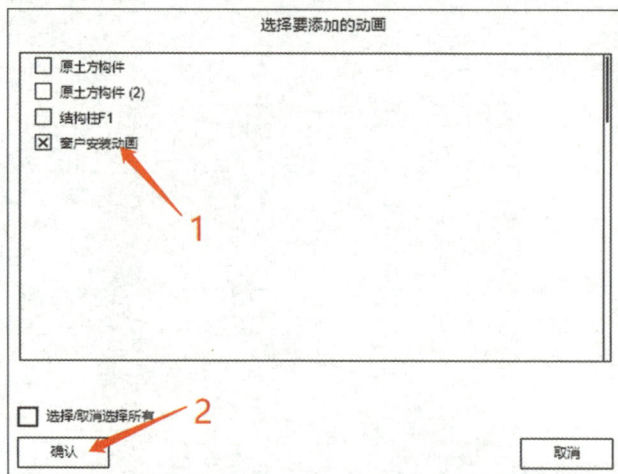

图 5-3-86 选择要添加的动画

5.3.4　任务总结

1) 步骤总结

(1) Fuzor 4D 模拟工具中的编辑动画

第一步,选择已关联构件的任务;

第二步,点击 4D 模拟工具中的"编辑动画"打开动画设置窗口,进行相关动画设置;

第三步,点击"应用"保存动画设置。

(2) 机械施工动画

第一步,放置施工机械;

第二步,设置施工机械动画;

第三步,关联施工机械动画。

(3) 序列动画

第一步,创建序列动画,编辑各关键帧中对应构件动画;

第二步,将序列动画关联至序列动画任务。

(4) 多轨动画

①机械动画转换为多轨动画:第一步,将创建好的机械动画保存到"动画管理"列表中的"资源"列表中;第二步,将"资源"列表中已保存的机械动画转换为多轨动画。

如需在多轨动画列表中创建新的机械动画,可重复以上步骤,也可选择多轨动画列表中的机械动画复制并在此基础上编辑。

②序列动画转换为多轨动画:选择已创建的序列动画,直接将其转换为多轨动画即可。

2) 方法总结

(1) 隐藏注释

当进行其他操作不想要看到注释时,点击"注释"功能,打开"注释管理器"界面,将"查看注释"和"Attachment Display"(附件显示)选项关闭,如图 5-3-87 所示。

(2) 施工机械抓取/调整/释放多个对象

可以将被吊构件成组,便于整体抓取/调整/释放,需要单独抓取/调整/释放时再解组即可。

(3) 判断机械动画是否有必要转换为多轨动画

本案例中,塔吊设备需要创建多个机械动画,并添加到多个任务中,因此塔吊设备需要转换为多轨动画,添加到不同任务中;而挖掘机、吊车设备不需要拆分成多个任务,因此不用转换为多轨动画,直接编辑机械动画添加到机械任务中即可。

图 5-3-87　关闭查看注释及附件显示

任务 5.4　成果交付

5.4.1　任务要求

本节内容主要介绍在 Fuzor 中导出 4D 施工动画等相关交付成果的操作,主要包括以下 3 个任务。

任务一:打开任务 5.3 中保存的成果文件"综合楼单体模型-编辑动画.che",将其另存为"综合楼单体模型-成果交付.che",以此文件作为该任务操作文件,将所有建造任务中关联构件的亮显颜色取消,默认为构件实体进行模拟。

任务二:参照附件中的"4D 模拟动画参考.mp4",创建 4D 施工模拟动画,视频中显示日期、时间、周等信息。最后导出"某综合楼"案例 4D 施工模拟动画,要求视频质量为"高"、"8X",视频帧速率为"30 帧",视频分辨率为"1080 像素",视频宽高比为"16:9",输出视频名称为"4D 模拟动画输出"。

任务三:导出"某综合楼"案例 exe 演示文件,要求显示建造时间轴信息,使用"综合楼-效果图.png"作为启动画面,导出的 exe 文件名称为"综合楼单体模型-4D 模拟成果输出.exe"。

5.4.2　任务分析

1)设置进度计划任务及关联构件亮显颜色

(1)设置选定任务的背景颜色

选择某个或多个任务,然后点击进度轴下方的调色板,可更改选定任务的背景颜色,用于标记特殊任务、里程碑任务等(图 5-4-1、图 5-4-2)。

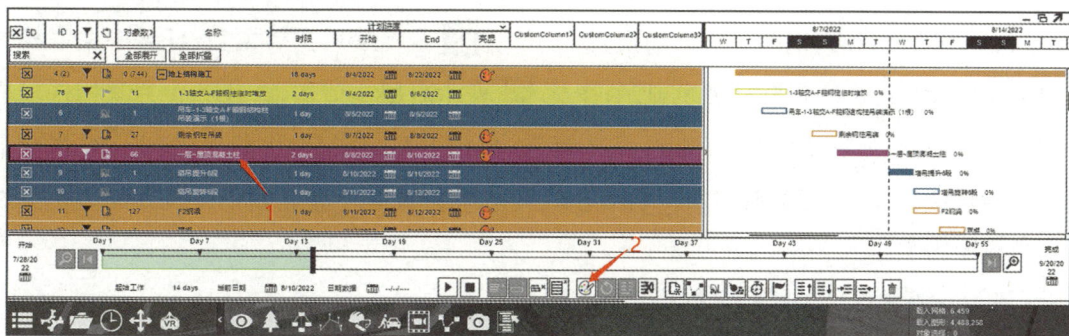

图 5-4-1　更改选定任务颜色

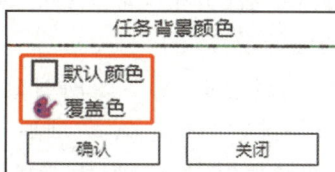

图 5-4-2　任务背景颜色设置

(2)设置选定任务关联构件亮显颜色

选择某个或多个任务,点击其右方的调色板,单独设置某项任务中关联构件的亮显颜色,可用于提升动画效果,还可用于标记关键节点,标记流水段等,以便于分析或审查施工组织设计。此方式只针对当前选择的对应任务起作用,新建的同类任务依然以其默认亮显颜色表示(图 5-4-3、图 5-4-4)。

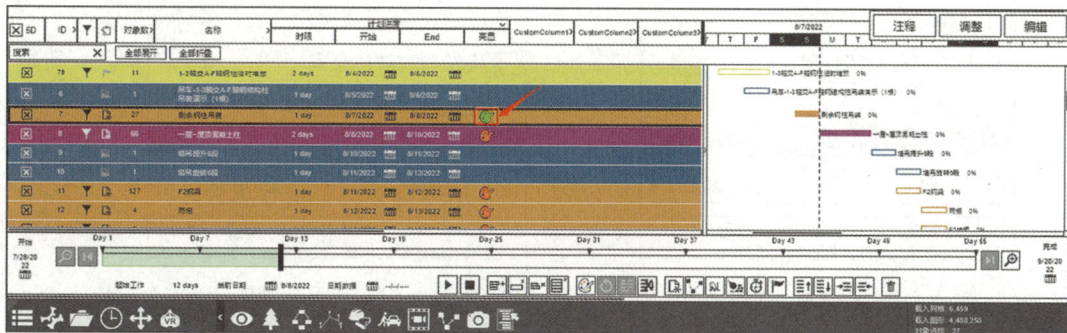

图 5-4-3　设置任务中关联构件的亮显颜色

图 5-4-4　设置构件亮显颜色选项

"油漆桶" 图标表示打开颜色面板,设置任务中关联构件亮显颜色。"主体覆盖"包括启用、禁用两个状态,由两个图标切换表示:图标 表示禁用主体覆盖,任务中关联构件亮显颜色以设置的颜色或默认颜色显示;图标 表示启用主体覆盖,任务中关联构件以构件实体显示,不亮显表示。"使用默认高亮颜色"包括启用、禁用两个状态,勾选 情况下表示使用默认高亮颜色,取消勾选 情况下,任务中关联构件亮显颜色以设置的颜色或默认颜色显示为主。

(3)设置某类任务关联构件的亮显颜色

单击 4D 模拟界面中的"设置"按钮,展开更多设置选项,点击"亮显"展开其设置面板。在此面板下,可快速设置建造、拆除两类任务中关联构件亮显颜色。此方式针对所有此类任务起作用,新建的同类任务也沿用此处设置(图 5-4-5)。

单击"建造"/"拆除"右边对应的调色板,可更改所有此类型任务中关联构件的亮显颜色(单独选择任务条更改的除外);勾选"主体覆盖"选项后,建造及拆除任务中的关联构件的亮显颜色都以"总体"右方对应的调色板中设置为准,如图 5-4-6 所示(单独选择任务条更改的除外)。

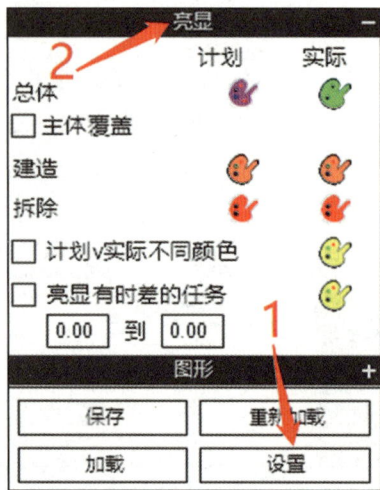

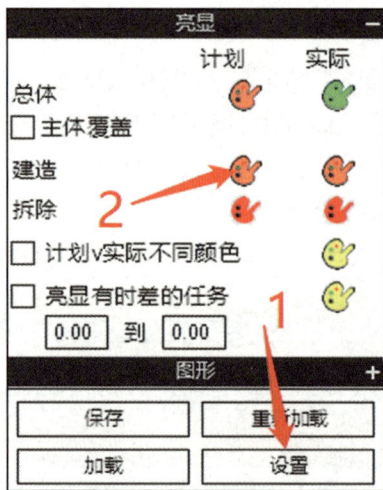

图 5-4-5　"亮显"设置面板　　　图 5-4-6　设置某类任务中关联构件的亮显颜色

2)4D 施工动画编辑菜单

Fuzor 软件中可以将设定好的施工进度模拟动画导出高清视频动画,便于方案展示、内容模拟等。单击主界面功能列表中"视点"按钮 ,进入视点界面(图 5-4-7)。

①视点动画:包括对场景效果、可视度、剖切面、注释、建造阶段、脚本动画和保存视图等多方面的调整与记录。点击左上角"场景效果"按钮,在下拉菜单中选中"建造阶段"选项即可进入 4D 施工动画生成界面。

②三维效果及输出界面编辑区域:根据左上角下拉菜单中选择的板块,调整其内容、显示方式、表现效果等。对于"建造阶段"板块,可以完成施工进度的动画调整、施工日期和时

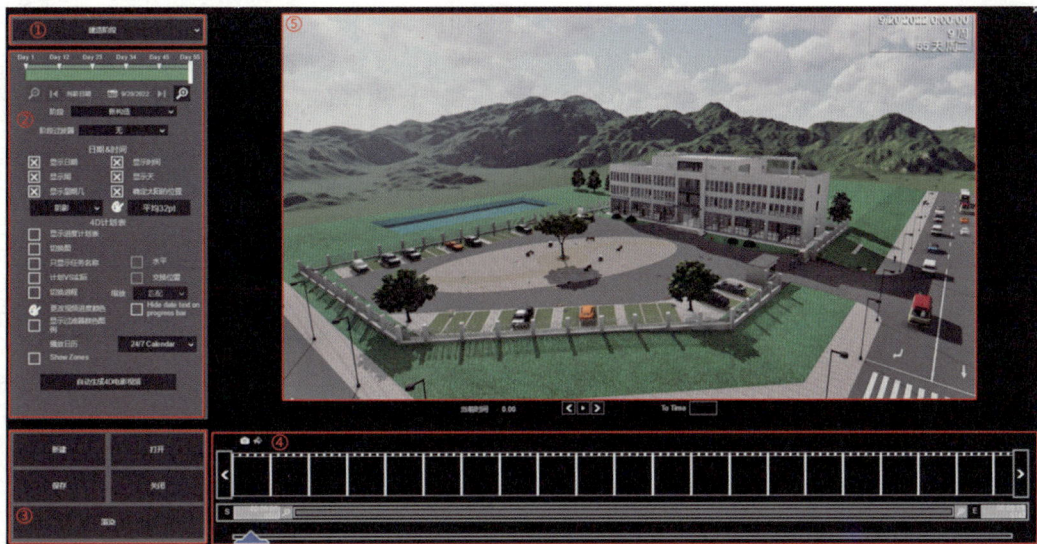

图 5-4-7　视点界面

间的显隐、4D 计划表的显隐等编辑内容。

③编辑界面控制区域：用于新建视频项目，保存、打开视点动画路径，关闭视点窗口，以及渲染当前创建的视频项目。

④创建视点区域：通过编辑各关键帧/视点的建造时间、视角、界面显示等内容，最后由各关键帧/视点形成一个完整的视点动画。

⑤视点动画效果展示区域：实时展示视点动画效果，便于调整编辑。

其余具体细节分析，详见 3.4.2 节。

3）EXE 浏览器编辑菜单

Fuzor 软件可以导出 EXE 格式浏览器，便于在未安装 Fuzor 的软件上演示施工模型，提高方案讨论、工作汇报等场景的使用便利性。

单击主界面功能列表中"生成 EXE 浏览器"按钮 ，进入 EXE 浏览器导出编辑界面。EXE 浏览器导出编辑界面操作较简单，其中"选择启动画面"可以设置导出的 EXE 浏览器启动图像，支持的图像格式包括 png，jpg，tga 和 bmp 等；"删除 Logo"按钮用于删除创建好的 EXE 浏览器启动图像；选中"显示建造时间轴"后，导出的 EXE 浏览器文件将展示建造时间轴，并可以通过拖动建造时间轴来实现相应时间内施工场景的实时模拟动画。设置好上述参数后，单击"创建 EXE 浏览器"即可导出文件。

5.4.3　任务实施

打开任务 4.3 中保存的成果文件"综合楼单体模型-编辑动画.che"，将其另存为"综合楼单体模型-成果交付.che"，在此文件中进行本小节操作。

1）修改各建造任务中关联构件的亮显颜色为主体覆盖

（1）设置建造任务中关联构件亮显颜色

批量修改建造任务中关联构件的亮显颜色有如下两种方式：

方式一：选择所有建造任务，点击其右方的调色板设置；

方式二：展开"亮显"面板，点击"建造"右方对应的调色板一键设置。

此处以第二种方式进行演示，点击4D模拟界面中的"设置"按钮，展开更多设置选项，点击"亮显"展开其设置面板。点击"建造"右方对应"计划"的调色板，点击"主体覆盖"当前图标![icon]，可将其切换为图标![icon]，表示启用主体覆盖，任务中关联构件以构件实体显示，不亮显表示。由于此案例中只模拟了计划进度，故只需调整对应"计划"的亮显颜色（图5-4-8）。

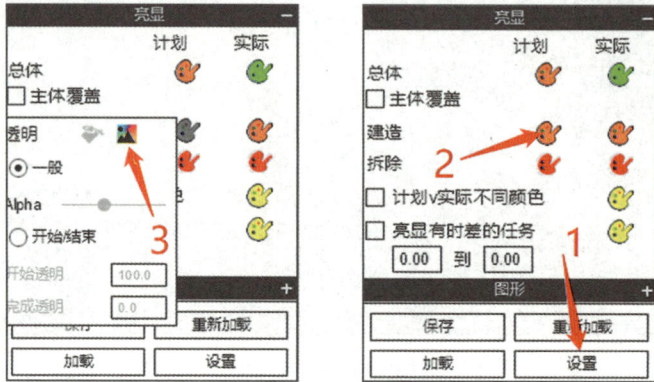

图5-4-8　将建造任务关联构件设置为主体覆盖

调整后，可以看到"亮显"面板下对应调色板与进度计划中各建造任务右方的调色板均以灰色显示（图5-4-9）。

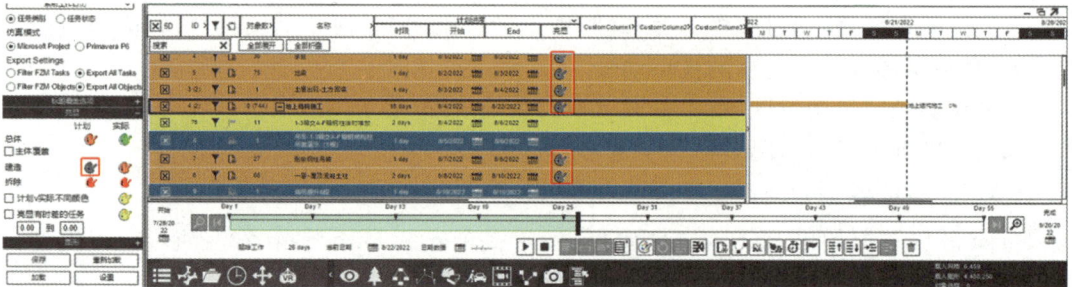

图5-4-9　设置完成界面呈现

（2）解决构件生长过程中空心现象

当任务中关联构件以构件实体显示，不亮显表示时，很容易发现某些构件在生长过程中出现"空心"现象（图5-4-10）。

图5-4-10　构件生长过程中出现"空心"现象

解决此现象的操作为:点击4D模拟中的"设置"按钮展开更多设置选项,勾选"横截面填充"选项,即可解决构件生长过程中出现的"空心"现象(图5-4-11)。

图5-4-11 解决构件"空心"现象

2)生成4D施工动画

打开"视点动画"窗口,如有存在前面任务中操作的视频项目,点击"新建"按钮,在弹出的"你想开始一个新的视频项目吗"窗口中点击"确认"即可将其清除,开始创建新的视频项目(图5-4-12)。

图5-4-12 新建视频项目

（1）创建施工动画模拟各视点

此处以创建第一个视点进行介绍（图5-4-13）。

①点击需要创建为第一个视点的节点。

②点击左上角下拉箭头，将"场景效果"调整为"建造阶段"。

③拖动进度条滑块到整个项目开始时间，或点击当前时间精准输入时间，建造时间设置好后，将三维视图调整到合适位置。

④将整个视频项目界面需展示的时间和日期逐个勾选。

⑤将整个视频项目界面需展示的4D计划表相关内容勾选。

⑥调整视频项目界面中的日期/时间到居中、居上位置。

⑦调整视频项目界面中的任务名称到右上方位置。

⑧点击"添加新视点"按钮 📷 将当前视角及相关设置保存到该视点中。

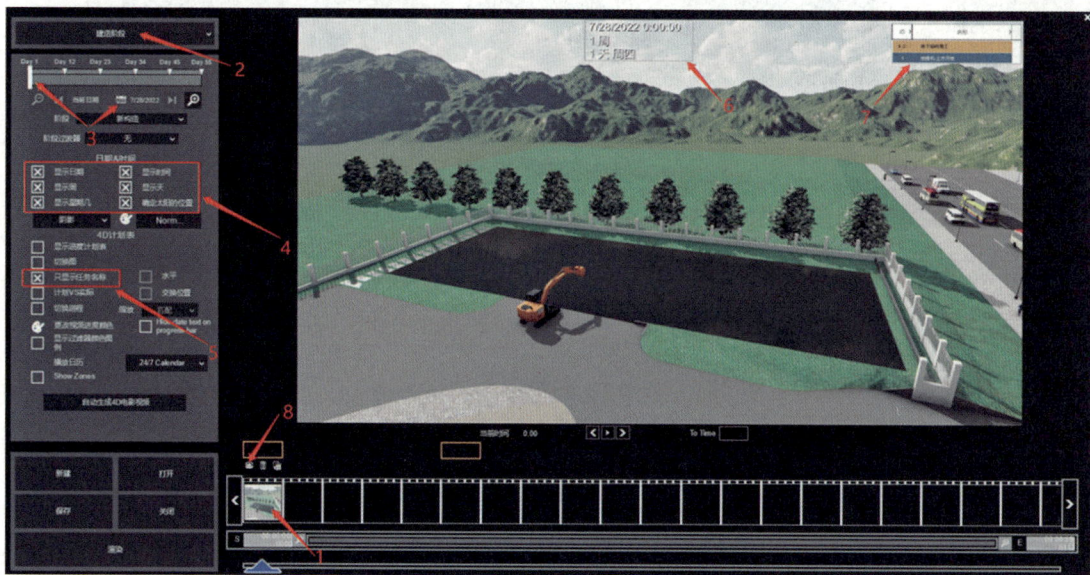

图5-4-13　创建第一个视点/关键帧

需要补充的是，针对以上添加新视点的步骤，不一定非要按照以上顺序进行，只要保证第一步先选择需创建视点或更新视点的节点，其他步骤可进行相应的变换。各视点也可以逐个设置，然后通过点击"更新所选视点"按钮 📷 将新增或修改的设置更新到所选视点。

某些视点需要精确输入当前建造时间时，可关闭视点窗口，打开4D模拟界面，查看进度计划任务对应的时间，然后再次打开视点窗口，输入准确时间。若不希望在Fuzor中来回切换各功能界面，可将4D模拟进度计划表独立出来并最大化，然后将所有任务及其对应时间等信息截图保存。在创建视点时，在截图中可查看相关任务对应时间，快速设置视点中的建造时间，提高工作效率。

在创建第二个视点时，不需要重新对日期/时间、4D进度表等进行设置，可沿用第一个视点的设置。调整建造时间及视角即可保存到视点中。若前后两个视点不改变视角，也可不调整视角而仅调整建造时间，然后保存视点；或者直接复制前一个视点，拖动新视点位置改变其与第一个视角的时间间隔,在此基础上编辑建造时间及其他内容,然后更新视点。由此可见,创建视点的方式是非常灵活多变的,用户需熟悉并熟练运用,根据个人习惯操作即可。

　　根据以上步骤继续创建视点,最后完成整个施工动画模拟成果。视点创建的过程中,用户应常单击"播放动画"按钮 ▶ 或拖动视点下方的进度滑块实时查看视点动画效果,以便及时更新、修改视点(图 5-4-14)。

图 5-4-14　实时查看视点动画效果

　　单击每一个视点都可以查看其时间,视点动画创建完成后,单击最后一个视点,其时间即整个视点动画的总时长(图 5-4-15)。

图 5-4-15　查看视点动画总时长

（2）输出视点动画

视点创建完成后，点击"保存"按钮，将视点路径保存备份。渲染视点动画之前，切记保存当前 Fuzor 文件。

在输出视点动画时，首先点击"渲染"按钮，在弹出的渲染设置窗口，进行相关设置：视频质量选择"高""8X"，视频帧速率选择"30 帧"，视频分辨率选择"1080 像素"，视频宽高比选择"16：9"。最后点击"保存"按钮将视点动画输出到指定路径下，输出名称为"4D 模拟动画输出.mp4"（图 5-4-16）。

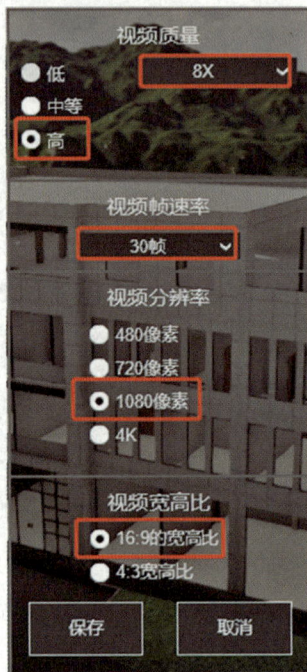

图 5-4-16　设置视点动画参数

3）生成 EXE 文件

在"更多选项"菜单栏的"协同"选项卡中，点击"生成 EXE 浏览器"图标，打开生成 EXE 浏览器界面。勾选"显示建造时间轴"，点击"选择启动画面"，添加"综合楼-效果图.jpg"作为 EXE 文件启动画面，最后点击"创建 EXE 浏览器"按钮，将当前项目文件导出为 *.exe 文件，命名为"综合楼单体模型-4D 模拟成果输出.exe"。

5.4.4　任务总结

1）步骤总结

创建视点的步骤可归纳为以下三步：

第一步，点击需要创建为视点的节点；

第二步，调整视点对应建造时间、视角状态、视频界面展现日期等内容；

第三步，点击"添加新视点"按钮，将当前视角及相关设置保存到该视点中。

输出视点动画的步骤可归纳为以下三步：

第一步，点击"渲染"打开渲染设置窗口；

第二步，进行输出相关参数设置；

第三步，点击"保存"输出视点动画。

2）方法总结

批量修改建造/拆除任务中关联构件的亮显颜色有两种方式：方式一，选择所有建造/拆除任务，点击其右方的调色板设置；方式二，展开"亮显"面板，点击"建造/拆除"右方对应的调色板一键设置。

方式一只针对当前选择的对应任务起作用，新建的同类任务依然以其默认亮显颜色表示。方式二针对所有此类任务起作用，新建的同类任务也沿用此处设置。方式二的设置不会覆盖方式一的设置，故方式一常用于单独设置某项任务中关联构件的亮显颜色，可用于提升动画效果，还可用于标记关键节点，标记流水段等，以便于分析或审查施工组织设计。方式二常用于批量设置所有建造/拆除任务中关联构件的亮显颜色。

参考文献

[1] 张江波,李蘅,李金玲.全过程工程咨询设计阶段[M].北京:化学工业出版社,2021.

[2] 张辉.Revit 建筑施工与虚拟建造:2021 版[M].北京:机械工业出版社,2021.

[3] 黄亚斌,徐钦.Autodesk Revit 族详解[M].北京:中国水利水电出版社,2013.

[4] 卫芃宇,刘群.建筑 BIM 技术应用基础[M].重庆:重庆大学出版社,2021.

[5] 叶雯,路浩东.建筑信息模型(BIM)概论[M].重庆:重庆大学出版社,2021.

[6] 宋强 黄巍林.Autodesk Navisworks 建筑虚拟仿真技术应用[M].北京:高等教育出版社,2018.

[7] 张江波.BIM 应用案例集[M].北京:化学工业出版社,2019.

[8] 中国安装协会标准工作委员会,北京市设备安装工程集团有限公司.建筑机电工程 BIM 构件库技术标准(CIAS 11001:2015)[S].北京:中国建筑工业出版社,2015.

[9] 曾旭东,陈利立,王景阳.ArchiCAD 虚拟建筑设计教程[M].北京:中国建筑工业出版社,2007.

[10] 王君峰.Navisworks BIM 管理应用思维课堂[M].北京:机械工业出版社,2019.

[11] 王君峰.Autodesk Navisworks 实战应用思维课堂[M].北京:机械工业出版社,2015.

[12] 中国建筑科学研究院.建筑信息模型应用统一标准(GB/T 51212—2016)[S].北京:中国建筑工业出版社 2017.

[13] 中国建筑标准设计研究院有限公司.建筑信息模型分类和编码标准(GB/T 51269—2017)[S].北京:中国建筑工业出版社 2018

[14] 中国建筑股份有限公司,中国建筑科学研究院.建筑信息模型施工应用标准(GB/T 51235—2017)[S].北京:中国建筑工业出版社 2018.

[15] 中国建筑标准设计研究院有限公司.建筑信息模型设计交付标准(GB/T 51301—2018)[S].北京:中国建筑工业出版社 2019.

[16] 中国建筑标准设计研究院有限公司.建筑工程设计信息模型制图标准(GJ/T 448—2018)[S].北京:中国建筑工业出版社 2019.

[17] 辽宁省建设厅.建筑给水排水及采暖工程施工质量验收规范(GB 50242—2002)[S].北京:中国建筑工业出版社,2002.

[18] 中华人民共和国住房和城乡建设部.自动喷水灭火系统施工及验收规范(GB 50261—2017[S].北京:中国计划出版社,2017.

[19] 中华人民共和国住房和城乡建设部.通风与空调工程施工质量验收规范(GB 50243—2016)[S].北京：中国计划出版社,2017.

[20] 中华人民共和国住房和城乡建设部.电气装置安装工程电缆线路施工及验收标准(GB 50168—2018)[S].北京：中国计划出版社,2018.

[21] 中华人民共和国住房和城乡建设部.火灾自动报警系统施工及验收标准(GB 50166—2019)[S].北京：中国计划出版社,2020.

[22] 中华人民共和国住房和城乡建设部.建筑电气工程施工质量验收规范(GB 50303—2015)[S].北京：中国建筑工业出版社,2016.